蘇生科学があなたの死に方を変える

デイヴィッド・カサレット
今西康子 訳

DAVID CASARETT
SHOCKED
ADVENTURES IN BRINGING BACK
THE RECENTLY DEAD

白揚社

蘇生科学があなたの死に方を変える　目次

・〔　〕で示した箇所は訳者による補足です。

第1章　命の限界を探って

私がまだ幼い子どもで、医学の道を志そうなどとは考えてもいなかったころ、医学的知識の仕入れ先と言えばただ一つ、それは居間に置かれたテレビだった。『マッシュ』『セント・エルスホエア』『天才少年ドギー・ハウザー』『シカゴ・ホープ』『ER緊急救命室』といったテレビドラマは、まだ遺体を解剖したこともなければ心音を聴いたこともない当時の私に、医師とはどのような人なのかを教えてくれた。どんな時でも決然としていて、迷いがなく、瞬時に判断が下せて、失敗とは無縁の人――それが医師だった。

テレビドラマはまた、死にそうな人を生き返らせる方法も教えてくれた。それは八歳の子どもにも理解できる明快なものだった。テレビドラマの蘇生法は、お決まりの筋書きどおりに進む。そしてその筋書きには絶対に外せないポイントがいくつかあった。

まず、誰かの心臓が止まる。そろそろ危なくなってくると、たいてい、ぜいぜい喘ぐ、息を詰まらせる、白目を剥く、胸を掻きむしるといった、誰にでもそれとわかる予兆が現れる。

するとと間髪をいれず、近くにいる人たちが全員、倒れた人のもとに駆け寄ってくる。その中から救助者役を買って出た一人が、倒れた人の胸に両手を当てて、勇ましく体を上下に弾ませる。それとほぼ同時に、もう一人の救助者――きまって背の高いイケメン医師――が現れて、自らの口を使ってキスのような奇妙なことを始める。これは、まだ中学生にもなっていない少年には刺激的なシーンであり、とくに相手が女性の場合にはすっかり心を奪われて見入ったものだ。

最後に、それがレベルの高いドラマであれば、誰かが一対のパドルのようなものを出してきて、倒れている人の胸に当てて「離れてください！《クリア》」と叫ぶ（いつのころからか私は、大声でこの呪文を唱えると、死にかけた人の心臓に何か重要な電気的効果がもたらされるのだという揺るぎない確信を持つようになった。ある朝、可愛がっていたハムスターが死んでいるのを見つけた私は、悲嘆に暮れながら、なんとかフランキーを生き返らせようと、そのかたわらに立って何度も「クリア！」と叫んだのをおぼろげに憶えている。けれども、フランキーはテレビドラマの蘇生ルールには従ってくれず、いつまでたっても死んだままで、頑として生き返ることはなかった）。

「クリア！」のすぐあとにはきまって、その場面にはおよそ似つかわしくないコマーシャルが入り、それが終わるとふたたび救命処置のまっただ中に連れ戻される。すると、まるで頃合いを見計らっていたかのように、死にかけていた人が長身イケメン医師からのキスに飽きて目を覚ますのである。やや趣向を変えて、イケメン医師のほうが、まったく反応しない相手へのキスに飽きてしまうこともある。そういう場合、医師は立ち上がって、厳かに何かつぶやいたのち、次なる危機を救うべく、颯爽《さっそう》とその場を立ち去るのだった。

このようなテレビドラマのおかげで、瀕死の人間に対する蘇生法の効果について、私の頭に強烈な印象が焼き付けられた。まず、蘇生法は効くものだと信じるようになった。必ずではないにせよ、ほぼ必ず効く。だから、いったん死んでしまっても、イケメン医師が近くにいるかぎり、決して死んだままになるようなことはない、と。

それから、蘇生法が効くときは即座に効果を発揮するものだと信じるようになった。察しの良い視聴者なら、キーブラー社のクッキーがどれほど美味しいか教わったり、マクドナルドのビッグマックのコマーシャルソングを歌ったりしている間に、瀕死の人の運命は決まると思うようになるはずだ。これを蘇生の「ビッグマック」ルールと名づけよう。コマーシャルが終わると、死にかけていた人がすっかり目を覚まして命の恩人と抱き合う。そうならなければ、チャンネルを切り替えてしまえばいい。

というわけで、私はかなり長い間、蘇生ということについて幻想を抱いていたのだった。

奇跡の女の子

それから何年も後のこと。大学から車で帰宅する途中、軽食を取るためにペンシルヴェニア・ターンパイクのサービスエリアに立ち寄った。席に着くと、フライドポテトの油やアイスクリームでべたべたになったテーブルの上に、しわくちゃのローカル紙が置かれていた。私の目は、市の行政の諸問題だの増税と教育予算の削減だのといった記事に囲まれた、ある記事に引きつけられた。

一週間ほど前、ミシェル・ファンクという二歳半の女の子が小川に転落して溺水《できすい》。ようやく引き上げられたものの、溺れてから一時間以上たっており、ミシェルはすでに死亡していた。「ビッグマック」ルールが通用するような生半可なものではなく、本当に死んでいた。間違いなく完全に死んでいた。

ところがその先を読むと、その女の子は生きているという。まだ予断を許さない状況ではあるが、ちゃんと生きているらしい。

なんだって？

私はそのくだりを二度読み返した。ミシェル・ファンクは間違いなく死亡した。しかしその後、息を吹き返し、すでに退院の目途も立っているというのだ。

その後かなりたってから、医学雑誌でこの出来事の全容を知り、私はますます感銘を受けた。(1) 一九八六年六月十日、ソルトレークシティでのこと。ミシェルは兄と一緒に雪解け水で増水した小川のそばで遊んでいるとき、足を滑らせて小川に転落。自分では妹を救えないと思った兄は、無我夢中で走って母親を呼びに行った。駆けつけた母親は、数分間、死にもの狂いでミシェルを探したが、見つけることができず、結局１１９番通報した。

それから間もなく救急隊が到着したが、ミシェルを見つけて川岸に引き上げたときには、溺れてからすでに六〇分あまりが経過していた。ミシェルは一時間以上も呼吸をしていなかったわけだ。おそらく心臓が止まってからも同じくらいの時間がたっていたにちがいない。

救急隊員がミシェルを川岸に横たえたとき、ミシェルの体は死んだように冷たくなっていた。この事例を紹介する医学雑誌の記事は、このときのミシェルの状態をそっけない医学用語で次のように記している。「チアノーゼ、呼吸停止、筋肉弛緩、瞳孔の散大と固定、脈拍触知不能」

これは平たく言うと、死んでいるということだ。息をしていない。血液中の酸素が不足して全身が青紫色になっている（チアノーゼ）。そして、瞳孔が開いたままということは、ミシェルの脳が――とくに、光に対する眼の反応を制御している領域の一つである脳幹が――機能を停止したということだ。

さあ、このときの救急隊員になったつもりで、川岸のミシェルのかたわらに立っているところを想像してほしい。あなたは、この女の子に心肺蘇生を試みるかどうか決断しなくてはならない。あなたならどうするだろうか？

蘇生を断念するだろうか？　断念したとしても決して不思議ではない。

しかし、こう考えることもできるだろう。この女の子はまだとても幼い。成功する可能性はごくわずかであったとしても、二歳の子にはやってみるだけの価値があるのではないか、と。

当時、水面下に一時間以上いて助かった人は、ただの一人もいなかった。一般に、ミシェルのような溺水者が息を吹き返す確率が高いのは、一五分以内に蘇生を試みた場合だとされていた。[2]二〇分を超えると、生還できる確率は急激に低下するという。ところが、ミシェルはなんと一時間も水中にいたのである。

そう聞いたら、あなたは諦めるだろうか？

理屈からいえば、諦めて当然である。たいがいの救急隊員は諦めるにちがいない。効果を期待できる理由などどこにもないからだ。試してみるだけ無駄というものだろう。

ところが、その救急隊員たちは、ミシェル・ファンクをなんとか生き返らせようとしたのである。直感なのか、本能なのか、盲目的希望なのか、とにかくなんらかの理由から、ひょっとしたらこの子を生き返らせることができるかもしれないと考えたのである。

それで、隊員たちはミシェルを救急外来に搬送した。待機していた救急医療チームがミシェルの心拍再開をめざしてただちに奮闘を開始。考えられる限りの手を尽くした。けれども一向に成果は現れず、そのまま一時間が過ぎ、二時間が過ぎ、そして三時間が過ぎようとしていた。

そのとき、ミシェルが、かすかな、気づかないくらいかすかな息をしたのである。やや遅れて心臓も活動の証を示し始めた。といっても、ただ小刻みに震えているだけだった。医学用語で「細動」と呼ばれるもので、ノイズとほとんど変わりない。しかし、それがまもなく規則的な拍動へと変わり、やがて、自発的に正常なリズムを刻むようになった。これは紛れもなく「生きている」ということだ。ミシェル・ファンクは三時間にも及ぶ「死んだ」状態を経て、ふたたび「生きている」状態に戻ったのである。

後に、権威ある医学雑誌『アメリカ医師会雑誌』がミシェルの事例を紹介した際に、その記事に添えられた論説は、ミシェルの生還を「奇跡的」であると評した[3]。主要な医学雑誌のページを繰ってみればわかることだが、「奇跡的」などという言葉はめったに使われるものではない。

ミシェルの新聞記事を読んでいたく感銘を受けた私は、ペンシルヴェニア・ターンパイクのサービスエリアのテーブルで救急科専門医になることを決意した。ミシェルのような人を生き返らせたい。そして、記録をどこまで伸ばせるか挑戦してみたい。三時間が可能なのならば、一二時間ではどうか？　一日だったら？　一か月だったら？

自宅まで車を走らせる六時間のあいだ、私はずっとミシェルのことを考え続けていた。彼女がその後どうなったか、いつの日にか必ず突きとめよう。

それから二〇年の歳月が流れ、私はついに彼女の消息をつかむことができた。それは、ミシェル・ファンクのような人の命を救う最先端の蘇生法の意義について、私なりの結論を下すのに十分なものだった。

厳しい現実

初めてミシェルのエピソードを読んだとき、まるで映画のように単純明快なストーリーだと感じた。いったん命を落とした幼い女の子がふたたび息を吹き返す。まことに祝福すべきことであり、あの論説が彼女の生還を「奇跡的」とたたえたのは至極もっともなことだと思った。

ところが、その数年後、医学部在学中に私はある患者さんと出会い、そのようなハッピーエンドはむしろ稀なケースであることを思い知らされたのだった。

ジョーは、医学生として私が初めて担当した患者さんの一人で、とても気さくな男性だった。長年勤めていた製鋼所を退職したジョーにとって、何よりの楽しみはバス釣りで、少しでも興味を示す相手には、嬉しそうに自分が釣った魚の写真集を見せてくれた。

ジョーは、左冠動脈主幹部という、心臓の大部分に血液を供給している重要な血管がほぼ完全に詰まった状態で入院してきた。その部分に閉塞があることは、その日の朝の心臓カテーテル検査で発見されていた。私がジョーに会ったとき、彼は午後に行なわれる手術を待っているところだった。血管の閉塞はきわめて重篤で、体をほんの少し動かしただけでも心臓が完全に止まってしまうほど深刻なものであることがわかっていた。

病室を訪ねた私に、ジョーはバス釣りの秘訣を教えてくれた。物音を立てちゃいかんよ。そっと近づくんだ。とくに大きいやつの場合は気をつけないといかん。目はまったく見えないのに、音には敏感だからな。

ジョーはベッドにもたれ、私はそばにある椅子の肘かけに浅く腰かけていた。釣りの話は適当に聞き流していた。というのは、膝の上のカルテに気をとられていたからだ。私の目はずっと心臓カテーテル検査の結果を追っていた。

そのうちにジョーが何もしゃべらなくなったことに気づいたが、音を立てるべからずという釣りの秘訣を実践しているんだな、くらいにしか思っていなかった。釣りの名人はいかにしてバスに悟られずに近づくか。なんだか微笑ましくなって、私は顔を上げた。

すると、私の目にとびこんできたジョーは、目の前の人の額に蜘蛛《くも》が張り付いているのを見つけたときのごとく、ギョッとして魂が抜けたような表情で私を凝視していた。次の瞬間、ジョーは白目をむいて二～三回苦しそうに息をした。それからまったく動かなくなってしまった。

日頃の訓練の賜物なのか、私はまず脈拍のチェックを行なった。それから廊下に飛び出して看護師に院内救急コール――心停止した患者の蘇生処置に駆けつけるよう病院中の医師・看護師に緊急招集をかけること――を頼んだ。その間に、もう一人の看護師と私とでＣＰＲ（心肺蘇生）を開始した。

一分が経過した。そして二分が経過。未だかつて経験したことがないほど長い二分だった。

ようやく救急蘇生チームが到着したので、私は補助役にまわり、ジョーについて知っていることや、左冠動脈主幹部の閉塞のことを医師に伝えた。救急蘇生チームはただちに除細動と薬剤投与を開始した。

それからおよそ一五分後、心臓のリズムが回復した。そのときにはすでに気管内チューブが挿入されて人工呼吸が行なわれていた。心拍数にも血圧にも問題なし。

しかし心電図の波形は、閉塞が広範囲に及んでいて、非常に危険な状態であることを示していた。医師がジョーの担当の心臓外科医に電話したところ、ただちにジョーを手術室に運んで手術を行なう必要があるとの判断が下った。

こうして一団が慌ただしく出て行ったあと、病室には空っぽになったベッドと、手垢がつくほど読み込まれた釣り雑誌の山だけが残されていた。

ジョーは、なんとか無事に手術を乗り切ったものの、二度とふたたび目を覚ますことはなかった。心臓の損傷があまりにも大きくて、血液をうまく送り出せなくなり、その結果、心臓以外の臓器も、ジョーの口癖のように「こっぴどくやられる」はめになったのだ。肝臓や腎臓も機能が大幅に低下してしまった。さらに、心臓のリズムが回復するまでのあの長い一五分間に、酸素が十分に届かなかったせいで、脳も重大な損傷を被ったようだった。

私は毎日、ＩＣＵ（集中治療室）にジョーを訪ねた。カルテに目を通し、検査結果を確認し、そしてジョーの顔をじっと見つめた。

毎日、ジョーの家族とも顔を合わせた。奥さんと成人した三人の子どもと六人の孫が入れ替わり立ち替わり病室を訪れ、涙に暮れながら医師と言葉を交わしていた。良い知らせに大喜びしては、翌日また落ち込む。そんなことが一八日間続いた。

その一八日間のあいだ、私は来る日も来る日も考え続けた。もしあのとき、すぐに廊下に飛び出して院内救急コールをし、ただちにCPRを始めていたら、こんなことにはならなかったのではないか。たしかに私は、教科書通りにやるべきことはすべてやった。生真面目なボーイスカウト団員みたいに。けれども、その私のせいで、ジョーとその家族は医療地獄にはまり込んで抜け出せなくなっているではないか。

一九日目に訪ねてみると、ジョーのいたベッドには若い女性患者が寝ていた。オートバイ事故で九死に一生を得た患者さんだった。

聞くところによると、前日の晩に医師たちが家族に対し、ジョーにはこれ以上打つ手がないことを告げたらしい。家族は悲しみに暮れた。しかし、どこかほっとする気持ちもあったのではないだろうか。人工呼吸器を外すことに同意したのだった。自力では呼吸できないジョーは、それから間もなく息を引き取った。

ティートーノスの苦難

ジョーのことがあって以来、私の医師としての進路選択に少々ぶれが生じた。いや、少々どころではない。医学部入学当初は救命救急の現場で働くことを夢見ていたのに、現在の私はホスピスの医師をしているのだから。言ってみれば、クォーターバックとしてフィラデルフィア・イーグルスの入団テストを受けながら、結局、審判員をやっているようなものだ。いずれにしても、まったく別種の仕事である。

少なくとも週に一度は、ミシェルやジョーのことを思い出すような患者さんに出会う。

ミシェルのような、嬉しい奇跡に遭遇することもある。蘇生科学の進歩のおかげで、その後何年も元気に生きられる時間を与えられた人たちだ。そういう患者さんに出会うたびに、私は蘇生科学の力に感銘を受け、今後の可能性に思いを馳《は》せる。五年後、一〇年後に、蘇生科学は私たちにどんな恩恵を与えてくれているだろうかと。また、ミシェルの奇跡の生還は、生命《いのち》の保存という、大きな可能性の一端を垣間見させてくれるものではないかと思ったりもする。

その一方で、ジョーのような患者さんに出会う日もある。やはり蘇生科学の進歩のおかげで、何週間も何か月もＩＣＵの中で生かされてしまっている人たちだ。そういう患者さんに出会うたびに私は、可能性の限界を押し広げるためにそこまでやる必要があるのかと問わずにはいられない。ひょっとしたら「ビッグマック」ルールに従うべきなのではないか。さくっと簡単に生き返らないのであれば、それ以上余計なことはしなくていいのではないかと。

何よりも気掛かりなのは、テクノロジーが私たちの死に方をどのように変えるのか、という点である。ホスピスの医師をしていてわかったことが一つあるとすれば、それは、人間は誰でもみな死ぬ、ということだからだ。たしかに、蘇生科学の力によって、死を、何分か、何時間か――人によってはミシェルのように何十年も――遅らせることはできるだろう。しかし、それでもやはり、死は私たち全員に訪れる。

蘇生科学はミシェルのような人たちを救ってくれるが、それには必ず代償がつきまとう。その代償とはいったいどのようなものなのか？　ミシェルの事例はすでに神話めいたエピソードとして語られているので、この問いに対する答えも神話の中に求めるのがよいだろう。

ギリシャ神話に登場するティートーノスという美貌の若者は、命に限りのある人間の身でありながら、曙の女神エーオースと恋仲になる。男としてはそれでもう十分に幸せのはずだ、とあなたは思うのではないか。それ以上のことを求めるやつなどいるわけがない、と。

ところが、ティートーノスはそれ以上のことを求めたのである。求めたのはむしろエーオースのほうだったという説もある。とにかく、二人のうちのどちらかがゼウスに、永遠に一緒にいられるようにティートーノスに永遠の命を授けてくださいとお願いしたのである。

問題は、二人のうちのいずれも、永遠の若さをお願いしようとは考えなかったことだ（それが重大な過ちであったことが後に判明するのだが）。そしてゼウスも、ギリシャの神々がよくやるように含み笑いを浮かべながら、若さの件にはまったく触れなかった。

オリンポス山に響きわたる、野太い、しわがれた笑い声が聞こえるようだ。「永遠の命が欲しいだと？　それだけでいいのか？　よしわかった。もちろんやるとも」

ゼウスは約束どおり、ティートーノスを不死の身にしてやった。そこまではよかった。

ティートーノスは死ぬことができないにもかかわらず、時とともに老いていった。しだいに衰弱していき、やがて体も動かせないほどに老いさらばえる。とうとうエーオースのお荷物となった彼を、エーオースは密室に閉じ込めてしまう。

> 忌まわしき老いが彼を徹底的に打ちのめし、身体を動かすことも手足を上げることもできなくなったとき、エーオースにとってはこれが最も賢明な選択に思われた。ティートーノスを小部屋に閉じ込めて、きらめく扉を封じてしまったのである。弱々しい声だけがいつまでも漏れ続けたが、かつて彼の四肢にみなぎっていた力はもうどこにも残っていなかった。[4]

救命のテクノロジーによって、ジョーのような患者を、少なくとも短期間生きながらえさせることは可能だ。しかし、若返らせて健康にすることはできない。また、老化に伴って起きてくるさまざまな病気を治すこともできない。となると、多くの疑問が残される。

命の限界に挑んだら、どんなことが起こるのだろう？　奇跡がもたらされるのだろうか？　それとも、今も天上のどこかにいるゼウスが、人間どもは一向に懲りる様子がないと呆れ果てるのだろうか？

ジョーやミシェルのようなケースは、もともと成功する見込みは薄いのだから、とにかく蘇生処置を試みるべきなのだろうか？　蘇生に成功したら、患者自身は心から喜んでくれるのだろうか？

蘇生ということが、これほど安易にとらえられているのはなぜなのか？　どうして私たちは、とにかく無条件で蘇生の努力をすべきだと信じて疑わないのか？

私たちにはどんな未来が待ち受けているのだろう？　喜びに沸くことになるのか、不安におののくことになるのか、それともその両方なのか？

こうした問いに答えるのは容易ではないし、単純に割り切れる答えが見つかるものでもない。したがって、本書を自己啓発書だと思わないでいただきたい。セックスやスピリチュアリティといった自己啓発書の棚でたまたま見つけたのならば、読まなくていい。

こうした難しい問いの答えを探して、私は旅に出た。本書は、その驚きと感動に満ちた旅の記録なのである。

本書には、鼻の奥を冷やすことで脳を保護しようとする装置や、一九七〇年代に流行ったマッサージ機内蔵のベッドのように、体を振わせて血液を循環させようとするベッドも登場する。また、電気ショックを与えて心臓を生き返らせる装置や、ひょっとすると人間を人工冬眠の状態に誘導できるかもしれない薬も登場する。

このような発明を支えている人物にも焦点を当てる。人間が冬眠の仕方を学ぶのであれば師匠はこいつだと信じて、キツネザルという小さな毛むくじゃらの霊長類の研究を続けている科学者にも会いに行く。人間の頭部を切断して凍結保存し、一〇〇〇年後に解凍しようと目論んでいる人物にも話を聞く。また、ロックバンド「ジャーニー」のコピーバンドのドラマーで、子どもたちにCPR（心肺蘇生法）を教えている男性も紹介する。

蘇生科学の恩恵を受けている方々にも登場してもらう。心臓が止まるたびに自動的に作動する装置のおかげで命拾いしている男性。九歳の兄の勇気ある行動のおかげで命を救われた二歳の女の子。そして、脳を冷却することで大手術を乗り切ったキノコ農場の作業員。

こうした蘇生科学の負の側面にも目を向ける。その一例として、ある老女が心肺蘇生を受けずに「自然」死したことが、全国規模の騒動にまで発展したケースを取り上げる。また、いかなる場合にも蘇生処置を施すことが本当に正しいのか否か、日々問い続けている救急隊員にも登場してもらう。さらに、夫の命を救うべく最善を尽くせなかったことで自分を責め続けている女性にも話を聞く。

死んだ人を生き返らせたいという切なる願いを叶えてくれる科学の力は本当にすばらしい。しかしその一方で、私たちは莫大な代償――金銭的、倫理的、精神的代償――を払わされることになりかねない。革新的な技術が次から次へと生み出されてくるので、こうした代償もどんどん膨れ上がっていく。したがって、どんな場合に、どんな方法で、蘇生科学の力を利用して命を復活させるべきなのかを、私たち一人一人がしっかりと考えておく必要がある。

　蘇生科学を受け入れて積極的に利用すべきなのか？　蘇生科学の力を使って自分や家族を生き返らせるべきなのか？　それとも、そのようなことはやめておくべきなのか？　そう問われても私には答えることができない。私にできるのはただ、生と死の境界を曖昧にしつつあるこうしたテクノロジーの進歩について、誰もが避けては通れない問題を提示することだけである。

　本書では、明るい未来の展望を描くと同時に、いずれ私たち全員が選択を迫られることになる諸々の課題について述べていこうと思う。

第2章　自殺に適したアムステルダム――蘇生術誕生

男性二人が女性の水死体をかついで酒場に入ってゆく……。

ときは一七六九年。正確にいうと四月十七日午前九時三〇分。ここはアムステルダム。絵のように美しい運河にうつぶせになって漂う水死体。(1) アン・ヴァートマンはすでに事切れていた。

道行く人々がぎょっとして目を留める。中には帽子を脱いで敬意を表する人もいたが、たいていの人は顔を背けた。

そのとき、アンドルー・デ・ラードとヤーコブ・トーンベルゲンが裏通りから現れて人垣に分け入った。ウール地のフロックコートにベストとズボンという立派な身なりの二人はおそらく商人にちがいない。でも、いったいここで何をしようというのだろう？

この二人の善良なるアムステルダム市民は、滑りやすい石段を転げるように駆け下りて、ヴァートマンの手足をぐいとつかむと、身体を持ち上げて運河の岸まで運び、敷石の上に横たえた。それから、生きている徴候がないかどうか、丹念に調べにかかった。

息をしているか？　いや。

脈はあるか？　おそらくなし。

手足は動くか？　目は開くか？　指がピクッと動くか？　すべてノー。

どうやら、この勇敢な二人組は、自殺に成功した人間を引き上げたようである。

生命徴候がないとわかれば、当時十八世紀の善きサマリア人たち（善意の人々）のほとんど――私のみるところ九九・九％――はそのままその場を立ち去った。肩をすくめて、懐中時計に目をやり、クリストフ・グルックの新作オペラ『アルチェステ』のチケットを持っていることを思い出して。

ところが、この善きサマリア人たちは違った。水死体を置き去りにはしなかったのである。この男性二人は、溺水者がこの世から旅立ったらもう終わりなのではなく、むしろそこからが自分たちの腕の振るいどころだと考えていた。そこから本気の勝負が始まるのだと。

まず、二人は彼女を丸太にだらりと持たせ掛けた。そして、肺から水を出すために、およそ一五分にわたって体を前後に揺すり続けた。期待どおり、肺から水が出てきた。しかし、アン・ヴァートマンは目を覚まさない。

すると、この二人のにわか救急隊員は死んだ女性をかつぎ上げた。集まっている人たちも、何やら面白くなりそうだと思ったのだろう、二人に手を貸した。たちまち、死んだ女性とその救助者の周りには野次馬の人垣ができた。誰もがみな、なぜか、遺体の運搬に手を貸したがっているようだ。

それから数分の後、一行は近くの酒場に到着した。ヴァートマンの遺体を担いで階段を上り、ベッドにその遺体を横たえた。

間もなく、薬師が駆けつけてきた。ベルナール・ドンファラーはこうした蘇生術の業界ではかなりの古株らしく、たちまちてきぱきと采配を振るい始めた。哀れなヴァートマンは「体が冷たく硬直しており、呼吸も脈拍もなし」。どう見ても幸先の良いスタートとは言えないが、ドンファラーはそんなことに頓着する様子もない。

彼の指図で、宿の使用人たちがヴァートマンの服を脱がせ、二枚の毛布の間に挟んで暖炉の前に横たえた。すると、ドンファラーはヴァートマンの体にアンモニアとローズマリーの精油を擦り込み始めた。とくに「背骨の周りや首の筋肉、頭部全体とこめかみ部分、そして何よりも腰のあたり」を念入りに。両足には熱湯も注いだ。

さらに、ドンファラーの指図で、助手たちがナイフを鞘《さや》から引き抜き、その鞘の先端を切り落として平たい中空の管を作った。そしてこの急ごしらえの道具を使って、ヴァートマンの直腸に煙草の煙を吹き込んだのだ。この時点ではまだ、ヴァートマンは死体だったので、プライベートな部分にずかずか踏み込まれてもそれほど気にしなかったと思うほかない。

こうしたごたごたに紛れて、ドンファラーはますます尋常ならざる策に出た。居合わせた人たちは驚きのあまり息を呑んだにちがいない。何をしたのかと言うと、死んだ女性の口にハンカチを当てて、屈みこみ、口から息を吹き込んだのである。効果はなかなか現れなかったが、それでも何度かこの動作を繰り返した。集まった人たちは息を止めてその様子を見守った。

残念ながら、ヴァートマンの息も止まったままだった。先行きは非常に厳しく、ドンファラーの評判もどうなることやら、予断を許さない状況だ。

ついに万策尽きたと思ったのか、ドンファラーは奥の手を出してきた。これこそヴァートマンを現世に引き戻す切り札。蘇生科学の粋にちがいない。

ドンファラーが振りかざしたもの……それは一本の羽根だった。

ごった返した酒場のあちこちからひそひそ声が聞こえてきた。

「だから言ったろ」

「まあ、どうせそんなところだろうと思っていたがね」

ドンファラーは死んでいる女性の口を開き、その羽根を奥へ奥へと差し込んだ。できる限り奥まで差し込んでから、羽根で喉の奥をくすぐった。

事ここに至って、ヴァートマンは我慢にも程があると思ったらしい。幾多の屈辱に甘んじる覚悟はあったものの、まさかここまでとは予想していなかったようだ。手厚い介抱や善意に圧倒されて、そろそろ現世に復帰する潮時と腹を決めたのである。

そして、決して上品とは言えないやり方で現世復帰を果たした。むせ返って、咳き込み、しょっぱい運河の水を大量に吐き出したのだ。救助者たちはこの展開に跳び上がって喜び、ヴァートマンにしきりとジェネヴァ（ジンに似たオランダのリキュール）を勧めた。勧められてジェネヴァを口にしたヴァートマンは、ますますむせ返って咳き込み、嘔吐を繰り返した。

これは死んでいる人間がすることじゃないぞ、と誰もが気づいた。それが喜びへと変わり、やがて酒場じゅうが歓喜に沸いた。

酒場で蘇生術を行なうメリットの一つは、祝宴に欠かせないものがすぐ手近にあることだ。逆に、残念な結果に終わった場合でも、慰めの特効薬がこれまたすぐ手近にある。いずれにしても、実利性を重んじるオランダ人は万全を期していたと言えるだろう。

それはともかく、目覚めたばかりのヴァートマンは、なぜ自分はここに寝かされているのだろうかと不審に思い始めるのではないか。そして、自分が素っ裸であることを意識したとたん、気まずさがこみ上げてくるにちがいない。自分を取り巻く見物人たちのことが気になりだすと、生還したばかりで混乱している頭がさらにパニックを起こすだろう。とすると、もう一度死んだほうがましだと考えたとしても、私はまったく驚かない。

しかし、ヴァートマンはそうは考えなかったようだ。この試練にめげた様子もない。「以上のような賢明な処置により、ドンファラーは半月もかからずにヴァートマンを完璧に回復させた」のである。といっても、完璧ではなかった点が一つ。本人にとっては原因不明の羽根恐怖症に取り憑かれてしまったのだ。

珍奇なる蘇生科学の世界へようこそ。

溺水者の味方、アムステルダム協会

絵のように美しいアムステルダムの中でも最高の美しさを誇るヨルダン地区の真ん中に、アルファベットの「H」の横棒のごとく、エーゲランティールス運河の両岸をつなぐ小さな石橋がある。

雲ひとつなく晴れわたった春の日の朝、私は橋の欄干のたもとに佇んでいた。周囲では、世界各国から訪れた観光客がさまざまなアングルからこの風景をカメラに収めようとしている。あるカップルは、白薔薇のアーチで楣石《まぐさいし》を美しく飾った真っ赤なドアにカメラを向けており、ヤンキースの野球帽をかぶった生真面目そうな女性は、運河の欄干につないである旧式で無骨な自転車に付けた籠いっぱいのチューリップにうっとりしながらファインダーを覗いている。イタリア人の若者の一団は、ワイワイと賑やかにスナップ写真を撮り合っている。

どうやら、この美しい街を訪れた旅行者の中で、目に映るものを片っ端からデジカメに収めようとしていないのは私だけのようだ。でも、私がここアムステルダムで探しているものは、運河沿いに立ち並ぶショップやカフェや集合住宅の中には存在しない。私が探しているのは、歴史のかけら、だからである。

私はヤンキースの野球帽をかぶった女性に近づいて、さりげなく話しかけてみた。ここは歴史上初めて心肺蘇生を成功させた街なんですよ、と。

彼女の表情から察するに、こうした事実は知らなかったようだ。また、その表情から察するに、そんな話を聞いてもなんの驚きも感動もないようだ。

それでもめげずに、私は話し続けた。

一七六七年、あのアン・ヴァートマンの一件が起こる二年前のこと、オランダの市民有志グループがここアムステルダムに「溺水者のための協会」を設立した。蘇生法をはじめ、麻酔法、外科手術、人工心臓といった、この一〇〇年間の医学分野での大進歩のほとんどがこの地に端を発しているのだ。彼女にそう説明した。

それでも、感銘を受けた様子はない。もういっぺん愛用の自転車に目をやったかと思うと、そのまま どこかへ行ってしまった。私もぶらぶらと歩き始めた。人通りの少ない道を通って、エーゲランティールス運河の北側に抜けたのち、東に折れて、街の中心部へと向かった。次から次へと何本もの運河を渡っては、橋脚の間で渦巻く濁った水を覗きこんでいるうちに、あらためて感じ入った。ごみに混じって浮かんでいる水死体をなんとか生き返らせてみようと思った協会の面々は、なんと肝の据わった人たちだったのだろうかと。

残念なことに、この団体やその創始者について記されたものはほとんど残っていない。わかっているのはただ、一七六〇年代のどこかで、商人と役人と聖職者からなる小さな団体が、街に張り巡らされている運河で溺れる市民の増加を憂慮するようになったということだ。

彼らは集まって議論を交わし、処置法のリストを作成した。何よりも重要なのは、「死んだように見える」人間を生き返らせるのに最も有効な手立てを見つけようとしたことだ。あのヴァートマンの事例をはじめ、おびただしい数にのぼる救助記録をつけたのもそのためだった。

現在の私たちが、彼女の事例や多数の溺水者の救助の一部始終を知ることができるのは、トマス・コーガンという、オランダの医学校に通っていたイギリス人医師が、この協会の記録を英訳しておいてくれたおかげなのだ。

コーガンが伝えた救助記録の中には、蘇生に成功したケースもあれば、結局失敗に終わったケースもある。しかし、気骨あるオランダ人は決して諦めようとはしなかったようだ。死者を生き返らせるという使命のもと、さまざまな方法を試みた。たとえ失敗しても、議論し合い勉強を重ねて、ふたたび挑戦した。それを何度も繰り返したのである。

協会は、そうした処置法の効果を積極的にアピールした。そして「病院、公共慈善団体、コーヒーハウス、居酒屋等々」に配布するパンフレットを作成して普及に努めた。[2] ヴァートマンに対して行なった処置の多くが、このパンフレットの中でお墨付きを得ている。

たとえば、腸を膨らますことは有効な処置法の一つと考えられていた。「タバコのパイプ、ふいご、あるいはナイフの鞘の先端を切り落としたものを使って腸に空気を吹き込む」のである。とにかく時間が勝負。協会のパンフレットには、「一刻も早く、力を込めてどんどん吹き込むほど、良好な結果が得られる」と記されている。また、ただの空気で腸を膨らませるよりも、「暖かくて刺激のあるタバコの煙」を用いるほうが効果的だとも述べている(3)。

このパンフレットにはそのほか、「からだ全体を、とくに首の後ろから尻までを、背骨に沿って強くマッサージする」方法など、多種多様な方法が記載されている。アンモニア水とアルコールに炭酸アンモニウムを溶かした溶液もよく使われたようだ。また、体に塩を振りかけたり、ブランデーに浸した布で体を擦ったりしても効果があると考えられていた。溺水者を引き上げたのち、柔らかく揉みほぐして、マリネにし、塩を振りかける――まるで料理ショーではないか。

こうして見てみると、協会は、死者の蘇生に効果がありそうだという報告を受けると、なんでもかんでも信じてしまったのではないかと思われる。直腸に煙を吹き込めば本当に死んだ人間が生き返るのかどうか、この処置法を採用するにあたって厳密な吟味などしなかったにちがいない。

そもそも、協会が試してみる価値なしと判断したものなどあったのだろうか？

じつは、あったのだ。先ほどのうら若きヴァートマンに対してなされたさまざまな処置法の一つ、溺水者を樽や丸太の上で転がすという方法にはとくに批判的だった。その議事録の中で、この方法は内臓を損傷させて死を招く恐れがあると繰り返し指摘している。そうやって転がされた結果、「上と下からの」出血を起こして死に至った犠牲者についての凄惨きわまる記述で事例研究のページは埋め尽くされている。処置を受けたせいで、本当に死んでしまったのだ。

しかし、この転がし法は、すでにアムステルダム市民の間にすっかり浸透していたものだから、協会はそれを阻止することができなかった。「教育を受けた者がやめさせようとしても、庶民はなかなか昔ながらの俗習を改めようとしない」と協会は嘆いている。[4] 懸命の啓蒙活動にもかかわらず、溺水者を見つけた善意の人が樽に手を伸ばすのを止めることはできなかったのである。

その一方で、協会は画期的な成果も挙げており、正式な名称の付いていない一風変わった方法を推奨した。細かい説明はまったくないのだが、それがなんであるかはすぐに見当がつくはずだ。「溺水者の口に自分の口を当て、一方の手で鼻をつまみ、もう一方の手で左胸を押さえながら、力強く息を吹き込んで肺を膨らませる」[5]。そう、マウス・ツー・マウス法である。この方法はすでに十八世紀から推奨されていたのである。

その効果について、協会はとても強気の姿勢を示した。「当初より本協会は、この方法には直腸から空気を吹き込む方法に劣らぬ効果があると考えている」と述べている。[6] 確かにそうだろう。そのうえ、関係者の誰にとってもこの方法のほうがはるかに喜ばしいものだったはずだ。

協会は、アメリカ赤十字社もこの方法を検討してはどうかと提案までしている。そして、いかにもオランダ人らしい慎重さで、マウス・ツー・マウス法を行なうときは溺水者の口にハンカチを当てるようにと勧めている。どれだけのあいだ運河に浸かっていたのかもわからない唇に自分の唇を当てるわけだし、その唇の主が「死んでいるように見える」だけでなく本当に死んでいる可能性もあるわけだから、ハンカチくらいは当てて事に臨むというのはなかなか良い心がけだと私も思う。

万策尽きたときの奥の手が、溺水者の喉の奥を羽根でくすぐるという方法だ。ヴァートマンの際に、素人目には決め手となったように見えたこの方法が、私としては気に入っているのだが、科学的な裏付けが皆無であることが判明してしまい、なんとも残念でならない。

しかし、公正を期するために言っておくと、協会が推奨した方法のいずれにも科学的根拠のかけらくらいは存在するのである。じつは、一五〇年以上たったのちに、違ったやり方で使われるようになった方法もあるが、それについては後ほど述べる。

協会は、活動成果の評価もきちんと行なった。そして、協会設立後、最初の二年間に、「死んでいると思われた」溺水者を一五〇人以上救助したと主張している。残念ながら、そのような「溺死者」のうちの何人が本当に死亡していて、何人が死んでいるように見えただけだったのか、今となっては知る由もない。成果を実証しようと躍起になっていた協会が、疑わしいケースも成功事例に含めようとしたであろうことは想像にかたくない。協会メンバーが鵜《う》の目鷹《たか》の目で溺れている人間を探し回っていた初期のころには、喉がむずむずして目を覚ましたくなければ、人前でのうたた寝は禁物だったにちがいない。

それはともかく、協会の最大の功績は、あらゆる手段を尽くすようにと説いたことだろう。「身体に腐敗の兆候が現れてこないかぎり、溺水者が本当に死亡していると断定することはできない。したがって、それまでは八方手を尽くすようお願いしたい。また、何か他に救助法をご存知の方がいたら、その方法を私たちに伝授していただきたい(7)」

この助言を読むと、生死の判断基準が相当高いところに設定されているのがわかる。死体に腐敗が見られないかぎり、暖炉の前に横たえたり、くすぐったり、口や肛門から息を吹き込んだりしてみる価値があるというのだ。死体の身としては、たしかにありがたいことではある。しかし、善きサマリア人になるのは大変なことだったにちがいない。

もしかすると小さな命の光が隠れているかもしれない

アムステルダム協会が蘇生法を発展させていたのと同じころ、ロンドンの人々も、ロンドンの街やその周辺の水域で命を落とす同胞たちに心を痛めるようになっていた。溺れたり、溺れかけたりする人の多い場所の一つが、ハイド・パークのサーペンタイン・レイクだった。公園を斜めに横切っている細長い池である。ロンドン市民は、溺れた人の命を救うべく――おそらく、オランダ人に負けたくないという、ちょっとした競争意識もあったのだろうが――一七九四年に「レシービングハウス」を建設した。救急外来と研究所を兼ねたものとして設計されたこの施設は、何百例にものぼる奇跡の蘇生の舞台になるとともに、新たな治療法の実験の場にもなった。

ある日、埃っぽいロンドンの公共図書館で午前中を過ごした私は『イラストレーテッド・ロンドン・ニューズ』誌の記事の写しを手に入れた。それによると、レシービングハウスは「上質の煉瓦《れんが》にバース石とポートランド石を張って仕上げた瀟洒《しょうしゃ》な佇まいの建物」だという(8)。私はさっそくその建物を探しながら、テンプル・ゲートを通ってハイド・パークの中心部に向かった。「瀟洒な佇まいの建物」はそのあたりにあるはずだ。

レシービングハウスの外観は今述べたとおりだが、他に類を見ないほどユニークなのは建物の内部だった。その記事によると、オランダの協会をまねて設立された王立人道協会は、レシービングハウスの建設に出費を惜しまなかった。まずエントランスホールがあって、病棟は男性病棟と女性病棟に分かれており、そしてなんとも贅沢なことに、「温水加温式ベッド、浴室、給湯器、メタル天板の衣類加温台、等々」が備えられていたという。「等々」ってなんだろうと想像をかきたてられる。この記事の執筆者は、イギリス人にしては臆面もなく「この種の施設すべての模範となるべきものである」と結んでいる。私はもう見たくて見たくてたまらなくなった。

ゲートを抜けても、私が探している建物らしきものは見当たらない。雲ひとつなく晴れわたった日曜日の午後。好天に誘われて、太陽を一目見ようと地元の人々がおおぜい繰り出してきた。すれ違う人々の歓喜に満ちた青白い顔から推察するに、ここ何年間も太陽など見ていないのではなかろうか。

ロンドンっ子たちとともに陽射しを浴びていると、サーペンタイン・レイクがなぜ蘇生法普及運動の中心地になったのかがよくわかる。一七三〇年に造成されたこの一一万平方メートルほどの湖は、ロンドンのど真ん中に位置している。それゆえ、散歩したり、ボートに乗ったり、サイクリングしたり、冬場にはアイススケートをしたりする人たちの水難事故がどうしても避けられない。実際、サーペンタイン・レイクは造成後間もなく、ロンドンっ子たちの交流の場となり、それと同時に溺水者が続出するようになった。こうしたことが、結果的に、地味で目立たない蘇生の科学を世間の注目を浴びる存在へと押し上げたのである。

＊＊＊

王立人道協会の歴史は、一七七三年、ウィリアム・ホーズというロンドンの医師が仮死状態の人間を生き返らせる方法に興味を抱いたところからスタートする。当初、ホーズはアムステルダム協会の活動のことは知らなかったようだ。彼がオランダ流のやり方をまったく知らなかったかどうかは定かでないが、死体を前にしたときにできることはそう多くはない。したがって、ホーズが発案した方法の多くがオランダ方式と同じだったとしてもそれほど不思議はない。ホーズのレパートリーの中でもやはり、マウス・ツー・マウス法、温熱法、タバコの煙を吹き込む方法が重要な位置を占めていた。しかしホーズは、これらの介入法をたんに試してみるだけでなく、本当に効果があるのかどうかを突き止めようとしたのだった。

探究心旺盛なホーズは、ときおり自宅の玄関先に運ばれてくる水死体に実験を試みるだけでは満足できなかった。そこで、いつ届くとも知れぬ水死体を待っている状況を打開するために、いささか非情な手段に出た。「溺れてからしかるべき時間内」に引き上げられた死体を届けた者には報酬を支払うというものだ。(9) 空き瓶を持ち込むと瓶代がもらえるデポジット制度の人体版だと思えばいい（オランダ人も同様のことを行なったが、実利を重んじる精神としみったれた性格ゆえに、蘇生が成功した場合にだけ報酬を支払った）。

残念ながら、どこまでが「しかるべき時間内」だったのかについてはまったく記載がない。報酬を得ようとして、少なからぬ人々がその定義をちょっとばかり引き延ばしたであろうことは想像にかたくない。しかし、この方式のおかげで、ホーズは水死体を入手することができ、かなりの人がささやかな生活の糧を稼ぐことができた。ホーズの処置のおかげで命拾いした人もいたかもしれない。

その翌年の一七七四年、ホーズは、アムステルダム協会の活動成果を翻訳した医師、トマス・コーガンと出会う。そして同年四月十八日、それぞれが一五名の市民――同僚の医師、教会職員、実業家、下級王族――を誘ってセントポール大聖堂の墓地にあるコーヒーハウスに集い、後の王立人道協会の元になる団体が結成されたのだった。(10)

この団体は、社会的地位も名声も資金も兼ね備えた団体だった。そして「ラテアト・スキンティッルラ・フォルサン」という理念を掲げていた。私のようにラテン語が苦手な読者のために説明しておくと、これは「もしかすると小さな命の光が隠れているかもしれない」という意味である。レシービングハウスのエントランスの頭上にはきっとこの言葉が彫られていることだろう。

ところで、今、私はリング・ブリッジを過ぎてロング・ウォーター沿いに歩きながら、サーペンタイン・レイクの北西の角へと向かっている。ローラーブレードで滑ってくる人や、サイクリングをする人、ベビーカーを押す婦人をよけながらずっと歩いているのだが、レシービングハウスらしき瀟洒な佇まいの建物はどこにも見当たらない。それでも、なんていい天気なんだとつぶやきながら、私は歩き続けた。

王立人道協会は、ホーズとコーガンという、優れたマーケティング戦略家をも備えていた。二人はまずしっかりと下調べをし、その前年にはロンドンだけで一二三人の溺死者が出たことを突き止めている。そして、そのうちの半分でも、いや十分の一でも救うことができれば大勝利だと主張したのだった。協会は、一般市民に資金提供を呼びかけるにあたり、こうした数字を大々的に利用したが、それと同時に、人々の心情に訴えることも忘れなかった。たとえば、「父を亡くした子のもとに父親を、未亡人のもとに夫を、涙にくれる親のもとにわが子を」呼び戻す活動に力を貸してほしいと呼びかけたのである。(11) 当然ながら、資金はどんどん集まった。

その次に行なったのは、溺水者を集めたり、それを酒場に運び込んだりする仕組みをつくることだった(その当時、蘇生は酒場で行なわれていた)。つまり、協会は報酬を支払って協力者を募ったのである。その場に居合わせて蘇生を試みた者には二ギニー(今の金額にしておよそ二五〇ドル)、蘇生が成功した場合には四ギニー、蘇生を行なう者に店を提供した酒場の主人には一ギニーというのが相場だった。

結局、協会は戸口に運ばれてくる水死体に報酬を支払うのはやめてしまった。この方式が打ち切られたのが正確にいつなのかはわかっていない。やめた理由も、なんとなく想像はつくものの、はっきりとは説明されていない。

しかし、これを打ち切った代わりに、協会はその慈善寄付金を使って、革新的な技術の開発や新しい「科学的」蘇生法の試験に乗り出した。たとえば、肺を膨らませるのに用いる驚くほど多種多様な新型ふいごの開発に資金を投じている。また、体を迅速に温めるために用いるさまざまなヒーター付きベッドや椅子の開発にも熱心だったようだ。しかし最大の投資先はなんと言っても「レシービングハウス」だった。

レシービングハウスは、サーペンタイン・レイクで溺れた人を救うためだけに造られたわけではなかった。新たに開発された蘇生法を、（宿屋や酒場のようなところではない）きちんと管理された環境下で試験できるようにすることもまた、レシービングハウス建設の大きな目的の一つだったのだ。

協会が一八四四年に発行した第七〇期年次報告書には、効果が期待されるさまざまな蘇生法について「公園内のレシービングハウスで公正なる試験」を実施したと得意げに記されている。最も効果のある方法を選び出す試験の結果、とくに強く推奨されたのは、体を温める方法と、「ざらざらした布かフランネル」で体を擦る方法だった。容積六五〇ミリリットルほどのふいごを使う方法も推奨されたが、これを使ってよいとされたのは医療従事者だけだった。医療従事者なら誰でも「人工呼吸の実施方法に精通しているとほぼまちがいない」からだという[12]。

そんなふうに決めてかかって大丈夫だったのかどうか不安ではあるが、それはともかく、科学を語る言葉がじつに印象的だ。そして頼もしい。

実際、このような実験の結果が記されている協会の年次報告書を読むと、科学がどんどん進歩して、次々と新発見がなされていく様子に感銘を受ける。たとえば、先の第七〇期年次報告書には、人工呼吸法をめぐる新事実の発見について記されている。「従来、肺を膨らませるには、湾曲したチューブを口から気管に通す方法が主流だった[13]」

そりゃそうだろう。それ以外の方法でどうやって肺を膨らませるんだ？ そう思ったあなたは驚くことになる。

「現在、より適切と考えられているのは」と、報告書はさりげなく提案している。「片方の鼻孔から挿入した短い象牙パイプを通して肺に空気を送る方法である。空気が胃に入るのを防ぐために、喉頭の下部を食道入口部に押しつけるようにするとよい」。なんともびっくりである。報告書のこの項目は、あっさりと次のように締めくくられている。「したがって、金属製の気管チューブの使用は中止とし、器具ケースには象牙製の鼻孔パイプが備え付けてある[14]」

まあそんなわけで、曲がったチューブはもうございません。みなさん象牙の鼻孔パイプを使いましょう、というわけだ。

この方法にはそれを支持する確かな根拠が存在する。今日、口からの気管内チューブの挿入が困難な場合（患者が肥満している場合など）でも、鼻からなら容易に入ることが多い。また、溺水者の肺を膨らませようとする者が経験不足の場合（十八〜十九世紀の医師たちの大半がそうだったはずだ）、この方法のほうが信頼性が高い。

その一方で、協会はあまり意味のないこともさかんに奨励した。たとえば、初期のパンフレットでは、救助者をめざす人々にこう教えている。「患者の両腕を肘のすぐ上でつかんで、静かにしっかりと上方に引き上げ、頭の上で合わせるようにする」。これは「空気を肺に吸い込ませるため」だという。続いて、「患者の両腕を下ろして、二秒間、やさしくきっちりと胸の両脇に押しつける（空気を肺から押し出すため）」。これで終わりと思ってやめてしまわないように、パンフレットは最後にこう注意を促す。「以上の動作を、一分間に一五回のペースで丹念に根気よく繰り返すこと」[15]。たしかに、このようなことをやって見せれば、その場に居合わせた人々にはアピールするだろうが、残念ながら、実質的にはなんの効果も得られなかったにちがいない。

じつのところ、レシービングハウスの活動が最も盛んだった十九世紀には、ハウス内でさまざまな蘇生法が試みられたが、そうした蘇生法の多くは、腕を上げ下げする方法と大差ない効果しかなかったのである（ちなみに、二十世紀に入ってからもしばらくは、水泳やスケートをする人々を守る活動は続けられ、溺れた人は逆さ吊りにされたり、樽の上で転がされたりした。アムステルダム協会が転がし法を禁じるようになっても、イギリス人はなかなかやめようとしなかったが、やがてイギリスでもこの方法は廃れていった）。そのほかに、溺水者を馬の背に掛けるように乗せて、馬を速歩《はやあし》で駆けさせる方法や、もちろん、喉の奥を羽根でくすぐる方法などもあった。

こんな方法を使っていたなんて、レシービングハウスの活動はいかさまではなかったのか、と思う方もいるかもしれない。しかし、協会の詳細な記録が残されているおかげで、十九世紀も末になると、めざましい成果を挙げていたことがわかるのだ。一八八四年を例にとると、水難事故がピークを迎える六～七月には、水遊びをしていた二七万人のうち三一人が救助を受け、このうち一五人はレシービングハウスに運ばれて、みごと仮死状態から生還している。このような数字は、今日振り返ってみても、なかなかのものだと言えるだろう。

＊＊＊

このようなめざましい進歩の舞台となったレシービングハウス。いったいどこにあるのだろうか。先ほどから探しているのだがなかなか見つからない。こうなったら、誰かに聞いてみるほかない。あたりを見回して……グレーのフランネルスーツに身を包んだ七〇歳代の男性に白羽の矢を立てた。その男性は、橋やロング・ウォーターがよく見渡せる人目につかないベンチに腰をおろし、痩せて静脈の浮き出た手をピカピカのマホガニーの杖に乗せていた。一見したところ、それほど忙しくはなさそうだ。

私がレシービングハウスのことを尋ねると、男性はほんのちょっと考え込んだが、次の瞬間、長く伸びた眉毛の下の眼をぱっと輝かせた。うんうんとうなずきながら彼は口を開いた。

「みごとなもんだったねえ、まったく休む間もなしさ。走って行っては、サーペンタイン・レイクから溺れた人を引き上げて生き返らせていたからね」

実際にご覧になったのですか？　救助の現場に居合わせたのですか？

「もちろんだとも。私らが子どものころ、一九三〇年代のことだが、おやじがよく子どもたちをここに連れてきてくれたからね。すぐそこで泳ぎを習ったのさ」。そう言って彼は、南側の土手一帯を指さした。そこには現在、「リド〔野外プール、フィットネスセンター、ボーリング場、シネマコンプレックス、レストラン、カフェなどを備えた施設〕」が建っている。あの場所こそ、十八世紀にこの公園を管理をしていたケンブリッジ公爵が水泳場と定めたエリアだった。そのあたりの水底はなだらかな傾斜になっていたと彼は言う。水遊びする人々を狭いエリアに集めることで、水難救助員《ライフガード》の目が行き届くようにしたのだろうとも言った。

「あのころは楽しかったねえ」

人が溺れているのを見かけたことはありますか、と口に出してから、しまった、と悔やんだ。こんなことを聞いたら、妙なことに関心を持っていると思われかねない。見ず知らずの人との会話に持ち出すような話題ではなかったな、と。ところが、フランネルのスーツに身をつつんだ紳士は動揺するふうもなく、むしろ興奮の色を見せた。

「もちろんだとも。しょっちゅうさ。ここに来る楽しみの半分はそれだったからね。溺れそうな人はいないか、いつも目を凝らしていたものさ。何かあるとライフガードが駆けつけてくるんだ。冬場にはスケートリンクの監視員がいて、何かあればすぐに助け上げてくれた。溺れた人間を馬の背に乗せて、ハウスまで走らせることもあったな」

えっ、ハウスだって？　それはレシービングハウスでしかありえない。ついに見つけたぞ。私は、忘れ去られたマヤの寺院への道順を知っている最後の生存者にめぐりあえた探検家の気分だった。当時の出来事を実際に目にしている人物がここにいる。そして、この人もやはり救助の様子を興奮しながら見守っていたようだ。さらに、レシービングハウスのことまで知っているらしい。

だが待てよ。まず、蘇生の現場を見たことがあるかどうか聞いてみなくては……。羽根を使うのを見ましたか？

彼は一瞬、怪訝そうな顔で私を見たが、すぐに、にこっと笑って、上下きれいに並んだ入れ歯をのぞかせた。「いや、それは見てないな。それ以外のことならいろいろと知ってるがね」。それから、しばらく口をつぐんで当時に思いを馳せていた。「そうねえ、さっきも言ったとおり、溺れた者を馬に乗せて走らせるというのがあったな。なかなか面白かったよ。肺から水を出しやすくするんだとか言ってたな。それから、空気を吹き込むふいご。ずいぶんといろいろなふいごがあったねえ。そうそう、溺れた者を樽に乗せて前後に転がすという話を聞いたこともある」。彼はすんなり細い手を、杖の持ち手の上で前後に滑らせてみせ、それから首を横に振った。「効き目があったのかどうか。でも見応えは十分だったね」

「それで、レシービングハウスは？　溺れた人を受け入れていた場所は？　すぐそばにあるんですか？」

彼は首を横に振った。「いや、もう何年も前に取り壊されたよ。一九五〇年代だったと思う。もう少し前だったかもしれんなあ。まあ、用無しになったのさ。消防車や救急車が出てきたからな。それで取り壊されたんだ。残念だがねえ」（私は後日、信頼できる筋から、レシービングハウスは一九四〇年のロンドン大空襲で破壊されたという情報を得た(16)）

本当に残念でならないが、レシービングハウスのことは諦めるほかない。でも、ハウスを探しにここまでやってきたおかげで歴史に触れることができたし、水辺の散歩も気持ちよかった。私はその紳士にお礼を言ってから、人混みを縫って北へ向かい、その公園をあとにした。

＊＊＊

比較的静かなハイド・パークを出てロンドンの街中へと向かいながら、レシービングハウスで試みられていた蘇生法を一つひとつ思い浮かべた。すると、むくむくと好奇心が頭をもたげてきた。タバコの煙をしかるべき場所に吹き込むと、本当に死んだ人が生き返るのだろうか？　逆さ吊りにしたらどうなのだろうか？

とても興味をそそられる。ちょっとおっかないけれど。そして、まずいことに、こうした蘇生法のどれかを自分の体で試してみないことには気がすまなくなってきたのだ。

朝からこんな想いに取り憑《つ》かれるなんて、どうかしているのかもしれない。でもこうした蘇生法は、私から見るとあまりにも現実離れしているし、奇抜で、突飛なものが多い。だから、どんなふうに効くのか、身をもって体験してみたいのだ。そして、曲がりなりにも効果があると思われていた理由をどうしても解明したいのだ。

私は頭の中で、レシービングハウスで推奨されていた蘇生法を片っ端から挙げてみた。法に触れるもの、あまりにばかばかしいもの、危険すぎるもの以外で何かあるだろうか？　ない。一つもない。では、命を危険にさらすものと、激烈な苦痛を伴うものだけを除いてもう一度リストアップしてみよう。これならありそうだ。スピーカーズ・コーナー〔ハイド・パークの東北の一角にある広場〕を通り過ぎて地下鉄の駅に入るころまでに、選択肢は二つに絞られてきた。

まず一つは、誰かに羽根を用意して近くで待っていてもらい、溺れかけたところで、喉の奥をくすぐって助けてもらうという方法。悪くはない。ふと、裸のアマゾネスに引き上げてもらうシーンが頭をよぎった。彼女がどこからともなく羽根を取り出して……。

とりとめのない空想は引っ込めておくほうがよさそうだ。それに、一口に「溺れかける」と言ってもいろいろあるし、あまり魅力的とは言えない。では、次。

馬の背に身をゆだね、その動きが呼吸運動の代わりになるかどうかを試すというのはどうだろう？これならあまり難しく考える必要はなさそうだ。天気の良い穏やかな朝に馬に乗るだけならなんということはない。

この方法にはそれなりの科学的根拠があることからも、私の気持ちはかなり傾きかけていた。少なくとも理屈上、速歩《はやあし》で駆ける馬は、溺水者の胸部にCPRの胸骨圧迫と同じような効果をもたらすはずだ。また、その上下動が胸壁を動かせば、肺への空気の出入りが生じる可能性もある。でも、実際に効果はあるのだろうか？

馬の背にくくられて走ってみた

その一週間後、私は、見上げるほど大きな馬と、小柄で細く引き締まった体つきの調教師のもとに来ていた。馬の名前はペニー。調教師は自分を「D」と呼んでくれと言う。Dは無口でにこりともしない。そもそも顔に表情というものがまったくないのだ。でもありがたいことに、速歩で駆ける馬の背に縛りつけてほしいと頼むと、動じるふうもなくあっさり承諾してくれた。

じつは、ここにたどり着くまでに私は三度もしくじっている。乗馬クラブに電話していきなり、早馬の背に縛りつけてほしいなどと頼んでも相手にされないと悟ってから、ようやく予約を取り付けることに成功した。具体的に何を目論んでいるのかは伏せたまま、乗馬のレッスンを受けさせてくださいと頼んでみたのだ。すると、受付嬢が快く承諾してくれた。彼女は自分が何を承諾したのか、まったく気づいていなかった。それは私とて同じこと。私も自分がどんな目に遭うことになるのか、まったくわかっていなかった。

私は今、直径三〇メートルほどの円形の砂馬場の真ん中に立っている。馬が逃げて行かないように、馬場の周囲を頑丈な木の柵でぐるりと仕切ってあるので少しほっとしている。でも、乗馬愛好家が数人、ちらちらとこちらの様子をうかがっているのでなんとなく落ち着かない。視野の片隅に、私を指さして笑っている子どもがいるような気がする。やはりやめておくほうがよかったのだろうか。

やめておいたほうがいいことは、私も重々承知している。先週、こんなことをしてみたらどうだろうかと同僚数人にメールを送ったのだが、応援してくれた同僚は一人もいなかった。返信の内容はさまざまで、大人としての自覚を疑う厳しい質問もあれば（「きみの家族は知っているのか？」と書かれていた）、鼻血、胸焼け、嘔吐、不整脈、呼吸停止など、起こりうる悲惨な事態を挙げて警告してくれるものもあった。

鼻血くらいですむといいのだが。大したことはないのに見た目だけは派手で強烈だ。それ以外はなんとしても避けたい。

Ｄが私の左足を指差し、それからペニーの左の鐙《あぶみ》を指さした。さらに念を押すように、もう一度私の左足を指さした。私は、ペニーの左後脚の前にある、湯気を立てている馬糞の山をうまく避《よ》けながら、指示どおりに足を掛けた。次の瞬間、私は自分の体をペニーの背にだらりともたせかけ、ほっぺたを汚れたブランケットに押しつけていた。その感触たるや、油でべたついたスチールウールのよう。Ｄがペニーの腹の下で、私の両手首に両足を縛りつけている。たぶん臨機応変、適当にやっているのだろうが、Ｄは自信満々の様子だ。

ふと気づくと、世界が上下逆さまになっている。そのとき、Dがペニーの尻に強く鞭《むち》を入れた。すると、上下逆転した世界が動き始めた。

最初はよろよろとゆっくり。そのうちにスピードがついてきて、パドックを軽快に周回し始めた。私は頭部を円の内側に、足を円の外側にして回っているので、Dの姿も何も見えない。見えているのはただ、ペニーの筋骨たくましい右腰臀部《ようでんぶ》だけ。それが振り子のように前後に揺れる。力強いエネルギーに満ちあふれた振り子だ。

初めのうち、馬場を速歩で駆ける感覚はそれほど不快なものではなかった。上下に弾むリズミカルな動きには、催眠術にかかったような心地良ささえ感じる。実際、身も心もリラックスして、時間の感覚がしだいに遠のいていった。走り始めてから一分たったのか、五分たったのかもわからない。でも、ペニーとの初顔合わせのときに危うく踏みかけた馬糞の山を通ると、私の脳味噌のどこかにそれが記憶されるらしい、その目印がこれまでに二回現れたということは馬場を二周したにちがいない。

Dからの合図があったのだろう、ペニーの速度が高速ギアへとシフトし、乗っていて心地良い弾みではなくなった。もし、腹の上でバスケットボールをドリブルされたら、こんな感じではなかろうか。それも、普通のドリブルではない。自動車のホイールキャップほどもある巨大な手から繰り出されるドリブル。しかも、その手の主は、怒りのマネジメントに問題を抱えている大男……。

まず最初にそんな思いが頭をよぎった。

次に思ったのは、このままでは息ができなくなる、ということだ。どうにも息ができない。「助けてくれ！　もうだめ、死んでしまう！」。それくらいのしんどさだ。

しばらくハアハアと必死にもがいていたのだが、もがいたところでなんの役に立たなかったので、私は息をしようと頑張ることをやめた。ただたんにやめた。すると、すーっと緊張が解けていくような感じがした。低酸素症は人間にそういう効果を与えると聞いているが、少なくとも私の場合はそうらしい。

そのあと、面白いことが起きたのだ。

私が自分で呼吸しようと頑張ると、ペニーにあらがうことになる。すると当然ながら、ペニーのほうが勝つ。ところが、緊張を解いて、呼吸する努力をまったくやめてしまうと、なんとまあ、ペニーが私に代わって呼吸してくれるのだ。犬がハアハアとパンティングするときのような小さな呼吸だが、酸素を取り込むのにはそれくらいで十分なようだ。私を死なせずに生かしておくのにも、それくらいで十分らしい。

どうしてそれで大丈夫なのだろうか？　呼吸の仕組みはとてもシンプルなので、馬の動きでそれを真似ることがそれほど難しくないのだろう。呼吸運動の主役を担っているのは、横隔膜という、胸郭の下縁に沿って延び、胸部と腹部を隔てている膜状の筋肉だ。横隔膜が収縮すると、胸腔に陰圧が生じる。胸腔内の圧力が下がると、肺胞（肺の小さな空気袋）がパッと開いて、気管から空気を引き入れる。逆に、横隔膜が弛緩すると、胸腔内の圧力が増して、空気が外に押し出される。

馬で横隔膜の自然な動きを再現することはできないが、横隔膜と胸壁を同じように動かすことならできる。馬の背中が盛り上がると、私の腹部が圧迫されて肺から空気が押し出される。胸壁も同じく圧迫されて空気がさらに押し出される。次に、なされるがままになって体が跳ね上がり、馬の背の上で浮揚している一瞬の間に、横隔膜と胸壁がもとの形に戻って、ふたたび空気を引き入れる。

どうやらこの方法は効果があるようだ。まずは、王立人道協会に一点！　馬の背に乗せて走らせる方法は成功とみていい。

といっても、部分的な成功でしかない。なぜなら、酸素を取り込むことは呼吸作用の半分にすぎないからである。残りの半分の、二酸化炭素を追い出すことも、酸素の取り込みに劣らず重要なのだ。二酸化炭素が過剰だと、酸素不足のときと同様、人間はまたたく間に死に至る。二酸化炭素が増えると、それが血液中で炭酸となり、血液を酸性にしてしまうのだ。また、血液中の二酸化炭素濃度が高くなると、十分な酸素が得られていても息切れするようになってしまう。

このような生理学で学んだ知識が、朦朧《もうろう》としている頭をかすめるうちに、ふと、二酸化炭素を追い出すためには、深く、大きく、そしてゆっくりと呼吸する必要があることを思い出した。今の状況はそれにはほど遠い。しかし、ペニーが呼吸やガス交換の仕組みについて知っているはずもない。となると、このままでは私はペニーの優雅な速歩に殺されてしまうのではないだろうか。

二酸化炭素について初めて詳しく書き記したのは、スコットランド人のジョゼフ・ブラックだ。ブラックは面白い研究をいろいろと行なっている。二酸化炭素の発生に伴う質量の変化だとか、精度の高い化学天秤の開発だとか、水素ガスを充填した気球の提案だとか——ペニーの背で跳ね続けていると、そういったことを思い出すのもしんどくなってきた。ブラックは二酸化炭素のことを「固定空気」と呼んでいた。七一歳まで生きた。生涯独身だったが親密な男友達が何人もいた。気絶寸前になると、妙なことが思い出されるものだ。

Dに手を振って合図しようとして、はたと気づいた。両手が縛られていたのだった。今ごろ気づいて慌てていること自体から、私の認知機能のレベルがわかろうというものだ。念のために言っておくと、こんな乗馬実験は決してやろうなんて思わないでほしい。

一生分かと思うくらい長く感じられた時間のあと、ペニーが速度をゆるめた。Ｄのブーツがまた現れ、私はふたたび自分で呼吸をし始めた。

ペニーが常歩《なみあし》へと速度を落とすにつれて気づいたのだが、ペニーは息を弾ませてさえいない。一方、私はと言うと、浜に打ち上げられた魚みたいに喘いでいた。生死の瀬戸際に追い込まれた人間と言ってもいい。私たちが止まると、Ｄはペニーの手綱を柱に結んで、私の手足をほどいてくれた。

私は背筋をピンと伸ばして立ち、馬に馴れた人のしぐさを真似てペニーの脇腹をやさしく叩いた。と次の瞬間、ゲーゲーと激しく大量に吐いた。Ｄのブーツはかろうじて難を逃れたが、私のスニーカーは嘔吐物が飛び散っておしゃかになってしまった。

ペニーは平然としていたが、Ｄは一歩後ずさりした。びっくりしたらしい。私は頭がくらくらするなんてものじゃなく、立っているだけで精一杯だった。でも、ほんの一瞬、Ｄがにこりと笑ったのを、私はたしかにこの目で見た。

羽根・鞭・氷――初期の蘇生科学

私にとって最高の時間だったとは言いがたいが、少なくとも、ペニーは軽い運動を楽しんだようだ。それから、Ｄの一日が少々明るくなったことはまちがいない。

でもそれ以上に、私はこの体験から重要なことを学んだ。体の力が抜けきっているとき、つまり低酸素症で意識を失いかけているときならば、速歩の馬の動きが呼吸運動の代わりになりうるということだ。少なくともしばらくの間はなってくれる。まあ、ペニーのような頼もしい馬が病院の救急蘇生チームに加わることはまずなさそうだが。

しかし、王立人道協会がそれなりの成果を出したことは確かなのだ。一八八四年の夏に一五人の命を救ったという報告を憶えているだろうか？　協会が用いた蘇生法のいずれかが功を奏したにちがいない。

たとえば、人体の開口部をタバコの煙で燻《いぶ》すという方法はどうだろう？　手軽で簡単ではある。これはオランダ人が始めた方法で、救助者がパイプに火を点けて、溺水者の口や鼻孔や肛門にじかに煙を吹き込むというものだ。

最後のところは別にしても――もちろんやってもらって構わないが――おもむろに上着のポケットからブライヤ材のパイプを取り出して、煙草を詰め、トントンと叩き、火を点け、紫煙をくゆらせるというささやかな儀式を行なうだけで、何かしら救いになってくれる。このような型どおりの手順には、動転している家族や居合わせた人たちを落ち着かせる効果があったことは確かで、それだけでも十分にこの方法を用いる理由になったはずである。で、実際の効き目はあったのだろうか？

その可能性もないとは言えない。ニコチンはナス科植物に含まれるアルカロイドの一種（コカインもアルカロイドの一種）であり、タバコの成分のうちで心臓血管系に最も顕著な影響を及ぼす。ニコチンは口や直腸の粘膜から吸収される。

ニコチンについて知っておくべき最も重要な点は、きわめて速やかに体内に吸収されるということだ。ニコチンは通常、非イオン型（分子型）で存在しているが、この非イオン型のニコチンは瞬く間に粘膜を透過して血流に入る。そして、同じくスピーディーに血流から脳内に入っていく。したがって、口の中に吸い込んだタバコの成分は、心臓の働きが活発で血流が滞ることがなければの話だが、ほんの数秒で心臓や脳に到達することになる（ただし、胃の中のような酸性の環境下ではニコチンはなかなか吸収されない）。

ニコチンの受容体は、脳や末梢神経系など全身に広く分布しているが、ニコチンとの親和性という点では脳内の受容体が群を抜いている。ということは、吸い込んだタバコのニコチンが作用しうる場所は全身いたるところにあっても、その影響が及ぶ場所はほとんど脳内に限られることになる。

ただし、一つ例外がある。ニコチンは自律神経系のニューロン（神経細胞）と非常によく結合する。その結果、副腎では交感神経が優位に働くようになるのだ。活発になった副腎から分泌されるアドレナリンには、心拍数や呼吸数を増やし、心臓の収縮力も高める作用がある。当然ながら、アドレナリン注射液は救急蘇生カートには不可欠な備品の一つだ。

こう見てくると、タバコの煙を蘇生に用いるのはなかなか理にかなったことだと言える。溺水の場合にはとくにそうだ。溺水により引き起こされた反応によって、心臓の働きが弱まっているからである。顔を冷水につけると心拍数が低下する。これは「潜水反応」と呼ばれるものだが、実際、極度に冷たい水の中から引き上げられた人は、心拍数が一分間にわずか数回ほどだったりする（人間の正常な心拍数は六〇～一〇〇回）。そのようなときに心臓が必要としているのは交感神経系からの刺激にほかならない。

したがって、タバコの煙が功を奏する場合もあったと考えてよさそうだ。完全に停止した心臓を再拍動させることはできなくても、周囲の人たちが気づかないほど遅くて微弱な脈がある場合には、タバコの煙によって心臓の働きが活発になり、死んだ人が生き返ったように見えた可能性は否めない。

残念ながら、人体の開口部のあちこちに煙を吹き込んでみようとせっかく盛り上がっていた気運も、ベンジャミン・ブローディ卿という興ざめな輩のせいで、一八一一年以降、急激に冷めていった。ブローディはイギリスの生理学者・外科医で、数え切れないほどの美点を備えていたことはまちがいないのだが、ただ一つ、動物に対する愛情に欠けていた。イヌとネコを対象に行なった一連の実験から、タバコの煙には致死性があると主張し、致死量まで明らかにした（一応記しておくと、イヌは一一三グラム、ネコは二八グラムである）。

ペットの蘇生にタバコの煙を使うことを想定して行なった実験ではないのだが、ブローディの研究結果をヒトにまで広げて解釈した人たちは、タバコの煙を吹き込む方法は全面的に禁止すべきであると断じた。当時は、ブローディのような人物が極端な説を唱えると、それだけで診療方法が変わってしまう時代だった。タバコの煙は安全で効果的であることを証明するランダム化比較対照試験など当時はまだなかったので、タバコを使う方法を支持していた人たちも、大勢の意見に従っておくほうが無難だと考えたようだ。

なんとも残念なことだ。なぜなら、それ以外に蘇生法として使えそうなものを探しても、効果が証明できるものはほとんど見当たらないからである。たとえば、やはり広く用いられていた方法に鞭打ち法があるが、これを推奨するに足る根拠はほとんどない。溺水者を鞭で叩くとよいと唱えた人がいたらしいが、それが誰なのか、残念ながら歴史にはまったく記されていない。

蘇生法の黎明《れいめい》期に推奨された方法の中にもう一つ、溺水者の喉を羽根でくすぐるという方法があった。鞭打ち法の場合は、叩かれている間に溺水者が意識を取り戻して、激痛を感じたり、骨が一、二本折れていたりということはあっても、まあそのくらいですんだ。しかし、羽根でくすぐる方法の場合には、効果よりもむしろ害を及ぼしてしまう可能性がある。意識を失っているときや朦朧としているときに、喉の奥を刺激して咽頭反射を起こすと、嘔吐したり、胃の内容物を気道に吸い込んだりする恐れがあるのだ。それがもとで起こる肺炎を吸引性肺炎と言うが、これを起こすとあっという間に死に至ることが少なくない。

死なずにすんだとしても、咽頭反射が起きると、迷走神経が刺激されて心拍数が低下する。これでは事態をいっそう悪くしかねない。というわけで、羽根でくすぐる方法もこれで消える。

そろそろあなたは疑問に思うのではないだろうか。王立人道協会はあれほど丹念に記録を付けていたにもかかわらず、推奨する方法がそんな怪しげなものばかりだったとは、いったいどういうことなのかと。その理由の一つとして、蘇生事例を報告した人の多くが、医学訓練をほとんど、あるいはまったく受けていない素人だったということが挙げられる。当然、用いた方法にも大きなばらつきがあったはずだ。

さらに重要なのは、今日私たちが手にしているような道具、つまり心電図や心拍計はもちろんのこと、聴診器すらなかった時代には、このような介入によって、体に実際何が起きたのかを正確に把握するのは難しかったということだ。アン・ヴァートマンのような溺水者が羽根で喉をくすぐられて目を覚ました場合、はたして、止まっていた心臓が羽根の刺激でふたたび動き出したのか、それともたんに意識を失っていた人間が咽頭反射で目覚めただけなのか、王立人道協会には区別のしようがなかった。ということは、気を失っていただけのケースの多くを蘇生成功例としてカウントしたことだろう。

体温が蘇生の成否にどう影響するかについて、相反する二つの考え方が存在していたが、それもやはり確かな証拠が不足していたからなのだ。

一方の王立人道協会は、溺れて仮死状態に陥った人は一刻も早く温めるようにと執拗なほど強調した。体を湯に浸ける、温かい砂や毛布でくるむ、寝かせた脇で火を焚くといった方法が推奨された。この件に関しては、さすがの協会もビクトリア朝的な厳しい道徳律には目をつむり、仮死状態の人のベッドにボランティアをもぐり込ませることまで奨めている。

その一方で、ほぼ同じころ、ロシア方式と呼ばれる、なんとも恐ろしげな方法を提唱する一派もいた。溺れて仮死状態に陥った人は、コンパニオンと一緒にベッドに寝かせるよりも、とにかく冷やすほうがよいというのがロシア人の考え方だったようだ。それゆえ、氷や冷水に浸けたり、屋外に放置したりした。

こんなゾッとするような冷ややかな方法で溺水者の生還率が高まるとでも思っていたのだろうか？むしろ、政敵や継母やロシア皇后を亡き者にするのに恰好の手段だったのではないか？「心配なさいますな。エカチェリーナ様には屋外の雪の中でお休みになっていただきましょう。すぐにご気分がよくなられます。本当ですとも」。そんなことを進言した輩がいたのではなかろうか？

それは冗談としても、体を温める方法と冷やす方法のいずれにも、それなりの根拠がある。

水に溺れると低体温症を起こし、深部体温が通常の三七℃よりも三〜六℃低くなることが多い。低体温になるとまずいのは、心拍数や呼吸数が低下してしまうからである。三四℃以下の深刻な低体温症になると、心臓の刺激伝導系も非常に不安定になる。すると、ちょっとしたことで心臓のリズムが乱れてしまい、正常リズムに戻すのがきわめて困難になる。したがって、冷たくなった溺水者の体を温めることには、心拍の再開を容易にするという確たる根拠があるわけだ。実際、救急医療の現場では、意識がなく、死んでいると思われる低体温の患者は、まず温めてみなければ本当に死んでいるかどうかわからないと言われている。

その一方で、ロシア人のやり方もあながち間違っているとは言えないのだ。たしかに、体温が低いと心臓の拍動を再開させるのは難しくなる。しかし、次の第3章で示すように、低体温の状態に保てば、血中酸素濃度の低下やそれに伴う有害物質の増加、およびフリーラジカルの発生によるダメージを受けにくくして、脳やその他の臓器を保護することができるのである。

体を温める方法にも冷やす方法にもそれぞれ一長一短がある。このジレンマこそが蘇生科学に課せられた最大の難題ではないだろうか。体温を下げれば、心肺蘇生そのものが困難になり、仮死状態の人が本当に死んでしまう確率が高まる。しかし、逆に体温を上げると、脳に損傷を与えてしまい、意識は戻ったものの認知機能が低下していたということになりかねない。

安全な棺桶

こうして復活の科学に足を踏み入れた人類は、命を救うための道具をいろいろと手に入れたが、それと同時に、別のみやげも受け取ってしまった。それから二五〇年たった今もなお、私たちはそのみやげを抱えながら生きている。

生きたまま葬られることに多くの人が怯えるようになったのは、蘇生科学が進歩した結果だと言ってよいだろう。ちょっと想像してみてほしい。死んだように見えても生き返る可能性があるとしたら、生き返るのが少しばかり遅すぎたらどうなるか？　たとえば、棺桶に入ってから生き返ったらどうしよう？　人々が何よりも恐れたのは、棺桶の中で目覚めることだった。棺桶の蓋は釘でしっかりと打ち付けられている。埋葬されているのは地下二メートル。考えただけでも悪夢にうなされそうだ。

私は今、鮮烈な悪夢に苛まれていたにちがいない男の墓を探しながら、ペンシルヴェニア州ウィリアムズポート郊外の墓地を歩いている。底冷えのする春の夕暮れどき、生気に欠ける太陽はすでに鬱蒼とした山腹の陰に姿を消している。冷たい突風が薄手のジャケットを吹き抜け、私はぶるっと身震いした。夕闇の迫る時刻の墓地はなんとも無気味で、ふだんは元気な人間でもすっかり怖じ気づいてしまう。

正直言って、もし私が一人でここに来ていたら、そそくさと踵《きびす》を返し、強い酒をあおらせてくれるバーを探しに行ったことだろう。でも幸い、私は一人ではなかった。ひょろりと痩せて背の高い、リンカーンのような男性のあとについて歩いている。彼の名はジェラルド。正真正銘の墓掘り人だ（個人の特定を避けたい場合、本書ではすべて仮名を用いた）。彼の案内で、広大な墓地「ワイルドウッド・セメタリー」の中をトマス・パーセルの墓へと向かっている。パーセルは、生き埋めにされることを誰よりも恐れていた十九世紀の消防士である。

パーセルは生き埋めを恐れるあまり、家族全員のために棺桶五基分の地下室を作らせて、その内壁をフェルトで覆った。目を覚ました者が腕を振り回しても怪我することのないようにとの配慮からである。そして、自分が死んだあとも、地下室にパンと水を備えてもらえるように手はずを整えた。まったく計画性抜群の男である（パーセルは一八三七年に死亡した）。

そんなことをつらつら考えながら歩いていたものだから、足を止めたジェラルドにもう少しでぶつかるところだった。私たちは大きな石造りの構造物の前に来ていた。つつましい暮らしをしていた消防士の墓とはとても思えない。立派な石灰岩のファサードの奥に物々しい鉄の扉が五つ。その各々に浅浮彫の装飾が施されており、銅の縁取りがさらに趣を添えている。遺体を安置する場所というよりも、意匠を凝らしたピザ焼き釜のようだ。

ここまで来たらもう、私はジェラルドに尋ねずにはいられなかった。中を覗いてみたくなったことはないのか、と。

彼はまじまじと私の顔を見つめた。この墓に忍び込もうとそそのかしていると思われたらしい。まあ、当たらずとも遠からずなのだが。

私はただ扉の中を覗いてみたいだけで、墓を暴こうとか、そんなことを言っているわけではないのだとはっきり説明した。

ジェラルドは不審げな目つきで私をじろじろ眺めてから口を開いた。

「無理だ」

無理って？

「扉は内側からしか開かねえ」

パーセルはなぜ他人を自分の墓に近づけまいとしたのだろう。どうもそれが気になったが、ジェラルドが待っているので、早々に切り上げて、彼に道案内の礼を述べた。彼は掘りかけの墓へと戻っていき、私は自分の車を探しながら、なおもパーセルの奇妙なこだわりについて考え続けた。

それにしても、非常に興味をそそられるのは、そういう人間がパーセル一人ではなかったということだ。

王立人道協会などが「死んだと思われる人」の蘇生法をめざましく進歩させるのと同時に、世間の人々は、本当はまだ死んでいないのに葬られてしまうのではないか、という不安を募らせていった。

ウィリアム・ホーズらの蘇生法普及推進者たちが蘇生の成功事例を大々的に発表するたびに、それは「肉親を愛しているのなら本当に間違いなく死んだのかどうかよく確かめたほうがよい」というメッセージとして伝わった。

少なくとも一般大衆はそういうメッセージとして受け取った。死んだはずの人間が生き返ったという話を聞くだけで、トマス・パーセルのような普通の人々がみな極度の不安に襲われたのだ。その不安には名前までついている。「生き埋め恐怖症」である。

そのような恐怖症が蔓延し始めたことを示す兆候の一つが、葬儀手順の長時間化だった。十八世紀中ごろにはすでに、愛する人の亡骸はすぐには葬らず、一日か二日もしくはそれ以上置いてから埋葬するのがよいという考え方が広まりつつあった。

イギリスの実業家で、生体解剖反対運動やワクチン接種批判など、なんにでも首を突っ込むおせっかい屋だったウィリアム・テブは、一八九六年にこの問題を取り上げて、早まった埋葬を防ぐ措置を講ずるように求めた。[17] データを根拠に論じたのだから大したものである。彼は、早まって埋葬してしまった事例や、あやうく埋葬しそうになった事例を、書簡、噂話、新聞記事などから多数集めて紹介している。次に示すのは、テブが葬儀屋の雑誌『アンダーテイカーズ・ジャーナル』(一八九三年七月二十二日発行)で見つけた記事だ。

数日前にセントルイスで急死したとされるチャールズ・ウォーカーに、検視官事務所から埋葬許可証が発行された。柩《ひつぎ》に納められた遺体に親族が最後の別れを告げると、葬儀屋の助手が柩の蓋をねじで留めにかかった。ところが、葬儀屋の一人が柩の中の遺体の位置がわずかにずれたことに気づいて、待ったをかけた。すると突然、なんの前触れもなく、柩の中の「死体」がむっくり起き上がって部屋を見回したのである。医者を呼んだり、薬を飲ませたりする騒ぎとなり、それから三〇分後には、死体だったはずの人間が温かいベッドの中でブランデーの水割りをすすり、周囲をしげしげと眺めていた。心不全が原因で、専門家でさえ死亡したと見誤るような一種の失神状態に陥っていたのである。[18]

残念ながら、「専門家」が何をもってウォーカーは死亡したと判断したのかはよくわからない。心不全かもしれないし、心拍数の極端な低下かもしれない。あるいは死んだようにぐっすり眠っていたのかもしれない。

しかし、それでテブの不安が薄らぐことはなかった。彼はこの種の事件が頻発していると考えていたようだ。「聡明で注意深い人にそういった話を向けてみると、ほぼ全員が、友人や知人に危うく埋葬されかけた人がいたり、そのような噂を耳にしたりしている。こうしたケースが何千件もあると言っても過言ではない[19]」

過言かどうか判断するのは難しい。もちろん、死亡宣告がやや早すぎたと思われるケースもないわけではないし、前述のとおり、心電計のような診断機器も聴診器すらもなかった時代には、一晩飲み明かして目を覚ましたら葬儀場に送られていた、という気の毒な人もいたにちがいない。とはいえ、そういったケースが「何千件も」あるというテブの主張は眉唾ものと考えたほうがよさそうだ。

当然ながら、テブは、遺体の腐敗が始まったことが明らかになるまで地中に埋葬してくれるな、と言い遺して亡くなった。温度や湿気などの環境にもよるが、三日から七日で遺体の随所に腐敗の兆候が現れてくる。遺体保管用冷蔵庫も消臭剤もなかったこの時代、こうしたことを要求する者は遺族から嫌われたことだろう。

こうした不安の多くは単なる取り越し苦労だったにちがいないが、実際に早まって墓場に送られてしまった事例が記録に残されていることもまた事実なのだ。その中で最も有名なのがアン・グリーンのケースである。彼女は私生児である赤子の命を絶った罪で絞首刑を宣告された。一六五〇年十二月十四日に吊し首にされたあと、彼女の遺体は、かねてから解剖用の女性の死体を求めていたオクスフォード大学の解剖学の講師、ウィリアム・ペティ博士のもとに届けられた。ところが驚いたことに、グリーンは死んでいなかったのだ。残念ながら、その瞬間の二人の様子は記録に残されていないが、解剖用メスを向けたほうも向けられたほうもおそらく度肝を抜かれたことだろう。

しかしそれ以上に驚きなのは、グリーンがその後も幸せに暮らしたらしいことだ。一度は絞首刑になりながらも（同じ人間を同じ罪で二度絞首刑に処することを許す法律はなかったのだろう）、結婚してさらに一五年の歳月を生きたのだ。十七世紀半ばのイギリスではまさに快挙というほかない。[20]

テブが抱いたような不安につけこんで巨万の富を築いた人たちもいる。その一人がジョージ・ベイトソン。生き埋め恐怖症の蔓延をこれ幸いとばかりに、「ベイトソンのベルフリー」という改良型の棺桶で大儲けした発明家である（当時、小規模な家内工業でいろいろな「安全棺桶」が製造されており、この改良型棺桶もその一つだった）。

ベイトソンのモデルでは、棺桶の蓋の上に小さなベルが取り付けられており、ベルを鳴らすための紐が棺桶の中まで伸びて、死者の手に結びつけられている。死んだと思われた人間には、棺桶の蓋を持ち上げるほどの力はなくても、指をピクピク動かして、まだ死んではいないことを外の人間に知らせることくらいはできるはずだ、との考えからだろう。

金銭的に余裕のある富豪や名士たちは、不安を鎮めるためにさらに工夫を凝らした。ブラウンシュヴァイク＝ヴォルフェンビュッテル公フェルディナントもその一人で、生きているうちに埋葬されるのを恐れていた彼は、きわめて明確な指示書を作成した。一八〇六年に（誤認ではなく本当に）死亡すると、その指示書どおり、彼の棺桶には小窓と空気管が取り付けられた。万が一の場合に備えて、釘を打ち付けない棺桶だった。

　エドガー・アラン・ポーは、生きたまま埋葬される恐怖をたくみに利用した短編小説を書いた。その名も『早すぎた埋葬』。一八四四年にフィラデルフィアの新聞『ダラー・ニュースペーパー』に発表された作品だ。ある男――名前を明かさない一人称の語り手――には強硬症《カタレプシー》という持病があり、発作を起こすと全身の筋肉が硬直して死体と見分けがつかない状態になってしまう。それゆえに、生きたまま埋葬されることを恐れる語り手は、あの手この手を使ってなんとかそれを防ごうとする。

時期尚早死亡宣告恐怖症

　昔の人々が抱いたそうした不安にはなかなか笑えないところがある。たしかに冗談ではないかと思うような話があるのも事実だ。小窓つきの棺桶？　まさか。

　しかし、そのようなエピソードの根底にある不安は、けっして荒唐無稽なものではなかった。私たちが今、そんなふうに感じるとしたら、それは、医学や科学に寄せる信頼が少しばかり増したからにすぎないのではないだろうか。現代の私たちの大多数は、生死を正しく判別してくれる医学の力を信頼している。そして、生き返る可能性がわずかでも残されていれば、きっと誰かがそれに気づいてくれるはずだと信じて疑わない。

　しかしながら、当時、心電図が発明される二〇〇年前には、蘇生を試みてもらえるか、見放されてしまうかは運次第と腹をくくるよりほかなかった。この恐怖症の大本にあるのは、「死」の定義が曖昧であることからくる不安、ことによると誤って死と判定されてしまうかもしれないという不安なのだ。

そして、こうした不安は今日の私たちにも依然として付きまとっている。

もし今から一〇年先に、重症心不全による死は仮死状態にすぎないと見なされるようになるとしたら？　これは決して無駄な憶測などではなく、十分に考えてみる価値のあることだ。重症心不全の患者の死因は、心臓のリズムの致命的障害であるケースが多い。今から五〇年前には、心臓のリズムに障害が起きると、心拍の再開に成功しても予後は期待できなかった。ところが現在、「突然の心停止」は、ペースメーカーや除細動器の植え込みが必要になったというサインにすぎない（第6章では、このテクノロジーの恩恵を受けている男性に会いに行く）。つまり、以前は致命的だったことがらが、現在では新たな治療計画に移るきっかけにすぎなくなっており、患者はその後何年も生きることを期待できるのである。

今から一〇〇年前、死んだと思っても羽根や馬やタバコの煙を使えば生き返ることがあると知って、人々は希望を手にした。ところがその代償として、愛する人や自分自身に誤った死の判定が下されるのではないかという不安を背負い込むことになった。それとまったく同様に、今日のテクノロジーは、何かもっと処置を施せばまだ生きられるのではないかという希望と同時に不安をも生み出している。

まさにこれこそが、現代版の生き埋め恐怖症なのである。「時期尚早死亡宣告恐怖症」と名づけよう。精神疾患の診断・統計マニュアルＤＭＳ－５には載っていないが、簡単に言うと、まだ死んだと決まったわけではないのに死を宣告されてしまうことへの恐怖である。

次から次へと開発される新しい手術法や医薬品――それを試せばひょっとしたら治るのではないか。もうだめだと思われていた人が奇跡的に助かったという話は、私たちの心を大きく揺さぶる。もしかしたら自分にも同じことが起こるのではないだろうか、と。

いったんそう思い始めたら最後、自分に訪れる死はことごとく回避できるのではないかという、根深い不安への扉を開いてしまうことになる。

第3章　アイスウーマンの秘密——蘇生科学の常識を疑う

当時二九歳だったアンナ・エリザベス・ヨハンソン・ボーゲンホルムは、ノルウェーのナルヴィクという町で、整形外科医を目指して日々研鑽《けんさん》を積んでいた。(1)聡明で、才能にも恵まれた彼女は、誰からも将来を嘱望される医師だった。ところが、幸福の絶頂にあるかに見えた彼女の人生は突如暗転する。

一九九九年五月二十日の午後、ボーゲンホルムは二人の友人とともに、町はずれの山へスキーに出かけた。それまで何度も滑ったことのあるコースだったにもかかわらず、その日に限って、ボーゲンホルムはスキーのコントロールを失い、急斜面で転んで、凍てつく川に転落してしまったのだ。突っ込んだときの衝撃で、厚く張っていた氷が割れ、その数秒後、彼女は流れに呑まれて水中に引きずり込まれてしまう。履いていたスキー板だけが、氷の割れ目から突き出していた。

スキー板のおかげでなんとか流されずにすんでいたが、それが脱げてしまえば恐ろしいことになる。

しかし、彼女の上体に打ち付ける水流のあまりの激しさに、友人たちも彼女を引き上げることはできなかった。結局、ボーゲンホルムは逆さ吊りになったまま、身動きがとれなくなってしまう。水中に閉じ込められて、呼吸がまったくできない状態だった。

刻一刻と貴重な時間が過ぎていくなか、友人たちは気も狂わんばかりになって、携帯電話で救援を求めつつ、彼女を氷から引き抜こうと何度も挑戦した。時計の秒針が一回りするころ、もうだめかもしれないという思いが友人たちの頭をかすめた。しかし、ボーゲンホルムは、溺れてから数分たってもなお、必死でもがき続けている。氷の下に空気溜まりを見つけたのだろうか。何かがボーゲンホルムを生かしてくれているようだ。なんとしても助かろうとがんばるボーゲンホルムの姿に、友人たちも格闘を続けた。

そのころ、二つのレスキュー隊が基地を出発し、一隊は山麓から、もう一隊は山頂から現場に向かいつつあった。ところが間もなく、ボーゲンホルムはもがくことをやめてしまい、とうとう、生きていることを示す徴候は何一つ見られなくなってしまった。

ようやく最初のレスキュー隊が到着。懸命の救出活動にもかかわらず、結局、彼女を救い出すことはできず、現場は暗い空気に包まれた。しかしそれでも、先の尖ったシャベルで周囲の氷を砕くなどして、もう一隊が到着するまでの間、地道な努力を続けた。

このときすでに、ボーゲンホルムが溺水してから八〇分間が経過していた。第1章で紹介したミシェル・ファンクの溺水時間よりもかなり長い。しかも、そのうちの少なくとも四〇分間は、生きている徴候が皆無だった。したがって、ようやく引き上げに成功したときには呼吸も脈拍も止まっていたが、レスキュー隊はまったく驚かなかった。

体も冷たくなっていた。極度の低体温状態だった。ボーゲンホルムの事例がミシェル・ファンクの場合とは異なるのは、まさにこの点なのである。体温は一三・七℃で、それまでの溺水者の記録のなかで最低だった。つまり、これほど体温が低下しながら無事に生き返った例はいまだかつてなかったのだ。

けれども、彼女はまだ若かったし、この事故に遭うまでは健康そのものだった。また、レスキュー隊員も友人たちも、それから医療スタッフも、溺水事故には奇跡的な生還例があることを知っていた。それゆえ、レスキュー隊はボーゲンホルムをヘリコプターに乗せて、機内で人工呼吸器を装着し、心拍を再開させようと手を尽くした。けれども、なかなか思わしい結果は得られず、事故からおよそ三時間後に、トロムセーにある北ノルウェー大学病院に到着したとき、担当の麻酔科医長は次のように記した。「完全に死亡していると思われる」。はっきり言って、完全に息絶えていたのである。

それでもスタッフの面々は諦めなかった（これほどの粘り強さの源がなんだったのかはよくわからないが、大々的に報じられたミシェル・ファンクの生還のニュースがどこか頭の片隅にあったのではないかと思う）。いずれにせよ、すみやかに増員された医師と看護師のチームが、心肺機能を肩代わりする人工心肺装置にボーゲンホルムをつないだ。同時に、体を温めることも続けた。

そしてついに午後九時十五分、事故から五時間近くたって、ボーゲンホルムの心臓は自発的に拍動を始め、ICUのスタッフ全員を驚かせたのだった。

その後の経過は、順調と言うにはほど遠く、数々の合併症に見舞われた。それでも、しばらくすると回復の兆しを見せ始め、一〇日後の五月三十日、ついに意識を取り戻した。初めのうちは首から下が麻痺したままで、体を動かすことも、自発的に呼吸することもできなかったが、それでもどうにか命をつないでいた。

彼女の生還のニュースは世界中に広まった。シンガポールの『ザ・ストレーツ・タイムズ』紙はボーゲンホルムを「アイスウーマン」と呼び、以後、その名がすっかり定着することになる。CNNやBBCをはじめ、多くの新聞やテレビが彼女の奇跡の生還をたたえた。

最終的に、彼女はみごとなまでの回復を遂げる。麻痺はすっかり消え、いくらか残った神経障害のために、外科医になる夢は断念せざるをえなかったものの、認知機能はまったく異常なし。その他の身体機能も申し分ないものだった。ついに、内科医としての業務に復帰し、さらに、あの日の午後に一緒にスキーをしていた友人の一人、トルビン・ネスハイムと結婚した。

ボーゲンホルムの事例は、この五〇年間に蘇生科学が成し遂げためざましい進歩の一端を示すものだ。その意味で、彼女の生還は、ミシェル・ファンクの生還と同様に、将来の可能性を垣間見せてくれるものでもある。ボーゲンホルムの生還劇を聞くと、蘇生の限界はいったいどこまで広がるのだろうと感嘆せずにはいられない。

もちろん、運がよかったことも否めない。「今生きていることに自分でもびっくりしています」と彼女は朝のニュース番組で語っている。[2] まったく本当に幸運だった。

運がよかったのはミシェル・ファンクも同じだが、ボーゲンホルムの生還には、たんに幸運だけでは説明できない重要な秘密が隠されている。奇跡的に生き延びた上に、あれほど驚異的な心身機能の回復を遂げられたのはなぜなのか？　それは二〇〇年ほど前のロシア式の蘇生法とも関連の深い、ある条件が幸いしたからなのだ。その条件とはいったい何か？　それを解き明かすことができれば、今後の蘇生処置にも応用できるかもしれない。

単純で堅牢

ボーゲンホルムの蘇生のカギについて考える前に、ざっと解剖学のおさらいをしておくと理解の助けになりそうだ。というわけで、私は今、フィラデルフィアにあるフランクリン科学博物館に来ている。私がいるのは二階にある開放的な空間だ。広い部屋のあちこちに、ビーッと鳴ったり、パルスを発したり、ピカッと光ったりするさまざまな展示物が配置されている。博物館のタイムズ・スクエア、とでも言えば感じをつかめてもらえるだろうか。

当博物館の目玉の一つが、驚くなかれ、ファイバーグラス製の巨大な心臓である。高さは建物二階建て分。身長六七メートルの大男の心臓のサイズに作られていて、内部を歩いて回れるほど巨大なのだ。大勢の人たちが、こんな体験は滅多にできるものじゃないとばかりに、大はしゃぎで心臓の中をめぐっている。

この赤と紫の巨大な構造物は遠くから見ても一目で、生命維持に不可欠な筋肉の塊、つまり心臓だとわかる。心臓は、四つの部屋に分かれている。体をめぐった血液が、右心房という小さな部屋に戻ってくると、右心房はその血液を、右心室というもっと大きくてがっちりした部屋に押し出す。そこから血液はいったん肺の血管に入り、ふたたび肺から戻ってきた血液は、左心房、左心室を通って大動脈に出ていく。

この模型では血管に色分けが施されているので、どれがなんなのかがよくわかる。青く着色された血管には、酸素が減って二酸化炭素が増えた血液が流れており、赤く着色された血管には、肺で二酸

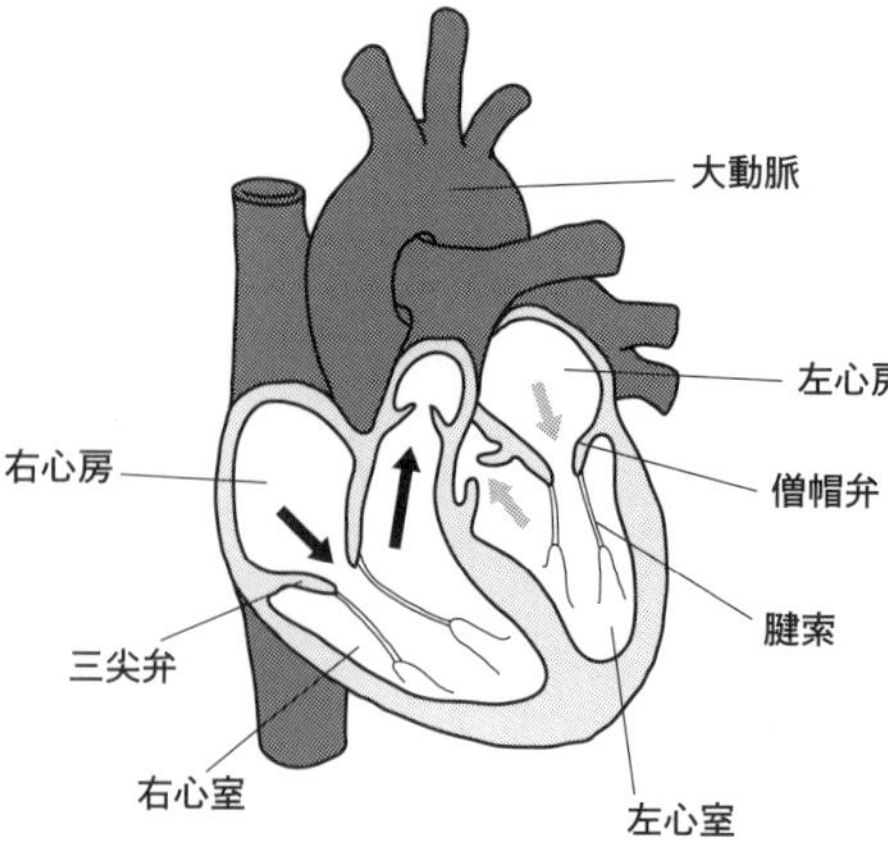

心臓の構造

化炭素が取り除かれ、酸素を取り込んだ血液が流れている。そしてこの模型のど真ん中にあるのが真っ赤な大動脈だ。酸素をたっぷり含んだ血液が、ここから身長六七メートルの大男の脳その他、すべての巨大な臓器へと送り出されていくのである。

じつをいうと、今日、私はこの壮大な眺めを独り占めしているわけではない。周りにいるのはフィラデルフィアの小学二年生らしい。騒々しくてたまらないが、子どもたちでぎゅうぎゅうのおかげで、心臓の中を流れていく感じを、自分が赤血球の一個になったような気分で味わうことができている。身長一メートルほどの赤血球たちが全員、ナップサックを背負い、クリップボードを手に持ち、元気な声を張り上げながら行進していく。そんな赤血球の川を想像してほしい。私の周りはまさにそんな感じなのだ。

この騒々しさをがまんすれば、この見学コースは、不思議な臓器の内部を覗くことのできる絶好の場だ。入ってみて安心したのだが、このコースを回るのにそれほど時間はかからない。心臓の役割はきわめて重要であるが、そのメカニズムはそれほど複雑ではないからだ。

＊＊＊

心臓をクルマにたとえるとしたら、おやじさんがガレージの奥で錆びつかせている一九七八年式MGコンバーティブルといったところだろう。この旧式のクルマと同じく、心臓には可動部分がわずかしかない。その可動部分は、単純な理屈で動き、さらに単純な物理法則に支配されている。旧式のMGが改造屋《いじりや》のクルマだったように、心臓も改造屋《いじりや》の臓器だ。この筋肉と神経と血管の集合体は、一九七八年式MGのエンジンと同様に、改良や改善を加えやすい。たんに加えやすいというだけでなく、心臓はむしろ修繕や微調整や改良を望んでいるようなのだ。

心臓外科医が開いた胸を覗きながら考えていることは、MGの改造マニアがボンネットを開けて中を覗きながら考えることとそう変わりはない。「うむ、あの配線をアップグレードして、あの配管を洗浄してやれば、こいつはもっと走るようになる」。それこそが、後述するように、過去二〇〇年間にわたって心臓の修繕や調整や改良に挑んできた医師や科学者たちの基本的な考え方のように思われる。

心臓はほとんど筋肉でできている。今、私たちがいる巨大なファイバーグラス製の心臓の壁は、ところによっては厚さが六〇センチほどもある。壁の内側には太い紐のようなものが何本も走っており、コーデュロイの表面のような感じだ。造りが堅牢で、とても心地良い。なんだか重さ四トンのステーキに包まれているような気分だ。

心臓の筋肉は、大腿四頭筋（太ももの前面にあってサッカーボールを蹴るときに使う筋肉）などより、生命維持にとってはるかに重要な役割を担っている。そして、後述するように、大腿四頭筋よりもやや複雑にできている。

心臓は、ほぼ一秒に一回のペースで収縮する。心臓の仕事はそれに尽きる。しかも、洞房結節《どうぼうけっせつ》という司令塔の命令どおりに動く。心臓のペースメーカーである洞房結節に脈を打てと言われたら、そのとおり脈を打つ。じつに単純である。

このペースメーカーが組み込まれているおかげで、意識的に心臓を動かそうとしなくても自然に動いてくれるのだ。さあ蹴るぞ、と思わないと、サッカーボールを蹴ることはできないが、心臓を打つのにも、同じようにいちいち意識を集中しなければならなかったらどうなるか。想像してみれば、この標準装備のすばらしさがわかるというものだ。一秒ごとに、さあ打つぞ、と構えなくてはならなかったら、長生きなどしていられない。

ところで、洞房結節は右心房付近にしっかりと埋め込まれている。だから、私の周りのナップサック集団からは見えない。洞房結節は、なんでも触りたがる二年生たちの手が届かないところで、誰にも邪魔されずに、ほぼ一秒に一回のペースで電気刺激を発生させているのである。もちろん、自動車エンジンの回転速度を上げ下げできるのと同様に、そのペースを変化させることは可能だ。

洞房結節で発生した電気刺激は、右心房へと伝わったのち、左右の心房を隔てている壁の部分を下って、房室結節《ぼうしつけっせつ》に到達する。心房と心室の間にある房室結節には、電気の流れを調節する役目があり、必要に応じてスピードを上げ下げしたうえで、その刺激を左右の心室に伝える。電気刺激は、上から順にヒス束、右脚・左脚、プルキンエ線維と呼ばれる特殊な心筋繊維を伝わって左右の心室に届くの

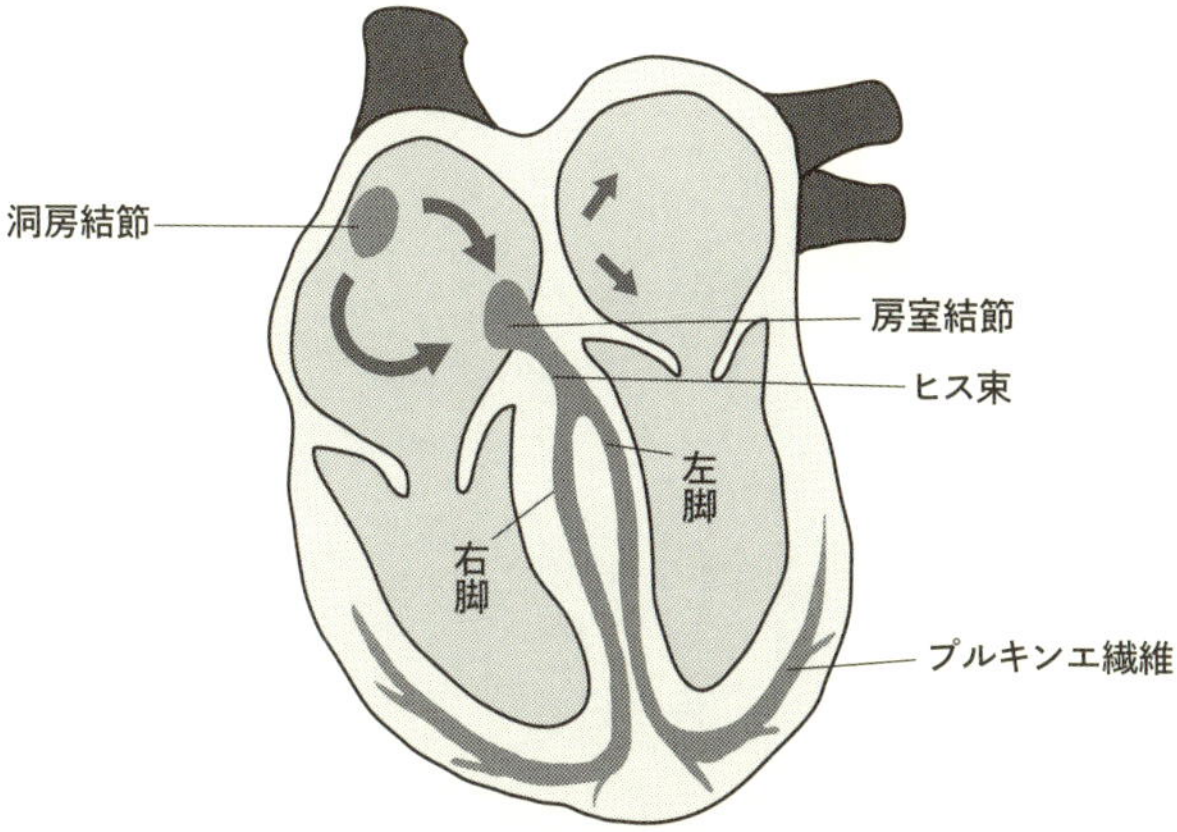

心臓の刺激伝統系。洞房結節で生じた電気刺激が矢印のように伝わる。

である。

一回の電気刺激が洞房結節をスタートしてから心室筋に届くまでおよそ〇・一九秒。そしてまた同じプロセスが最初から繰り返される。その結果生み出される正確かつ複雑な動きによって、心房と心室が時間差をおいて収縮し、血液は、心房から心室へ、心臓の右側から左側へと押し出されていくのだ。

この絶妙な動きこそがすべてのカギを握っている。心臓の各部分をタイミングよく、次々と順に興奮させなくてはならない。たとえば、右心房は、右心室が弛緩している間に収縮しなくてはならない。もしも両方が同時に収縮したら、大きくて力も強い心室が心房に打ち勝って、血液が押し返されてしまうからだ。

そんなことになったら、心臓の出力はゼロまで低下してしまう。たちまち気分が悪くなって、顔が真っ青になり、意識を失ってしまうだろう。そして死に至る。そう考えると、心筋がうまく協調して収縮することが、どれほど重要かがわかるはずだ。

その絶妙な動きをぜひ見てみたいと思っても、通常

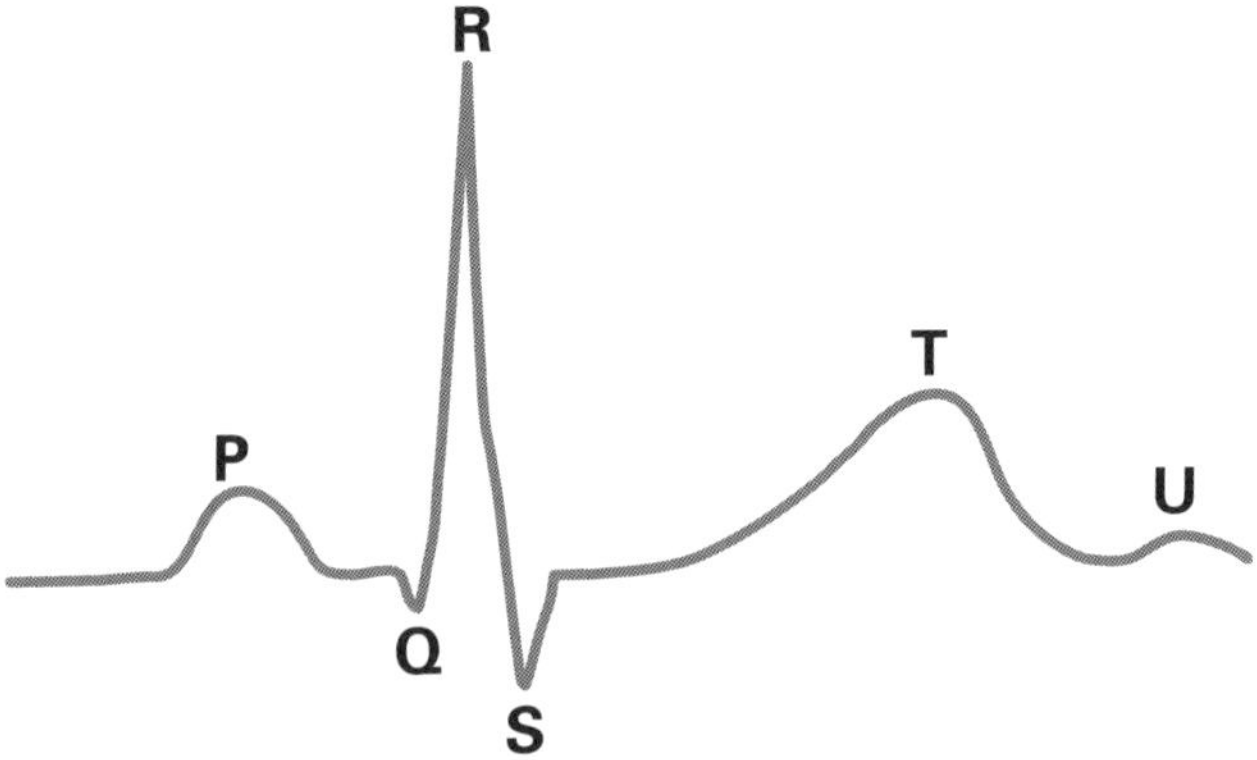

心電図の波形

は見ることができない。しかし、心電図モニターを見れば、その様子がちゃんとわかるのだ。この巨大なファイバーグラス製心臓の内部のモニターにも、その拍動の様子が表示されている。

心電図の波形は、おもに四つの部分から構成されている。まず一つ目が「P波」と呼ばれる小さな山だ。これは洞房結節での興奮の開始を示すもので、それによって左右の心房が収縮し、血液が左右の心室へと送り出される。

それからしばらく心電図には平坦な部分が続くが、その間に、信号（電気刺激）は洞房結節から房室結節を経て左右の心室へと伝えられる。したがって、この平坦な部分の長さから、房室結節のところで信号がどれくらい足踏みをするか、信号が伝わる経路に何か障害があるかどうかがわかるのだ。ここは信号の伝導に遅れが生じやすい場所で、伝導障害が起こると「心ブロック」と呼ばれる異常をきたして、なかなか厄介なことになる。

そんなこともなく無事に信号が伝われば、心電図上にはそのあと、上下にのたくった線が現れる。これは「QRS波」と呼ばれ、心筋細胞の膜電位がまずマイナスに、それからプラスに変化したことを示すものだ。ちょうどこのとき、左右の心室が収縮している。

そして最後に現れるのが「T波」である。このとき、心室の心筋細胞は興奮がさめて、次の収縮に備えている（あなたがこのくだりを読んでいる間にも、あなたの心臓はこのサイクルを一五～二〇回繰り返していたはずだ）。

電気刺激が心臓を伝わるにしたがって、その刺激が心臓の各部に次々と収縮と弛緩を引き起こす。まず左右の心房が収縮して、血液を左右の心室へと押し出す。次に、左右の心室が収縮して、血液を右心室から肺に、左心室から全身へと送り出す。とにかく、タイミングがすべてだと言える。各部屋が絶妙なタイミングで収縮と弛緩を繰り返すからこそ、血液が滞りなく流れていかれるのである。

理屈は単純明快なのだが、一つ面白いことがある。心臓は信号の伝達を刺激伝導系だけに頼っているわけではないのだ。心臓の筋肉は、脚の筋肉などとはちがって、機能的合胞体と呼ばれるものを形作っている。つまり、すべての細胞が互いにゆるやかに結びついていて、どの方向にでも電気刺激が伝わるのである。

心臓という臓器がしぶといのもこのシステムのおかげだ。心臓発作などで心筋の一部が損傷しても、信号は迂回路を見つけて伝わっていく。その点、たいへん回復力にすぐれたシステムだと言えよう。

その一方で、このシステムには弱点もある。すべての心筋細胞に電気活動を伝える力があるために、ひとたび混乱が生じると、電気信号が同じ場所をぐるぐると回り続けてしまうのだ。そうなると、心筋が順序どおりに収縮できなくなって、場合によっては致命的な不整脈を引き起こすことになる。じつは、これこそが、心臓発作後に起こる不整脈の典型的な原因なのだ。心臓発作の最中に起こることもあれば、回復期に起こることもある。

とはいうものの、障害が発生した場合のバックアップ機能を備えたシステムとして、心臓はじつによくデザインされている。

さて、この心臓めぐりツアーの次なる目的地は、弁である。血液の逆流を防ぎ、一方向に流れるように調節しているのが弁だ。この身長六七メートルの大男の心臓を設計した人は、弁の制作にもずいぶん力を入れたようだ。細いところまで驚くほど丹念に作られているからだ。

赤血球君たちと私は今、三尖弁《さんせんべん》を通過しようとしている。三尖弁というのは、右心房から右心室に血液を送り出している弁である。ここ右心房側からだと、カフェテーブルほどの大きさの「弁尖」が三枚見える。体の中にある本物の三尖弁は結合組織でできており、進行方向（つまり右心室側）にめくれて血液を通し、反対の方向にはパタンと閉まって逆流を防ぐ蓋の役目をしている。

今この瞬間に、これらファイバーグラス製の弁尖が動いたら、巨大なテニスラケットのように、私たちをパシッとはたくにちがいない。幸いなことに今は動いていないので、キャアキャアワーワーはしゃぎながら無事にここを通過する。

次にやってきたのは右心室。じつは、三尖弁の最も重要な部分がここにある。私がちょっと立ち止まって振り返ったものだから、せっかちな後続の赤血球君たちのひんしゅくを買ってしまった。私は一瞬、流れを滞らせる障害物になったわけだ。言うなれば、大人サイズの血栓である。

けれどもすぐに、赤血球君の一人が、あいつは何を見ているのだろうと思ったのか、自分も後ろを振り返った。この方向からだと、三枚の弁尖のそれぞれが十数本の筋肉の紐で心臓の壁につながれているのがよく見える。紐の一本の太さは、心臓壁につながっている部分では人の胴回りほどもあるが、しだいに細くなり、弁に付いている部分では手首くらいの太さになる。

「あれはなんだろう?」」。別の赤血球君が誰に聞くともなしにつぶやいた。

私は喧騒の中で声を張り上げて、「あれは腱索《けんさく》（コルダエ・テンディナエ）って言うんだよ」と説明してやった。ラテン語で心臓の紐という意味だ。

「えっ、コルダ?」

腱索は、筋肉につながっている結合組織の紐で、弁尖が右心房側に倒れ込まないように引っ張っているんだ、と彼に説明した。

ついでに言うと、左心房と左心室の間にある僧帽弁《そうぼうべん》にも同じような腱索が備わっている（ちなみに、右心室と左心室の出口をガードしている肺動脈弁や大動脈弁には腱索がなく、そのかわりに強固な軟骨組織が構造を支えている）。もし、僧帽弁に腱索がなかったら、弁尖が左心房側に反転してしまう。すると、せっかく左心室に流れ込んだ血液がまた左心房に逆戻りし、結局、血液の流れはゼロになる。そうなったら、君は死んでしまうんだ。

赤血球君はうなずいた。そして、ぼんやりとあたりを見回していたが、まもなく元気な声を張り上げながら、私のわきをすり抜けて血液の流れに合流した。

この仕組みのすばらしさは、三尖弁も僧帽弁も受け身に徹しているという点にある。収縮のタイミングに合わせて、片側の圧力が増すと開き、閉まるべきときにピシャリと閉まる。

赤血球の行進はさらに続き、私も肺動脈弁を通過して心臓のてっぺんまでやってきた。私たちが身長六七メートルの大男の血液だったなら、ここから長さ九メートルの肺へと流れ込むことになる。肺で二酸化炭素を手放し、酸素を受け取ったのち、左心房、左心室を通って全身に出て行くのである。

騒々しくもみ合うちびっこ赤血球たちとともに、私は心臓の左側に流れ込んだ。

左心房と左心室を通り、やがて、目の前に大動脈が見えてきた。大動脈は体の中でいちばん太い動脈である。心臓から出たあと、何度も分岐を繰り返したのち、最終的には微小な毛細血管になる。

この模型はどれくらい実物に忠実だろうかと、私は興味津々で、大動脈が心臓から出ていく根元の部分に目を凝らした。あった、あった。細い血管が数本、大動脈から分岐して、心臓を包み込むように走っている。冠動脈である。どんな筋肉でも生きていくためには酸素を必要とするが、心筋も例外ではない。心臓の外側を取り巻いているこれらの冠動脈は、心筋に酸素を供給するための血管なのである。

心臓というメカを構成しているパーツの中で、これらの細い動脈は最も故障を起こしやすい部分だ。今通ってきた弁は驚くほど耐久性があるし、信号を伝える仕組みもなかなかしぶとくできている。ところが、冠動脈は細くて脆い上に、バックアップ機能が備わっていない。つまり、酸素を供給する担当エリアがきっちり決まっていて、融通がきかないのである。冠動脈のどれか一本に血栓ができたり、コレステロールが溜まったりすると、そこから先の心筋は大変なことになる。別ルートで血液や酸素を供給してもらうことができないため、心臓は大打撃を受けて機能を停止し、その人は当然、死に至る。

でも、諦めることはない。修繕できるからだ。たとえば、血栓ができて冠動脈が塞がっても、血栓溶解薬を使って血栓を溶かすことができる。あるいは、冠動脈にワイヤーを通し、それに沿って風船《バルーン》を挿入し、これを膨らませて狭くなった血管を広げることもできる。それでもだめなら、心臓手術を行なって、血管が詰まっている箇所に迂回路《バイパス》を作ればいい。

こんなふうに言うと、いかにも簡単そうに聞こえるが、心臓を開く手術はとてもやっかいだ。というのも、心臓がただの筋肉ではないからである。

鳥を蘇生させる

心臓のメカニズムそのものはたしかに単純だが、そんな悠長なことを言っていられるのは、心臓の機能が一時でも停止したら生命を維持できなくなる、という重大な事実をつい忘れているからなのだ。

改めてその事実に気づかされたのは、手術台に乗った男性を目の前にしたときだった。麻酔で深く眠っている男性の胸は大きく切り開かれ、ステンレス製の開胸器で胸郭を広げた状態に固定してある。でもそんなことよりも、私がゾッとしたのは、その心臓のありさまだ。

ふつう、心臓が胸の中で拍動しているときは、周囲の生理機能がどれほど激変しようとも、頼もしいメトロノームのようにドックドックと脈を刻み続けてくれる。ところが、この目の前の心臓は拍動していない。拍動ではなくて細動。つまり、弱々しく小刻みに震えているだけなのだ。にもかかわらず、手術台を囲むスタッフの誰ひとり、この心臓が脈を刻んでいないことを気に掛ける様子はない。あまりにも平然としているので、この心臓、大丈夫なんでしょうか、と聞いてしまいそうになった。

でも、ぐっとこらえる。これもすべて計画のうちなのだろう。そう思うことにした。

目の前の手術台に乗っているのは、アランという六三歳の男性だ。生きている心臓をじかに見るために、私は彼の直視下心臓手術を見学させてもらうことにしたのだ。

アランは、今から三時間ほど前に、胸の中央部から左腕に広がる激しい胸痛に襲われ始めた。妻が急いで119番通報し、最寄りのこの病院に緊急搬送されてきたのだ。心電図検査と血液検査の結果から、重症の心筋梗塞を起こしていることが判明した。血栓溶解薬が投与されたが効果は見られず、急遽《きゅうきょ》、心臓カテーテル検査室に運ばれることとなった。大動脈に注入された造影剤は、体循環のほうには流れていったが、冠動脈にはほとんど入っていかなかった。撮影された画像を見ると、まるで冠動脈が完全に消えてしまったかのよう。

左冠動脈主幹部が閉塞していたのである。左冠動脈主幹部といえば、第1章で紹介したジョーが死亡したのも、この部分の閉塞が原因だった。

アランは心臓カテーテル検査室から手術室に直行。胸痛が始まってから三時間もたたないうちに、胸部が切り開かれて、人工心肺装置が装着された。この手術を受けたアランがふたたび目を覚まして、妻や孫たちと再会できる確率は五〇%未満だという。

アランの心臓が拍動している最中に、その冠動脈に手術操作を加えることはできない。走行中の自動車のエンジンを分解するようなものだからだ。そこで心臓外科医は、アランの胸を開いて、血液を人工心肺装置に流すようにした上で、塩化カリウムを含む薬液を注入して心臓の動きを止めたのだ。そんなわけで、アランの心臓は通常のリズムを刻むのをやめ、麻痺したような状態になっていたのである。どうりで、拍動していなくても周囲のスタッフが平然としていたわけだ。

このような準備をした上で、閉塞部位の迂回路《バイパス》を作るための静脈片の移植が行なわれた。途方もなく長い時間に感じられたが、実際には、静脈片の移植はものの数分で終了。その後、人工心肺装置の回転を緩めながら、電気ショックを与えてアランの心臓を呼び覚ました。こうして、アランとその心臓は第二のチャンスを与えられたのである。

エンストしていたアランの心臓が、電気ショックを受けて再始動するまでの何秒間かは、この手術全体の中で最もシンプルな部分のように思われる。一瞬、電気ショックをかけるだけで拍動が再開したのだから。

＊＊＊

しかし、死者の復活を願う人々がこの秘術を会得するまでには、驚くほど長い時間を要した。十八世紀にはすでに、停止した心臓をふたたび動かそうとする試みがなされており、初期の研究者たちの中にも電気刺激の効果に気づいた者がいた。

たとえば一七七五年には、デンマークの医師、ピーター・アビルゴーが、電気刺激を使ってニワトリを生き返らせることができると発表している。「頭部に電気ショックを与えると死んだようになったが、胸部に再度ショックを与えるとふたたび生き返った」。たいていの人はそこで終わりにするのではないかと思う。ところがアビルゴーはさらに実験を続けた。「同様のことを何度か繰り返すと、ニワトリは完全に腰を抜かして歩行にも困難をきたすようになり、一昼夜まったく餌を食べなかったが、やがてすっかり回復して卵まで産むようになった」[3]

こうした初期の実験には鳥がかなり貢献したようだ。[4]

一七九六年、ドイツの博物学者、アレクサンダー・フォン・フンボルトが書斎で仕事をしていると、一羽の鳥が窓に衝突して地面に墜落。それを見たフンボルトは、急いで「ライデン瓶」を取りに行った。ライデン瓶というのは、ガラス瓶の内側と外側を金属でコーティングしたもので、つまりは自家製の蓄電池。ガラスで絶縁された金属面に電気を溜めることができる装置だ。フンボルトは、ライデン瓶の針金の一方を鳥のくちばしに当て、もう一方をなぜか鳥の肛門に挿入した。電気刺激を与えられた鳥は息を吹き返し、少なくとも数分間は生きていたという。

フンボルトは、この一瞬とはいえ劇的な蘇生によほど感銘を受けたのだろう。自分にも同じことをやってみようと、電極の一方を自分の口に、もう一方を肛門に当てた。窓に激突したわけでもない彼が、何を望んでそんなことをしたのかは不明だが、電気ショックを受けて「まばゆい電光の閃《ひらめ》き」が見えたと満足げに報告している。

幸い、ニワトリや元気な人間にショックを与える実験に夢中になっていた時期はそう長くはなかった。科学は間もなく、人間の役に立つ方向へと舵を切ることになる。

もっとも、黎明期の科学の例にもれず、さまざまな新発見を時系列に並べるのは容易ではない。しかし、医師で歴史研究家のミッキー・アイゼンバーグは、こうした黎明期の出来事をできるだけ筋が通るようにつなぎ合わせて、歴史の全体像を明らかにしている。(5)

アイゼンバーグによると、電気刺激を用いた最初の蘇生成功例と思われるものは、一七七四年にまでさかのぼるという。フンボルトが電気で自分の秘部を刺激したときより二〇年以上も前のことだ。一七七四年の王立人道協会の報告書には、窓から墜落したグリーンヒルという女性の事例が記載されている。彼女はミドルセックス病院に運ばれたが、病院の外科医も薬剤師もみな力なく首を横に振り、もはや打つ手はないと言い切った。そのとき、ミスター・スクワイアなる人物が電気刺激を試してみようと思い立ったのだ。たしかに、やってみない理由はない。

彼はグリーンヒルの体の至る所に電極を当ててみたようだ。それがどこだったかはご想像にお任せするとして、いろいろと試してみたものの、効果なし。ところが最後に、意図してか偶然にか、胸に電極を当てたところ、グリーンヒルは息を吹き返し、ついに意識も戻ったのである。

その後一〇年間にも似たような事例が何件かあった。一七八八年、チャールズ・カイト博士はそうした事例を概説しつつ、電気刺激を用いた自らの手柄について詳細に報告している。(6) カイトは、転落事故で意識を失った幼い女の子に対し、それまでの事例と同じ処置を試みた。つまり、自家製の蓄電池による電気ショックを与えたのだ。その幼女も無事生き返ったらしい。

しかし、この実地実験についての詳細な説明を読むかぎり、カイトは自分の行なっていることの本質を理解していたとは思えない。「電気刺激を与えると、そのショックがあらゆる方向に伝わり……」と得意げに報告している。人垣をかき分けて、幼女の肌のあちこちに電極を当てているカイトの姿が目に浮かぶようだ。

カイトはさらに、その電気ショックで体の筋肉が収縮を起こし、ついに幼女が目を覚ますに至った様子も記している。

除細動を最初に試みたのはカイトだとよく言われるが、本当に電気ショックの効果で幼女の心臓が拍動を再開したのかどうか、真実の程は定かでない。もしかしたら、ショックによって呼吸が刺激されただけかもしれない。あるいは、幼女はたんに気を失っていただけで、電気ショックが気つけ薬のような効果をもたらしたという可能性もある。

ニワトリや人間を対象にして一歩前に踏み出しはしたものの、こうしたアイディアは少々時代の先を行きすぎていた。アビルゴーやカイトは確かに正しい方向に進んでいたのだが、二人とも人工的に呼吸を補助する方法をまだ見いだせていなかった。それを発見するのはまだ一五〇年以上もあとのことなのだ。その歩みついては、第6章で述べる。

それまでの間、心臓に電気ショックを与えて生き返らせるというアイディアは、フル充電された状態で、ただひたすら利用されるときが来るのを待っていた。

次のブレークスルーが訪れたのは一九四七年のことだった。アメリカの外科医、クロード・ベックが、心臓に直接電気刺激を与えると心臓の細動（心臓が完全に停止する前によく起こる、細かく震えるだけの無秩序な電気活動）が治まることを示したのである。[7] ベックはすでにその数年前から、手術中に使用するための除細動器の研究を始めており、それを用いた二件の事例についても報告している。二件とも、除細動それ自体は成功したのだが、患者は除細動後、数時間で死亡していた。

ところが一九四七年、ベックの患者は、胸郭奇形を治す手術を受ける一四歳の少年で、胸郭奇形があることを除けば完全に健康体だった。

なぜこの点が重要かというと、この少年の事例をきっかけに、多くの同じような患者を治療するようになったベックが、「死なせてしまうのは惜しい心臓」という言葉を使い始めたからだ。「惜しい」とは、手術で治療する箇所以外はきわめて健康なので、心臓が拍動しないという理由で死なせるわけにはいかない、という意味である。

ベックが胸郭奇形の手術を終えて胸を縫合していると、少年の脈拍と血圧がゼロにまで低下した。[8] 当時の標準的手順に従い、ベックはふたたび胸を開いて心臓マッサージを行なった。心臓の正常なポンプ作用を再開させるために、手で直接心臓を揉んだのである。

心臓マッサージを開始して四〇分以上が経過したころ、ようやくベックの研究室から手術室に実験用の除細動器が運び込まれてきた。若干の試行錯誤を経たのち、みごと少年の心拍を再開させることに成功する。これほど厳しい試練を受けながらも、少年は後遺症を残すこともなく回復したらしい。ところで、アランのほうも、その少年に負けないほどの回復ぶりを見せた。私が見学した直視下心臓手術から一週間ほど後に退院するときは、まだ体力が戻っておらず、一度に数歩あるくのがやっとだった。しかし、とても溌剌《はつらつ》としていて、見送る私に笑顔を見せながら、奥さんに付き添われて車椅子で病院の玄関をあとにした。

しかしよく考えると、アランの手術は入念な計画のもとに行なわれたものだった。手順に従って外科医と麻酔科医が心臓を一時停止させ、心臓の手術が終了したのち、熟練した技術で心拍を再開させたのだ。止まった心臓を前にしても冷静沈着なスタッフを見ていると、心拍再開がいかにも造作ないことのように思えてくる。心臓なんてちょっと電気ショックを与えてやればすぐにまた動き出すものなんじゃないか、と。

蘇生科学の偉大さを真に理解するためには、予期せぬ事態が生じた場合の対応も見ておく必要がある。先ほどのアランの場合は、開胸後、手術計画の一環として意図的に心臓を停止させたのだった。しかし、患者が突然、なんの前触れもなく危篤状態に陥ったときにはどのように対処するのだろうか。それもおさえておかなくてはならない。

といっても、「突然、なんの前触れもなく」起きることなのだから、いつ、どこで起きるかわからない。そうした不運な目に遭うのは誰なのかを予測することは不可能だ。心停止が起きるのを待つのは、雷が落ちるのを待つようなものだからである。

でも幸いなことに、私は、誰かが必ず危篤状態に陥るとわかっている場所を一箇所だけ知っている。心臓が止まりかける時刻も、医師と看護師のチームが駆けつける時刻も、正確にわかる。わからないのは、蘇生に成功するかどうかだけだ。

ショック、胸骨圧迫、人工呼吸、薬剤投与……

アランの心停止は、手術の一環として意図的に行なわれたものだが、今度の患者、マークの心停止は不測の事態だった。マークは今、私の目の前の手術台に横たわっているが、先行きはどうも暗そうだ。それまではあれほど元気だったのに。

今から三時間ほど前に、四二歳の科学者でマラソン愛好家でもあるマークの甲状腺の悪性腫瘍摘出手術が始まった。摘出手術は無事に終了。傷の縫合もすんで、摘出された腫瘍がすぐ脇の台の上に置かれている。甲状腺がないという点を除けば、マークには何一つ問題がない。

ところが今、マークはまずい状態にある。まずいどころではなく、死んでしまったらしい。なぜかと言うと、まったく動かないし、息もしていないし、生きていることを示す徴候が一つも見られないからだ。さらに付け加えると、私の右側にあるモニターに彼のバイタルサインが表示されているのだが、呼吸なし、心拍数はゼロ、血圧もゼロ、心電図は平坦《フラット》。これはどう見ても教科書どおりの死亡事例だ。

けれども心配は無用。これは本物の手術室ではないし、マークも本物の患者ではないからだ。じつは、今私はペンシルヴェニア大学のシミュレーションセンターに来ている。救命救急の現場の状況や、そこで起こる混乱や不安を再現するように設計された教育用の施設だ。先ほど述べた心電図の波形や、患者の病歴、手術室の設《しつら》えなどはすべて、手術チームが不測の事態への対処方法を学べるように作られたシミュレーションドラマの道具立てなのである。

その中心にいるのが、今日は「マーク」という患者。マークは実際には金属とプラスチックでできたマネキンだ。病歴は架空のものだし、生理機能も模擬的に再現されたものだ。

けれども、細部まで入念に設計されているので、マークを囲む医師と看護師のチームは、本物の患者に対して行なう処置はほとんどなんでも実施できる。たとえば、麻酔科医がマークの肺に気管内チューブを挿入すると、酸素濃度が上昇する様子が手術台の上のモニターに表示される。看護師が採血しますと言えば、しばらくしてから検査結果を伝える声が聞こえてくる。

本当に驚くほど巧妙にできており、どの処置が功を奏し、どの処置が無意味だったかがリアルタイムでチームにフィードバックされてくる。セッション終了時に一人ひとりが自分の行動を振り返るとともに、互いに批評し合うことになっている。チームの誰もがなんとかしてマークを救いたいと思っているが、私のみるところ、彼の死はほぼ確実になろうとしている。

しかし、突如、マークの先行きに光明が差し始めた。看護師の一人が自動体外式除細動器（AED）を運んできたのである。牛乳受け箱くらいの大きさのプラスチック製の箱で、そこから出ているワイヤーを、マークの胸に付いているパッドにつないだ。一瞬、部屋の中はしんとなったが、まもなく除細動器が作動し始めた。

私たちは全員、ほっと息をついた。まるで、誰にでも好かれる外向的な人が、重苦しい空気に包まれた一座の中に華々しく登場したかのよう。誰もが面白くなるぞと期待するような表情を浮かべている。けれども、私は、ほんの二秒ほどでこんなやつには来てもらうんじゃなかったとがっかりした。

出力が上がるや否や、この新来者は、しゃべれるんだぞということを示してみせた（これは特殊な例ではない。ほとんどの除細動器、とくに公共の場で使われている除細動器は、コンピューターの音声メッセージで心臓のリズムを伝えて指示を出す）。

その除細動器の声が、なんとも無愛想でアンニュイなのだ。ふと、幾度となく聞いているフライトアテンダントの冷めた声を思い出した。「頭上の物入れをお開けになる際には、中のお手荷物が飛行中に移動していることがございますのでご注意下さい」とアナウンスするあの声だ。除細動器は今まさにその声で「ＣＰＲ（心肺蘇生処置）を続けて下さい」と告げている。

この五分間ずっとＣＰＲを続けてきたにもかかわらず、効果が出なくて困っているというのに。医師も看護師もこのアドバイスには当惑するばかりだ。

それにはおかまいなしに、除細動器はペラペラと役にも立たない指示を出し続けた。仕方なしにチームはＣＰＲを続行したが、そうしている間にも、マークは一時的な心肺停止から永久的な心肺停止へと徐々に移行していた。

一本調子でしゃべる除細動器の声を聞いているうちに、私はそれを「アダム」だと思うようになった。「アダム」というのは、フランケンシュタイン博士が自分で創った人造人間につけた名前である。アダムは腹立たしいほどのしつこさで、繰り返し「ショックは不要です」と告げた。なぜ不要なのかというと、マークは今、心静止の状態――心臓の収縮をもたらす電気的活動がまったく失われた状態――にあるからなのだ。心静止のときは、心電図の波形が平坦《フラット》になる。このような状態に陥ったら、いくら電気ショックを与えても心臓は反応しないことをアダムは知っているのだ。

そういう場合には、胸骨圧迫、人工呼吸、薬剤投与といった処置が必要になる（加えて、大量の幸運も必要だ）。

アダムが「CPRを続けてください」と繰り返すのは、そういうわけだったのである。私たちはみな、その指示に従うほかない。アダムに黙れなどと言える度胸は、今のところ誰にもないからだ。アダムのとんちんかんなアドバイスに悩まされていないのは、私が知るかぎりではこの部屋にただ一人。私の左隣に立っているグレッグ・マロックだ。グレッグはシミュレーション・コーディネーターで、このセッションの進行役でもある。じつは今日、私は彼の招きでここに来ているのだ。グレッグは金髪で童顔、気さくで愛想がよく、参加者が全員、楽な気持ちでシミュレーションに取り組めるようにいろいろと気を配ってくれる。

そして、学習の効果が最大になるように、ドラマを演出するのもグレッグの役目だ。つまり、ベテランぞろいのチームでもまごつくようなシナリオを敢えてつくるのである。

実際、このチームは今、窮地に追い込まれている。マークが依然として心静止のままだからだ。救急蘇生チームが日ごろ遭遇する心電図波形の中で、心静止は最悪の波形の一つだ。正常リズムに戻すのがきわめて困難だからである。そして、言うまでもないが、患者が死亡したとき、最後に心電図上に現れるのも、やはりこの平坦《フラット》な直線なのである。

もう一つ気がかりなのは、アダムが匙《さじ》を投げてしまったことだ。およそ三〇秒ごとに、沈鬱な声で「私にできることありません」と言ってくる。

しかし、チームはそれほど悲観的にはなっていない。アダムの電気ショックは適応外だとしても、打つ手はまだいくつか残されているからだ。チームはアダムの絶望的なお告げなど無視して、できることを片っ端から実行し始めた。

マークはマネキンなので、薬を投与しても実際には反応しない。しかし、本物の人間の場合に投与する薬の名前を告げると、コンピューターがそれに応じてマークの心臓リズムや血圧を調整してくれるのだ。

まず、彼らはアドレナリンを「投与」した。アドレナリンは、心臓の収縮力を高めるとともに末梢血管の収縮を促すので、血圧を維持するのに役立つ。さらに、アトロピンも「投与」した。アセチルコリン受容体をブロックして、途絶えている洞房結節のリズムを再開させるのが狙いだ。

すると驚いたことに、その作戦がみごとに功を奏したのである。目の前のモニターを見ると、マークの心臓が心室細動を起こしている（アランの直視下心臓手術のときに見たのがこの心室細動だ。心臓の筋肉がバラバラに興奮している状態で、心電図上には細かいノコギリの歯のような波形となって現れる。ノイズとほとんど見分けがつかないような波形だ）。

心室細動の状態でいいわけはないのだが、心静止に比べればまだこのほうがありがたい。微弱であっても電気活動が認められるということは、マークの心臓に拍動しようとする兆しが見え始めたということだからだ。自動車のエンジンがかかりそうでかからないときに似ている。やきもきはするが、イグニッションキーを回してもうんともすんとも言わないときに比べればはるかにマシだ。

心室細動が始まったことを目ざといアダムが見逃すはずがない。俄然、張り切り出したことがその電子音声の調子でわかる。

「心室細動です」と興奮ぎみに告げた。ボリュームが最大になっている。待ってました、自分の出番！と言わんばかりだ。

「患者から離れてください」。アダムが注意を促した。もしアダムが本物の人間だったら、胸を張っていばって歩いていることだろう。

心室細動と聞いて、チームもにわかに活気づいた。メンバーは、これから自分たちが何をすればよいか、よくわかっている。これまで練習や本番で何十回とやってきたことだからだ。

事態は慌ただしく動き始めた。

心室細動の場合は、連続三回まで電気ショックを繰り返すことになっている。アダムは一回目を実施した。「脈はありません」と誰かが告げた。モニターを見るとたしかに、マークは心室細動のままだ。そこで、アダムは二回目を実施したが、やはり結果は同じ。電気ショックの効果はまったく見られない（アダムは「ガイドライン2000」対応機種と思われる。「ガイドライン2000」では、電気ショックを与えても反応がない場合は、電気ショックを連続三回まで与えることが推奨されていたが、「ガイドライン2005」以降では、電気ショックを一回実施したあと、心電図解析を待たずに（除細動の成功・不成功にかかわらず）、すみやかにCPRに戻ることとされている）。

それでも、アダムは三回目の充電を開始し、「患者から離れてください！」と告げた。

医師と看護師たちが急いで脇へ飛びのいた。

しかし、三回の電気ショックにもかかわらず、マークは心室細動のまま。あいかわらず脈のない状態が続いている。そこでチームは、CPR、電気ショック、薬剤投与を組み合わせたプロトコルに従って処置を行なうことにした。

マークに気管内チューブを挿入したあと、麻酔科医が彼の上にかがみこみ、バッグを押して一〇〇%の酸素を肺に送り込んだ。看護師と医師が交替しながら、一分間に最低一〇〇回のペースで胸骨圧迫を続けた。

チームはアミオダロンの投与も行なった。これは細胞膜を安定させる薬で、心室細動のような異常なリズムを予防したり抑制したりする作用がある。しかし、アミオダロンを投与してもあまり効果がなかったため、アダムが間に割り込んできて、もう一度電気ショックを実施。そのあと、チームは二回目のアミオダロン投与を行なった。

このとき私は、麻酔科医の一人が腕時計をちらっと見たのに気がついた。マークの脈が止まってからどれだけの時間が経過したかをチェックしたようだ。ちょっと顔をしかめたところをみると、まずいなと思っているらしい。

私もそっと自分の腕時計に目をやった。すでに一〇分が経過している。この一〇分間のあいだ、マークの(架空の)脳は、断続的な胸骨圧迫によって供給されるわずかな(架空の)血流に支えられていたわけだ。

CPRを実施すれば、何もしないよりはいいが、正常な心臓の拍動には到底及ばない。麻酔科医はたぶん、一刻も早く何か策を講じてこの状況から脱しなくてはと思っているのだろう。部屋を見回すと、他のメンバーもやはり不安げな表情をしている、

アダムがもう一度電気ショックを実施したあと、チームはリドカインの静脈注射を行なった。リドカインは、救急カートの常備医薬品の中で最も基本的かつ重要な薬の一つで、局所麻酔剤としても広く使用されている。リドカインには、細胞膜にあるナトリウムチャネルに結合して、ナトリウムイオンの輸送を阻害する働きがある。このナトリウムイオンの輸送の阻害によって、痛みの信号や心臓の異常なリズムの伝達を断つことができる。

リドカインが効くこともあるのだが、今回はどうもだめらしい。しかし、アダムが次の電気ショックを実施しようと躍起になっているので、チームも立ち止まってはいられない。

とりあえず前回の電気ショックの効果を判定しておこうと、モニターに目をやった看護師の一人が、マークの心臓に洞性頻脈が起きていることを発見した。ついに心臓が活動を再開したのだ（ペースは速すぎてまだ正常ではないが）。安堵と達成感のいりまじった表情が室内にあふれた。しばらくの間、あまりにも騒がしくて、「洞性リズムです」と告げるアダムの声など、誰の耳にも届かなかった。

マークはようやく脈拍と血圧を取り戻した。人工呼吸器に対する抵抗は、意識が戻ったこと知らせるサインでもある。そこで、チームはロラゼパムという鎮静剤を投与。それから、ICUに移動する準備に取りかかった。

グレッグが「皆さんの努力の成果が実ってマークは無事に生還しました」と告げた。めでたしめでたし。任務終了だ。

わいわいと賑やかにハイタッチを交わしながら、チームメンバーは報告会へと向かう。しかし、手も腕もない哀れなアダムは、完全に勝利の輪から外れていた。最後に部屋を出ていく看護師の一人が、脇を通るときにふと気づき、手を伸ばしてアダムの電源を切った。

全員が出て行ってしまい、マークと私だけになった部屋の中でいろいろ考えた。彼は本当に幸運だった。ダウンしていたのはわずか一五分間。心停止の時間がこの程度ならば、体にそれほど大きな障害は受けていないはずだ。そして、マネキンだから当然といえば当然だが、認知機能にも支障はない。

しかし、これが本物の人間で、外の待合室で家族が待っているとしたら、一五分は恐ろしく長い時間にちがいない。刻一刻と、血流と酸素がなければ生きられない細胞が死滅していく。とくに脳の細胞は傷つきやすい。心停止の時間が長引けば長引くほど、生命の危機は脱したとしても、脳に深刻なダメージが加わることになる。息子とまたキャッチボールをしたり、娘と乗馬したりする望みは薄れていくし、妻の顔を見て妻だと認識できる可能性も遠のいていく。

つまり、今回マークで行なったような救命処置は、「人を生き返らせる」ためにすべきことのごく一部でしかない。停止した心臓の拍動を再開させることと、心拍が再開するまでのあいだ脳やその他の臓器を守ることは、まったく別の問題なのだ。

心拍を再開させる方法はこれまで見てきたとおりだが、いざ心停止のようなことが起きたときに、脳をなんとか無傷のまま保つにはどうすればいいのだろう？　逆に言うと、アンナ・ボーゲンホルムはなぜ、あれほどの大事故に遭いながら、ほとんど普通の生活に復帰できたのだろう？

その答えは、私たちの細胞の中に――細胞一個一個の中にある。血流が途絶えてしまったとき、私たちの細胞の中ではどんなことが起きているのだろう？　それがわかれば、細胞を守る方法もきっとわかるはずだ。

破綻した細胞の中では何が起きているのか？

重要な臓器に血液や酸素が届かなくなると、どんなことが起きるのだろうか？　マークのように心臓がストライキを起こしたとき、どうすれば重要な臓器を守ることができるのだろうか？　体が非常事態に陥ったときに、その臓器がどんな反応を示すのかについて、誰よりもよく知っていそうな人物に話を聞きに行こうと思う。

ランス・ベッカー博士は蘇生科学の世界的権威なのだが、いかにもそんな感じだ。背が低くて、頭が禿《は》げており、角張った変なメガネをかけている。地味なズボンに、開襟シャツ、ボタン付きの厚いショールカラーセーターという身なりの彼が病院の廊下に立っていたら、「いつも体の内部のことばかり考えている人だな」と思うだろう。実際、そのとおりなのだ。

ベッカーは、細胞が酸素の供給を絶たれて破綻をきたしたときに、どんなことが起きるのかを研究している。彼が注目するのはもっぱら最悪の事態に陥ったときの細胞内部だ。その点、司法精神医学者に似ていなくもない。司法精神医学者は、奥さんと仲睦まじく暮らしているあなたにはまるで興味がないが、あなたの家の地下室から首なし死体が一八体発見されたとたん、俄然あなたに関心をもつようになる。

かねてからベッカーの講義はすばらしいと聞いていたので、私も医学生にまじって、蘇生に関する選択コースの授業を受けてみようと思う。私の周りは、人命救助に関心のある若くて情熱的な学生ばかり。今日の授業で、ベッカーがその方法を教えてくれるはずだ。

酸素の欠乏が細胞の損傷をまねくプロセスを学ぶにつれて、細胞が病的状態に陥っていくメカニズムは信じられないほど複雑である反面、ものすごく単純であることがわかってきた。

ベッカーによると、問題のポイントはエネルギーの枯渇にあるという。

細胞内ではアデノシン三リン酸（ATP）という物質を介してエネルギーがやり取りされる。細胞はグルコースと酸素を反応させて得たエネルギーを使ってATPを作り、生命活動の際にそのATPを分解して必要なエネルギーを取り出している。そのためATPは「エネルギーの通貨」とも呼ばれる。しかし、細胞内に大量のATPを貯めておくことができないため、グルコースと酸素の供給が途絶えるとATPが枯渇してしまう。

ATPが作れない状態が続くと、最終的に細胞は死んでしまう。すると早晩、その人は死ぬことになる。これがいわゆる、人間の「死」である。

しかし、これでは起こる現象をただ述べたにすぎない。私たちが知りたいのは、どうすればそのプロセスを遅らせたり、避けたりすることができるのかということだ。その答えは細胞の内部にある。ではさっそく細胞の内部をめぐるグランドツアーに出発するとしよう。

最初に立ち寄るところは細胞膜だ。細胞膜は、脂質とタンパク質でできた薄い膜で、これが細胞の内部と外部を隔てている。細胞膜の重要な役割の一つは、細胞内のイオン（電荷を帯びた原子や分子）の濃度を適正に保つことだ。

人間が元気に生きているとき、細胞外液にはナトリウムイオンが多く、細胞内液にはカリウムイオンが多い。こうした細胞内外の濃度差は、細胞膜のポンプ作用によって維持されており、このポンプを動かすのに、ATPのエネルギーが必要なのだ。ATPが不足すると、この濃度差を維持できなくなってしまう。

ここでちょっと、細胞膜をケニアの鳥獣保護区を取り囲んでいる電気柵だと考えてみよう。柵で仕切った内側にはライオンやキリンがいて、柵の外側には人間や家畜が暮らしている。柵をすり抜ける動物が一、二匹いても、保護区のレンジャー部隊がやって来て元の場所に追い戻してくれる。

しかし、保護区の予算が逼迫《ひっぱく》して、電気柵に必要な電力がカットされ、保護区のレンジャー部隊もクビになったらどんなことになるだろう。そうなると、民家の台所にキリンが長い首をにょきっと突っ込んできたり、ふらふらとジャングルに入っていったウシがライオンの群れのための歩くビュッフェになってしまったり。

想像されるとおり、いったん混乱が生じると、細胞の中でもジャングルの中でも、すべてがあっという間にめちゃくちゃになる。脳では、イオン濃度が激しく変動するために、ニューロンが神経伝達物質を一気に放出して自滅的な最後を迎え、その結果、支離滅裂な神経活動が劇的に増える。つまり小発作が多発するようになるのだ。これはまずい状態である。

また、酸欠になると細胞内に危険なフリーラジカルが発生し始める。このフリーラジカルが、脳やその他いたるところの細胞膜から電子を奪って、これを破壊してしまうのだ。これは非常にまずい状態である。

ついに、こうしたことがあいまって、細胞の外部にも問題を引き起こし、とくに血流に障害をもたらすようになる。炎症や、酸素不足、その他諸々の原因から、血小板が凝集して微小血管で血栓を作ってしまうのだ。その結果、さらに血流が阻害され、細胞に運ばれてくる酸素やグルコースが減少する。すると、ＡＴＰがますます枯渇して、死滅する細胞がさらに増えていき、ついには生命体そのものが死んでしまう。もはや最悪の事態である。

体が大混乱に陥っていくプロセスを説明していながら、ベッカーには憂慮する様子がみじんも見られない。むしろ笑みを浮かべているくらいだ。私は、どこかにハッピーな結末が隠されているな、と思いながら聞いていた。実際、そのとおりだったのだが、その結末は私の予想とは若干異なるものだった。

このプロセスが限界点にまで達すると、細胞はアポトーシスの準備に入る。つまり、先行きが暗いのを察知してか、そろそろ自分は死んだほうがよさそうだと判断し、事態の改善を他の細胞に託して舞台から去るのだ。これがアポトーシス、細胞の自殺である。

ベッカーはなぜ、細胞の死を語りながら、笑みなど浮かべているのだろう。少しもハッピーな結末ではないのに。しかし、じつをいうと、このアポトーシスの仕組みにこそ、心臓が止まっても生き延びるチャンスを見いだすことができるのだ。でも、いったいどうやって？　その秘密は、私たちのミトコンドリアの中にある。

＊＊＊

ミトコンドリアは、細胞の中に含まれている細胞小器官《オルガネラ》で、大きさは一ミリの千分の一にも満たない。ミトコンドリアには他のオルガネラにはない風変わりな特徴が二つある。その一つは、二枚の膜に囲まれていること。折り重なっている内側の膜を、外側の膜が寝袋のようにすっぽりと覆っている。そしてもう一つは、独自の遺伝物質をもっていること。まるで、細胞の中に、また別の細胞が存在しているかのようだ。

しかし、ミトコンドリアの特徴の中で私たちが今いちばん興味を持っているのは、それがATPを作り出す役割の大半を担っていることである。ATPを作るために、ミトコンドリアには電子伝達系が備わっている。グルコースから引き出した電子を、別の分子に（最後には酸素分子に）移動させることで発生したエネルギーを使って、アデノシン二リン酸（ADP）にリン酸を加え、アデノシン三リン酸（ATP）を生みだしている。

このADPからATPへの変換は、燃料の精製のようなものだと思えばいい。製油所には原油が運び込まれてくるが、原油のままでは大して役に立たない。しかし、エネルギーを使って精製してできたガソリンは、自動車などさまざまな用途に利用される。エネルギーがコンパクトに凝縮された、使

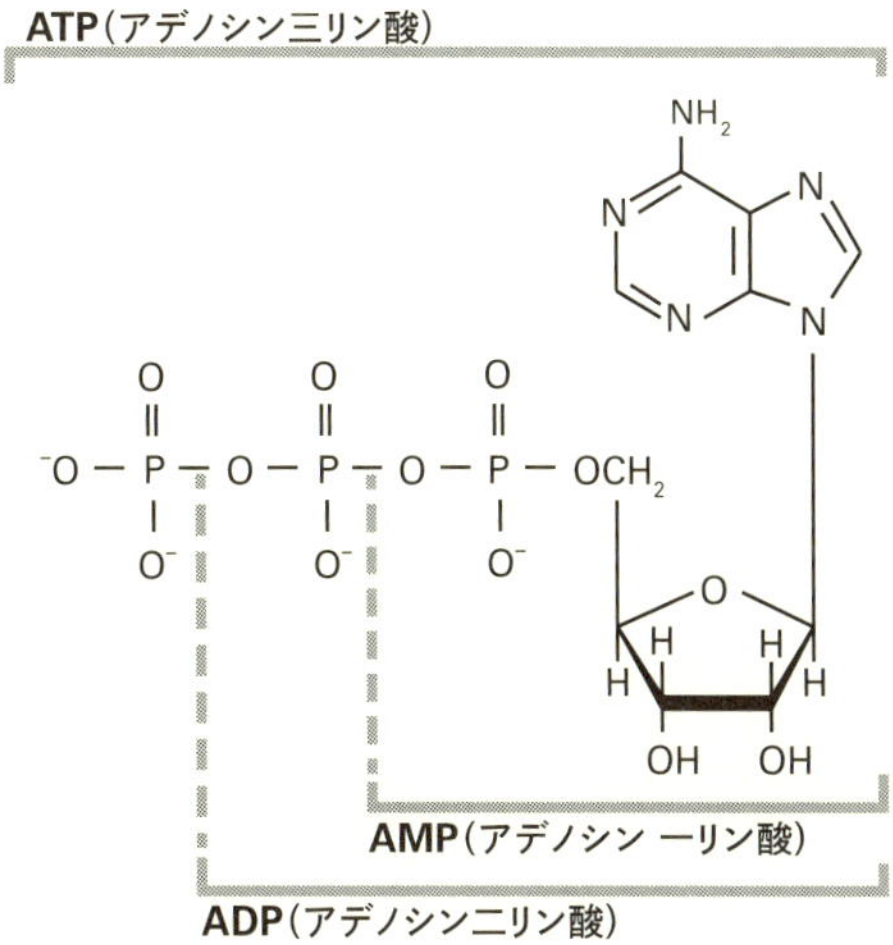

ATP、ADP、AMPの構造。ATPからADP、ADPからAMPへと分解するごとに、エネルギーが生じる。

い勝手のいい物質に変換されるのだ。

　しかし、このプロセスが中断すると、ミトコンドリア内の電子伝達系から電子が漏れ出し、危険なフリーラジカルが生じるようになる。

　これは、火災が発生した製油所のようなものだ。製油所には、操業を停めて大爆発を防ぐ安全スイッチを備えておく必要がある。自動停止装置が働いて操業がストップし、ガソリンのような揮発性生成物の流出が止まれば、一面記事になるような大災害は避けられるからだ。

　ミトコンドリアにもどうやら同じような安全スイッチが備わっているらしい。状況が良好なときはせっせとＡＴＰを作り出すが、住み処にしている細胞への酸素供給が途絶えると操業を停止する。その結果、細胞が死ぬことになっても、ミトコンドリアとしては本望なのだ。その恩恵はリスクを上回ると、このちっちゃなオルガネラたちは考えているらしい。

　ベッカーは、細胞の自滅傾向について語っているというのに、不思議なくらい落ち着いている。私は、自分の体内のミトコンドリアたちが全員、「釣りに行ってきます」という札を下げて休業してしまったらと思うと、あれほど落ち着いてはいられない。しかし、ベッカーは、いざという時にさっさと逃げ出すのは、まったく正常なことであって、病的な反応ではないと言う。ミトコンドリアはたんにプログラムされているとおりのことをやっているだけなのだと。

酸素の供給が途絶えた細胞にどんなことが起こるか。その壊滅的ダメージの数々を覚えているだろうか？　神経活動は大混乱に陥り、細胞膜もフリーラジカルで破壊されてしまう。ミトコンドリアは、スイッチを切ることによって、それを回避するようにプログラムされているのである。

もちろん、ベッカーもこの結末に満足しているわけではない。しかし、ただ一つ救いがあるとすれば、それは、ミトコンドリアのふるまいは予測可能だという点だ。科学者からすれば、これはありがたいこと。ミトコンドリアがどうふるまうかがわかれば、それに応じた策を講じることができるからだ。

どんな策だろうか？

「危機的状況にある患者さんには何をしますか？」。ベッカーが話題を変えて学生たちに問いかけた。

「たとえば、心停止の患者さん、脈を打っていない患者さんがいたら、どんなことをしますか？」

「心拍再開を試みます」とある学生。

「それはなぜ？」

「血流を増やすためです」

ベッカーはうなずいた。「他には？」

さまざまな意見が出た。酸素吸入、人工呼吸、昇圧剤……、そのたびにベッカーはうなずいてにこりとした。

ベッカーによると、これら肺に酸素を送る、血流を増やす、血圧を上げるといった方法はすべて、ミトコンドリアに酸素を与えて、もっと働かせようとするものだ。受け取った酸素を正常に処理することができない細胞に、せっせと酸素を送り込むというばかげたことをしているわけである。

現在、私たちが行なっている蘇生法の問題点は、ミトコンドリアが無意味なことはやめようとしているその時に、余計な酸素を送り込もうとしている点にある。もう一度、製油所のたとえで考えてみよう。製油所で大事故が起きたあと、すべての安全装置が作動して、プラントが操業停止になっている場面を想像してほしい。すさまじい火災のど真ん中に入っていって、安全弁を開けようとしたらどうなるか。

マネキンのマークが心停止になったとき、救急蘇生チームは胸骨圧迫と酸素吸入とアドレナリン投与を行なった。ピンチに陥ったミトコンドリアには迷惑なことばかり。それが大きな間違いなのだと、ベッカーは考えている。

これはまだ序の口で、蘇生が成功したあとも、よかれと思って行なった処置が、かえって害を及ぼすケースが少なくない。実際、心拍再開後によき医療の名のもとで行なわれる処置の中には、あまりにも危険で見当違いなものが多いのだ。こうした新たな危険をわかりやすく説明するために、ベッカーは別のたとえを持ち出した。

「クルマを買って運転していたところ、うっかりガス欠にしてしまった。なんとか最寄りのガソリンスタンドまでたどり着いて、ガソリンを買って満タンにした。それからイグニッションキーを回したとたん……バーンという爆発音」。彼は恐ろしく真剣な顔つきになり、大げさに眉をつり上げた。「こんなことになるとわかっているクルマを買いますか？」

テーブルを囲む学生たちはみな首を横に振ったので、私もつられて振った。そんなクルマなら絶対に買わない。

ベッカーはにやりとした。酸欠状態の細胞で起きていることは、ちょうどそんな感じなのだという。クルマと同様に、燃料が満タンならば、細胞も元気に活動する。しかし、タンクが空っぽになると、クルマ同様、ミトコンドリアも活動を停止してしまう。

しかし、燃料を使いこなす準備の整っていないミトコンドリアにむりやり燃料を送り込もうとしても、ミトコンドリアは迷惑するだけだ。一度酸欠に陥った細胞に酸素を戻すと、あの危険なフリーラジカルが爆発的に増えるなど、アポトーシスのプロセスが本格的に始動することになる。心停止中の患者に何を補給するかついて慎重にならねばならないのはもちろんだが、心拍再開後も細心の注意が必要だ。

ではどうすればいいのだろう？　細胞を死なせるわけにはいかない。何かをしなくては。そう思うのが普通だが、じつは難しいことは何もする必要はない。

つめたく冷やされた動物たち

細胞や臓器を守るには、どうすればいいのだろう？　その答えの一つは、二〇〇年前にロシア人が考え出した方法――つまり、冷やすことだ。

私たちはずっと昔から低温の効果を知っている。ミトコンドリアが何者で、どんな役割を担っているかを理解するようになる前から。

ロシア方式の研究の草分けとして、最も多くの業績を残した研究者の一人に、カナダの心臓専門医、ウィルフレッド・ビゲローがいる。彼は最初から蘇生法に興味があったわけではなく、手術中に心臓や脳を保護する方法をひたすら模索していた。

「周知のとおり、心臓が停止した状態で人間が生きていられるのは三分間程度である」と初期の論文で述べている。そして、このことが心臓手術の「厳しい制約として外科医に立ちはだかる」と、カナダ人らしい控えめな表現で続けている(9)。

冗談じゃない、三分だなんて。心臓をいったん止めて、心臓弁を修復したり、アランの医者がやったように冠動脈にバイパスを作ったりしてから、すべてを元に戻す。それを三分間でやろうなんて、どう考えても不可能だ。では、いったいどうすればいいのだろう。

解決法は、ビゲローがある晩、眠っている間に舞い降りてきたらしい。それは第二次世界大戦中の体験にもとづくものだった。あるインタビューの中で次のように語っている。「もともと私は、冷やすことによって腕や脚を保護できないかと考えていたのですが」、ある晩、潜在意識が優位に働いて、はるかに壮大なアイディアが浮かんだ。「目覚めたとたんに閃いたのです。全身を冷やせばいいではないかと(10)」

イヌを二五℃以下の低温にすると、血液循環が一五分間停止しても生きていられることを初めて確かめたのもビゲローだ(11)。「中型雑種犬」三九匹に麻酔薬と心臓を止める薬を投与したのち、冷却毛布を用いて体温を二〇℃まで下げた。それからイヌたちの胸を開き、心臓に向かう血管を「ブルドッグ鉗子《かんし》」で挟んで血流を遮断した。

それから一五分後、鉗子をはずして血流を再開するとともに、再加温して、蘇生を試みた。三九匹中、一九匹が死亡した。この成功率は「不本意」であったと、ビゲローはのちに本音をもらしている。(12)でも、中型雑種犬たちはビゲロー以上に不本意だったにちがいない。

その後、ビゲローはまたもや直感的な閃きを得る。イヌよりもっと実験対象にふさわしい動物がいるではないか。

彼はイヌ以外の二つの種に目を向けた。アカゲザルとウッドチャック（マーモットの一種）である。アカゲザルは「人間により近い」動物だし、ウッドチャックは冬眠する動物なので、もっと低い温度にも耐えられる可能性がある。

ビゲローがアカゲザルで行なった実験の方法は、基本的にはイヌのときと同じだ。サルの胸を開いて、右側の血管を鉗子で締めたあと、心臓を切開して「手術のまねごと」を行なった。それから、イヌのときよりも長い時間（二四分間）、イヌのときより低い体温（一六～一九℃）にして血液循環を停止させた。そして最後に傷口を縫合し、再加温して生き返らせた。

合わせて一三回の手術を行なった一二匹のサルのうち、一一匹が生き延びた。ビゲローは次のように述べている。「低温曝露後も、みなきわめて活発で、協調運動に障害はなく、手術がもとで性格や反応に異変が生じたような様子はまったく見受けられない」

生き延びた一一匹のほとんどが、手術が原因の感染症で死亡したり、更なる実験に供されたりしたが、一匹だけは「助かった」。ビゲローの報告によると、その一匹は実験から一年半たってもまだ元気で、海軍基地のマスコットを務めていた。「どの点から見ても、普通のサルとまったく変わりない」という言葉で論文は締めくくられている[13]。もちろん、海軍のマスコットモンキーという点を除いてだが。

さて、お次は六匹のウッドチャックである。

ウッドチャックについては、ドラマチックな物語にはなりえないと思ったのか、ビゲローは要点のみ単刀直入に述べるにとどめている。まず、元気なウッドチャックのシッポをつかんで持ち上げ、その腹に麻酔薬を注射した。その後の処置はサルのときとほぼ同じだが、ウッドチャックの場合は、体温を二・五〜五℃まで下げ、血液循環を二時間停止させた。

その結果、ウッドチャックはどうなったか？　実験を行なった六匹のうち、一匹は出血で死亡したが、残りの五匹には「手術前と変わらない良好な協調運動が見られた」という。シッポをつかまれて、太い針で腹を突かれたウッドチャックが、逆さ吊り状態で見せる協調運動がどれほどのものか、判断は読者の皆さんにお任せしたい。私は、比較の基準となる手術前のレベルがそもそも低かったのではないかと思う。

公平を期するために言うと、ビゲローはたしかに低体温のリスクを認める発言もしている。それには、アカゲザル、ウッドチャック、中型雑種犬の亡霊たちがそろって力強くうなずくにちがいない。けれども、根っから楽天的なカナダ人の彼は、「イヌを二〇℃まで冷却したのちに再加温しても危険はないようだ」と結論を下している[14]。

結局、ビゲローの考えは正しかった。低体温にこそサバイバルの秘訣があったのだから。ミトコンドリアの惨劇を書き換える方法があるとすれば、それは体を冷やすことなのである。

低体温によってイヌやウッドチャックやサルの体を保護することができるなら、同様の方法で、人間の体も保護することができるのではないかとビゲローは考えていた。凍てつく川から救出されたアンナ・ボーゲンホルムの驚異的な回復ぶりを見ても、たしかにその考えには一理ありそうだ。

しかし、蘇生の科学が次の局面を迎えるための準備が整うのは、ビゲローの実験から半世紀以上たってからのことだった。そして、その新局面は、ゾンビ発祥の町で展開することになる。

ゾンビ犬

映画『ナイト・オブ・ザ・リビングデッド』の序盤で、ジョニーと妹のバーバラは、ピッツバーグ近郊にある薄気味の悪い墓地に父親の墓参りにやってくる。まさかこの日にゾンビの大暴動が起ころうとは、まだそのときは知る由もなかった。気味悪がってびくびくしているバーバラを、兄のジョニーはここぞとばかりに容赦なくからかう。

「やつらがおまえを襲いに来るぞ、バーバラ」

しかし、事態はその後、思わぬ方向へと展開していく……。

ゾンビなんて実際には存在しないし、ピッツバーグはとても快適な町だ。暮らしているのはごく普通の人たちばかりで、歩く屍《しかばね》などどこにも見当たらない。しかし、それほど遠くない過去に、この町にゾンビの一種がいたことはたしかなのだ。

といっても、そのゾンビは、人間ではなくてイヌだった。「ゾンビ犬研究」である。

ピッツバーグ大学サファー蘇生学研究所で行なわれたきわめて真面目で画期的な研究に、商魂たくましいジャーナリストが「ゾンビ犬研究」などというはなはだ迷惑な名前をつけてしまったのである

（研究所の名称は、創設者ピーター・サファー博士にちなんだもの。ピーター・サファーは第6章で登場する）。二〇〇〇年代初めに行なわれたこれらの実験は驚嘆に値するものだった。死亡させてから三時間おいたイヌたちを、ふたたび生き返らせることに成功したのである。

メディアの取材が殺到した。普通ならば、それは喜ぶべきことのはずだ。実際、サファー研究所がCPR発祥の地として有名になったのも、マスメディアがこの画期的な実験を取り上げたからこそなのだ。

しかし、サファー研究所の研究者たちにとっては非常に不本意な結果となった。ゾンビ犬を作り出した研究所というレッテルを貼られてしまったのだ。愛犬家はもちろん、他の科学者や、ゾンビ映画の第一人者ジョージ・A・ロメロですら、「ゾンビ犬」という言葉には不快感を覚えるにちがいない。ところが、サファー研究所といえばゾンビ犬と言われるようになってしまったのだからたまらない。

それはともかく、私はその実験について詳しく知りたいと思い、研究所に電話で問い合わせたのだが、いきなり大きな壁に突き当たった。そこで得た教訓――蘇生法のような真摯なテーマについて研究者に話が聞きたいのであれば、決してゾンビ犬云々といった過去の話から切り出してはいけない。

電話に出たサファー研究所の広報担当、アニタ・スリカメスワランとのやりとりからそれを学んだ。

「当研究所ではもう、そのような実験は行なっておりません」。彼女は必要以上にその点を強調した。「イヌは飼っていませんので」と、念を押すかのように厳しい声で付け加えた。

そして、最後にぴしゃりと、「あのような実験はいっさい行なっておりません」。

なんと残念なことだろう。あの実験は、蘇生法の未来を垣間見せてくれる、きわめて貴重な実験だったからだ。

二〇〇〇年代半ば、サファー研究所のチームは、低体温法を実際の医療に生かす目的で一連の研究を進めていた。そして、この方針のもとで行なわれた実験の成果を権威ある医学雑誌に発表した[15]（ちなみに、論文には「ゾンビ犬」という言葉は一度も出てこない）。これらの実験は、薬剤投与、医療機器、体温管理などさまざまな介入法を組み合わせて蘇生成功率を高める方法を探ろうとするものだった。

では、実際にどんなことをしたのだろうか？

ある実験では、「交配種の雄の狩猟犬」に麻酔をかけて気管挿管し、静脈と動脈にカテーテルを挿入した[16]。そのあと人工呼吸器を外し、カテーテルから血液を抜き取って、血圧を二〇（mmHg）まで下げた（正常値は一〇〇以上である）。最後に、心臓に電気ショックを与えて細動を起こさせた。これは、確実に「血流をゼロ」にするためであると論文に記されている。

次に、イヌを氷の中に詰めて、心肺バイパス装置につなぎ、血液の代わりに低温の食塩水を循環させた。さらに、一部のイヌには、酸素かグルコース、またはその両方を与えた。こうして、人工呼吸その他の処置は一切行なわずに、バイパスにつないでおくこと三時間。

ここからいよいよ佳境に入る。

血液代わりに注入した冷たい食塩水だけで三時間おいたのち、体を再加温し、心拍を再開させた。さらに、保存しておいた血液も体内に戻した。

そのあと、研究者たちはイヌをつぶさに観察し、六時間ごとに状態チェックを行なった。実験終了時、つまり七二時間後のチェックでは、酸素とグルコースの両方を与えられていたイヌの状態が最も良好で、そのいずれも与えられていなかったイヌの状態が最も悪かった。

実験に使用した二四匹のイヌのうち、神経学的に正常なのは四匹だけだった。これは残念な結果ではある。しかし、酸素とグルコースの両方を与えられていたグループでは、すべてのイヌが意識を取り戻した。また、七二時間経過したあとも、二匹は正常で、それとは別の四匹も中等度の障害が認められただけだった（七二時間後以降のことは、論文ではまったく触れられていないが、顕微鏡下でイヌの脳を観察したくだりを読めば、最後は安楽死させたのだとピンとくるはずだ。というわけで、生きていたら数週間後、数か月後にどうなっていたかはわからない）。

これらの実験はメディアに大々的に取り上げられた。それは有益なことであると同時に、はなはだ残念なことでもあった。

メディア報道のおかげで、飛躍的な進歩を遂げる蘇生科学への関心が高まったことはまちがいない。心臓が三時間止まっていたイヌの蘇生に成功したことで、新たな臨床医療への扉が開かれた。この技術が人間に応用されれば、事故の犠牲者を現場で安定した状態にしてから病院に搬送することもできるし、戦場の負傷者を、何百、何千キロも離れた場所にある設備の整った手術室まで飛行機で搬送することもできる。なんと大きな可能性が秘められていることだろう。

その一方で、これらの実験はメディアの狂乱報道を巻き起こす結果となった。なんと言ってもピッツバーグは四〇年ほど前にゾンビ映画を生み出した町である。このいささか不運な偶然の一致にメディアが飛びつかないわけはない。「ナイト・オブ・ザ・リビングドッグ」などというばかげた見出しの記事まで現れる始末だった。[17] サファー研究所の研究者たちは、大衆紙の下劣な科学報道の渦中に投げ込まれることとなった。綿密に計画された実験であるにもかかわらず、「哀れな犬たち」を使った「でたらめな実験」だと報じられた。

予想されるとおり、「動物の倫理的扱いを求める人々の会」からも横槍が入った。スポークスウーマンのメアリー・ベス・スウィートランドは次のように断じた。「これらの実験は、弁解の余地もないほどばかげており、人間にとっての成果はないに等しい。実験動物にも深刻な影響が及んだものと推察される」

雄の狩猟犬をこのように利用したことをどう考えるかは別にして、スウィートランドがこの一連の研究を「弁解の余地なし」として片付けたのは公正とは言えないし、真実にも反する。実際、これらの実験のおかげで、低体温法は人間にも応用可能だというかなり説得力のある証拠が得られたのである。また、アンナ・ボーゲンホルムが生還できたのも、心拍が停止している間、ほとんど氷漬け状態にあったことが幸いしたらしいとわかってきたのだ。

これらの実験が感情的にどう受け止められようとも、そこから得られたデータは明るい展望を示すものだった。そのおかげで、ボーゲンホルムのような奇跡をあたりまえのことにしてくれる科学に、わずかながら近づくことができたのだった。

しかし、イヌは人間ではない。また、こうした実験室の環境下で得られた成果を、事故の犠牲者の救助に応用できるようになるまでにはまだ長い道のりがある。低体温に保護作用があるのを示すことと、銃撃事件の犠牲者や戦場の傷病兵を冷やして助ける方法を編み出すことはまったく別のことがらだからだ。

どうすればそれが可能かを知るために、人間やブタの冷却技術の開発に一途に取り組んでいる人物に会って話を聞くことにした。

ブタの冷却を工学する

ペチュニアはどうも容態が芳しくないようだ。脈も打っていなければ、呼吸もしてない。もはや生きている状態ではないと言っていいのではないだろうか。

ペチュニアというのは、この「スース・ドメスティクス」に私がつけたニックネームだ。スース・ドメスティクスというのはブタの学名。つまり、彼女はブタなのだ。詳しくいうと、人間の体を迅速かつ安全に冷やす方法を教えてくれようとしているブタなのである。凍てつく川がアンナ・ボーゲンホルムの命を救ったように、体を冷やすことで人の命を救うことができるかもしれない。

実際にどんなふうにすればいいのか、それが知りたくて、私はペチュニアとその飼育係のジョッシュ・ランプを訪ねた。ジョッシュは、あごひげをはやした、驚くほど物腰の穏やかな男性だ。ソフトフランネルのシャツを着て、すり切れたカーキ色のスラックスをはいている。彼は蘇生科学の世界ではちょっと異色の存在と言えるだろう。医者でも生物学者でもなくて、エンジニアだからだ。でもよく考えてみれば、人体の冷却方法というのはもともとエンジニアの領分だろう。

サファー研究所の実験からすでに一〇年ほどたった今、私はジョッシュの研究室に来ている。そこは窓のない、天井の低い部屋で、壁はコンクリートがむき出し、床は素朴なタイル張りだ。研究室の中には、ジョッシュと私のほかにあと二人いるが、やはり私と同じように、ガウンを着て、マスクを付け、かわいいヘアネットをかぶっている。その一人は、手袋をはめた手を振ってくれた。もう一人は、うなずくように首を縦に振った。実験中はどうも口数が少なくなるらしい。

無理もない。部屋はぐるりと何台ものコンピューター装置に囲まれており、たえずあちこちで光がチカチカ点滅したり、警告音がビーッと鳴ったりしている。それに全神経を集中させていなくてはならないのだから。さらに、三台のラップトップコンピューターが、ペチュニアからのデータをせっせと収集しており、そのディスプレイからも目が離せない。

ボーイング747型機のコックピットに並んでいるような計器、ダイアル、つまみの類がごちゃまぜになって、ホテルの客室ほどの空間に散らばっているところを想像してみてほしい。そうすれば、この膨大な情報を彼らがどれほどみごとにさばいているかがよくわかると思う。

その中心にいるのがペチュニアだ。車輪付きのカートの上に仰向けに横たわっている。ペチュニアの体には、複雑に入り組んだワイヤーやチューブが何本も付けられていて、体温や酸素供給状態、さらには、顕微鏡でなければ見えないミトコンドリアの機能までをモニタリングしている。

こうした装置のなかで最も際立っているのが、ペチュニアの上に設置されたアルミニウム製のアーチである。その上部に取り付けられたモーターが、ペチュニアの胸に接している七・五センチ四方の「げんこつ」を、毎分およそ一〇〇回のペースで動かしている。

ジョッシュの説明によると、このげんこつは胸骨圧迫を行なう救助者の動作を自動化したものだという。しかし、生身の救助者とはちがい、このげんこつは疲れ知らずで、打ち損なうようなことは絶対ない。動きが止まるとすれば、それはジョッシュが電源を切るときだが、それはまだ一時間ほど先のことだ。それまでの間に、ジョッシュ率いるチームは、ブタの体の（最終的には人間の体の）冷却方法について、できるかぎり多くのことをペチュニアから学ぼうとしている。

ペチュニアを監視《モニター》しているチューブやワイヤーについて説明をしながらジョッシュが強調するのは、彼も含めて動物を扱う研究者たちは、さまざまな審査委員会から厳しく監視《モニター》されているということだ。

科学について審査する委員会もあれば、実験動物の倫理的な使用に関する委員会もある。だから、研究者が実験動物に対して、西部開拓時代のような野蛮な態度をとることはありえないのだという。

それにしても、ジョッシュとペチュニアを交互に眺めながらつくづく思った。人間とブタの間にはなんと大きな隔たりがあることだろう。ジョッシュの研究の目的は人間の命を救うことだが、今ここで行なわれているのはブタを用いた実験だ。なぜブタなのだろうか？

ジョッシュにこの質問をすると、彼は肩をすくめた。これまでに何千回も同じ質問を受けてきたにちがいない。「ブタと人間はたしかに違いますが、じつは、意外に似ている点も多いのです」。そう言って彼は、心臓の筋肉だの弁だのといった専門的な話を始めた。とたんに私にはさっぱりわからなくなった。しかし要は、人間との相違点はあるにせよ、類似点の多さから考えて、ブタはＣＰＲの効果を研究するのに最も適した動物である、ということらしい。

といっても、問題がないわけではない。ジョッシュによると、最大の問題点は体の構造上の違いよりもむしろ病理にあるという。つまり、ブタは病気にかかっていないということ。「大きな問題となるのは健康状態です。ＣＰＲの実験に用いる動物の心臓には異常がないのが普通です。ところが、心停止を起こす人のほとんどは、心臓病を患っていたり、動脈が詰まっていたりする。大きな違いはそこなんです」

「まあ、体の構造上の違いもあるにはありますが」。そう言って一呼吸おき、「人間の胸は平らですが、ブタは」とペチュニアを指さした。「ブタは、それからほとんどのイヌもそうですが、胸が突き出ています。ですから、人間に対して行なうＣＰＲをシミュレートするのは難しいかもしれませんね」

私は、知っているイヌの種類をひととおり思い浮かべて、口を開こうとしたのだが、ジョッシュはもう、十分に検討ずみと言わんばかりにうなずいている。私が言いかけたのは、胸部がもっと幅広くて平坦な犬種もあるということ。たとえば「ダックスフント」だ。この犬種特有の体の構造は蘇生実験におあつらえ向きだと言われたら、アメリカ・ダックスフント・クラブはどんな反応を示すだろうか。大喜びすることはまずないだろう。

話を元に戻そう。体の構造に違いはあったとしても、この実験の目的を考えると、ブタでまったく問題がない。この実験の狙いは、ＣＰＲにではなく、体を冷却することにあるからだ。具体的にいうと、ブタ――もしくは人間――を、ビゲローが雑種犬の蘇生に成功した温度にまでできるかぎりスピーディーに冷やすにはどうすればいいか、というのがジョッシュの研究テーマなのである。だがそれは、口で言うほど簡単ではない。

それは物理学の問題です、とジョッシュは言う。ある物体――ベーコンとしよう――をできるかぎり迅速に、できるかぎり均一に冷やしたい場合にはどうすればいいか。答えは、エネルギー移動速度を最大にすることに尽きる、と彼は言う。

ところが、これがなかなか難しい。なぜなら、動物の体はもともと、熱を保持し、エネルギーを保存するようにつくられているからである。

私たちの脳やその他の重要な臓器は、水分と脂肪と筋肉（その大部分は水分）でできた熱を通しにくい殻の中に埋め込まれている。それゆえ、私たちの体はとびぬけて断熱性に優れているのだ。ジョッシュのようなエンジニアから見ると、人間は、柔らかくて巨大な歩行する魔法瓶といったところだろう。

凍える冬の日に、街角のコーヒーショップまで歩いて行くときは、体温を保ってくれるこの断熱性はとてもありがたい。しかし、いざ心停止に陥って、どれだけ素早く、どれだけ低い温度にまで冷やせるかにあなたの脳の命運がかかっているとき、この断熱性はありがたいどころか、むしろ邪魔になる。

心臓が停止してしまった人の体温を下げようとしても、人体に本来備わっている性質に阻まれて、なかなか思うようには下がってくれない。しかし、これこそが、生存率を高めるために克服しなければならない最大の課題の一つなのだ。二件のランダム化比較対照試験の結果を見ても、冷やした生理食塩水を静脈内に投与して心停止患者の体温を下げた場合には、軽い後遺症のみで回復する確率が一六〜二五％アップしている[18]。

しかし、こうした比較試験以外の実際の医療の現場では、それほど大きな成果は得られていないのかもしれない。ある大規模調査によると、心室頻拍の患者が冷やした生理食塩水の投与を受けた場合に長期の経過が良好となる確率はわずか五〇％ほどにとどまっている[19]。

もしあなたが心停止に陥ったら、とにかく大急ぎで体をつめたく冷やしてしまうことだ。でもどうやって冷やせばいいのだろう？　冷たい食塩水よりもっと速く、もっと効果的に体を冷やしてくれるものはあるのだろうか？

その問いに答えようとして、ジョッシュらのチームは、ペチュニアのようなブタを使って実験を重ねているのだ。基本的には、三二℃という目標温度にどれだけ速く到達できるかを調べている。といっても、実際の実験はもっと複雑で、脳やからだ全体の温度の測定のほか、血流量や代謝量の測定も行なっている。ジョッシュは私にダイジェスト版を見せてくれているというわけだ。

こうした実験の中で、ジョッシュは、冷たい生理食塩水の静脈注射（現在の標準治療）、鼻内装置を用いる方法、そして、冷却溶液の静脈注射といった複数の方法を試している。さらに、今日のセッションでは、以上の三つに加えて四つ目の方法も試している。冷却用カテーテルを後肢の内側にある大腿静脈に挿入したのち、腹部を走る下大静脈にまで進めて、そこを流れる血液を冷やすというものだ。

ジョッシュらのチームはこのような方法を、麻酔をかけられているブタや、ペチュニアのようにCPRを受けているブタだけでなく、血流が途絶えてしまったブタにも試すつもりだという。実験のバリエーションは豊富だが、その目的は至ってシンプルだ。それぞれの方法を用いて、どれだけ迅速にブタを冷やせるかを調べることにある。

ペチュニアの体とその周囲のモニタリング装置は、何本ものチューブやワイヤーで結ばれており、使用している温度センサーの数の多さには圧倒される。ジョッシュは、脳、腹部、耳の鼓膜、その他さまざまな部位の温度をモニタリングしているのだ。これらの中で、どの部位の温度が最も重要なのだろう？　彼が最も注目しているのは、どの部位の冷却速度なのだろうか？

「理想を言えば、真っ先に冷やしたいのは脳、次が心臓。ですからその部位の測定値が最も重要です」と彼は言う。

でも、そんなことができるのだろうか？　脳にターゲットを絞った冷却装置など作れるのだろうか？

「できますよ、理論上は」とジョッシュ。「頸動脈にカテーテルを挿入すれば、脳をスピーディーに冷やすことができます。ただし、冷やし過ぎのリスクも無視できませんが」。つまり、断熱特性をもつ体をとびこして、直接脳に氷のように冷たい生理食塩水を送り込めば、あっという間にずっと低い温度にまで脳を冷やせるというのだ。

まさにこの方法を試している人たちを私は知っている。今こうしている間にも、サファー研究所の研究者たちは、冷却の限界を打ち破る試験に乗り出している。重篤な外傷の患者を、アンナ・ボーゲンホルムよりもさらに低い一〇℃にまで冷却しようという取り組みだ。

ジョッシュはうなずいて遠い未来を夢見るような目をした。もちろん彼はすでにその試験のことを知っていた。顔の一部は外科用マスクに覆われているが、きっと微笑んでいるにちがいない。そのような進歩によってどれだけ多くの人命（と脳）が救われるかをよく知っているからだ。

現在、大いなる可能性を秘めた画期的なイノベーションが次々と生み出されている。命を救い、脳を救うことに仕事人生を捧げているエンジニアのジョッシュは、その価値を誰よりも深く理解しているはずである。

＊＊＊

ジョッシュの研究には競争を抜きにしては考えられない側面がある。研究には多額の資金が必要だし、実験に失敗すれば甚大な損害を被るはめになる。それでも、その潜在的な利益は、医学的にも経済的にも計り知れない。だから、ベンチャーキャピタルやベンチャー企業はイヌやブタを使ったレースにこぞって参戦するのだ。そして、多額の資金が投入される分野では、市場シェアの拡大をねらう経営陣がいろいろと巧妙な製品名をひねり出してくる。

そんな中で、注目株を挙げるとすれば、「リノチル（RhinoChill）」ではないだろうか。これはジョッシュが試している方法の一つでもある。リノチルは、患者の鼻に挿入する装置だ（それゆえ、「鼻」を意味する接頭辞「リノ」が付いている）。鼻孔と脳を隔てている篩板《しばん》と呼ばれる薄い骨格構造に、高濃度の酸素を含む液体パーフルオロカーボンを噴霧して冷却する。パーフルオロカーボンが気化するときに、篩板の密集した血管網から熱を奪い、そこを流れる血液を冷やすというわけだ。

イヌが舌を出してハーハーと呼吸するのを見たことがあるだろう。そうやって、舌の血管から余計な熱を放散させているのだ。リノチルは、キッチンの床をよだれでベタベタにすることなく、脳にハーハーさせて熱を逃す方法と言えるだろう。

実験が一段落すると、人間の体を冷やす新手法のあれこれについて、ジョッシュはさらに詳しく解説してくれた。そうしたさまざまな冷却法の中でどれが最も効果的かを判断する指針となるのがペチュニアからのデータなのだ。しかし、そのペチュニアからのデータ提供もそろそろ終わりに近づきつつある。

ジョッシュは、自分の取り組みやその目的について、醒めた目で分析を始めた。

「どう見ても気違いじみた研究ですなあ」

彼はそう漏らしたが、これはむしろ問いかけの言葉ではないか。私は首を横に振った。気違いじみているなんて、とんでもない。CPRよりもまず冷却、という方針のもとで動く現場を想像するのは難しいことではない。冷却にCPRをしのぐメリットがあったとしてもなんの不思議もないからだ。

アンナ・ボーゲンホルムが体験したことは、まさしくそれなのだ。最初の段階で二〇℃以上の体温低下が起こり、それから一時間以上のあいだCPRは受けていない。

ジョッシュの研究からもわかるとおり、人間の体を冷やそうとすると、ブタでも同じだが、かなり難しい技術的な課題が立ちはだかってくる。しかしそれは結局のところ技術的な課題にすぎず、いずれ必ず解決できるとジョッシュは確信している。

こうして話しているうちに、ペチュニアの胸骨圧迫を続けていた装置がついに停止した。室内は不気味なほど静かになり、最期が近いことを感知したモニタリング装置の警告音だけがけたたましく鳴り響いていた。まもなく、その音もやみ、室内はしんと静まりかえった。

荒々しい人体冷却法

体温を下げるという処置は、蘇生術としてはまだ一般的ではない。だが医療行為というもっと大きな視点で見れば、じつはこの処置にはわりと長い歴史がある。そして、現在では洗練された手法が開発され、実際に行なわれてもいる。

蘇生科学の研究者の説明によると、酸素が欠乏しているときは、脳その他の臓器の酸素の消費量をできるだけ低いレベルに抑えたい。心停止や重度の外傷の場合のように、酸素の供給量が限られているときに、脳がわずかな酸素だけで乗り切ることができれば、無事に覚醒できる可能性が高くなる。そして、覚醒したあとも、歩く、話す、考えるといった基本的な脳の機能を損なわずにいられる可能性が高くなる。

蘇生法の研究から明らかになったことだが、脳の酸素消費量を抑える一番手っ取り早い方法は、脳を冷やすことなのだ。大ざっぱに言うと、平常体温の三七℃から一℃下がるごとに、脳の代謝はおよそ六%ずつ減速する。ということは、深部体温を二九℃まで下げれば、脳の代謝を半分近くまでカットできる。さらに二〇℃まで下げれば、脳の代謝をふだんのわずか一〇%にまで落とせる。それに伴って酸素の必要量も減るので、酸素が欠乏している状態でも、長時間生き延びることができるというわけだ。

先ほど見たように、CPRを受けている人を冷却するのも難しいが、心臓が機能している人の体温を下げるのはもっと大変なことだ。体の抵抗に逆らって冷却を続ける必要があるからだ。つまり、体温を維持しようとする人体本来の性向に打ち勝たなくてはならない。それがとてつもなく大変なことなのだ。生きている人間を殺すことなく冷却しようという試みの始まりは、一九五〇年代、ビゲローの研究から数年後のヨーロッパが舞台となる。

この最前線にいたのが、パリの外科医、アンリ・ラボリ博士だった。堂々としたいかつい顔の人物で、当時の写真にはエレガントな葉巻をくわえた姿が写っている。人間の体は同時に二つの戦いはできないというのが彼の持論だった。体温の維持と、低血圧や感染症などとの戦いは、互いに競合するというわけだ。そこから彼は、体の機能を喫緊の課題に集中させ、体温調節は後回しにさせるような調合薬の作成を思いついたのだった。[20]

この調合薬は「フレンチカクテル」と呼ばれるようになった。カクテルと言っても、その言葉の響きから想像されるような洒落たものではない。ブランデー、シャンパン、アブサンといった幸せな気分に酔える成分はいっさい含まれておらず、風情や面白みに欠ける成分ばかり。その一つがプロメタジンである。プロメタジンは抗ヒスタミン剤で、今日では嘔吐を抑える薬として、フェネルガンという商品名で売られている。もう一つがジエタジン。ジエタジンは抗コリン作用薬で、以前はパーキンソン病に処方されていたが、現在ではあまり使われていない。

じつは、フレンチカクテルに何が含まれていたのかを正確に知るのはいささか難しい。フランス人はどうやら、ワイン造りに取り組むのと同じような姿勢で、人体を冷却しようとしたようだ。ワイン造りではそれぞれの産地の特性が尊重されるが、医薬品開発の分野でもやはりこの「テロワール主義」が好まれたのではないだろうか。一口にフレンチカクテルと言っても、じつにさまざまなものがあって、カクテルに含まれる六〜七種類の成分が病院ごとにまちまちだった。それゆえ、患者たちに実際どのようなものが投与されたのかを知るのは容易なことではないのだ。

そもそも、フレンチカクテルが手術死亡率の改善につながったのかどうかも定かではない。信頼できる記録がまったく残されていないからだ。症例報告や逸話の類はわずかながら残っているものの、患者ごとに処方された薬の種類も、組み合わせも、投与量もまちまちなので、そうした記録もほとんど役に立たない。

製剤の標準化もなされずに自由放任とあれば当然のことだが、フレンチカクテルの優位性はそう長続きはしなかった。まもなく、それは科学的に見てどうなのか、という的を射た議論が（主として英仏海峡のあちら側から）持ち上がったのだ。

その先頭に立ったのが、アイルランド人の麻酔科医、ジョン・ウェアリー・ダンディー博士である。彼は低代謝状態の価値を心底信じていた。影響力のある論文の中で、「細胞の酸素要求量を著しく低下させた状態の有用性は明らかであって、これ以上論ずる必要もない」と言い切っている[21]。

その一方で、ダンディーらは、フランス人があれほど重んじた薬の価値に関しては見解を異にしていた。彼は、調合薬が直接、体温に及ぼす効果はあまり期待できないと主張した。つまり、調合薬そのものが体温を下げるとは考えていなかったのだ。ただし、氷を用いて患者の体を冷やす際に、薬を投与することにより体温の再上昇を防げるかもしれない、とは述べている。

科学的根拠を疑われたフレンチカクテルはひとたまりもなかった。手術室での人気はがた落ちとなり、イギリス流の「リティックカクテル」に取って代わられることとなった（この「リティック」というのは、低体温に対する自律神経系の自然な反応をブロックする薬の作用を示す言葉である）。

ダンディーのカクテルは至ってシンプルで、用いられる主要薬はたったの三種類。イギリス人は組み合わせを楽しんだりしないから安心だ。その三種類とは、プロメタジン、ペチジン、クロルプロマジンである。プロメタジンは、短命だったあのフレンチカクテルに使われていた抗ヒスタミン剤だ。ペチジンは、アメリカではメペリジンと呼ばれ、デメロールという商品名で売られているオピオイド。鎮痛剤としての作用は弱いが、シバリング（震え反応）を抑えるというユニークな性質を持っている。クロルプロマジンは、ドーパミン拮抗薬で、統合失調症の治療薬として最も早くから使われている薬の一つ。今でもソラジンという商品名で売られている。

この三つを組み合わせたリティックカクテルの狙いは、体温を下げることではなく、体温が下がっていることを感知したときに起こるシバリングを防ぐこと。体温を下げるためにダンディーが行なったのは、大量の氷を用いることだった。

一九五三年、ダンディーらは、二樽分のビールを冷やせるほどの大量の氷とリティックカクテルを用いて、二六名の患者に手術を実施して成功したと報告している。その手順はこうだ。まず患者にリティックカクテルを投与する。もし患者が震えの徴候を示したら、ふたたび同量のカクテルを投与する。一九五三年に手術を受けずにすんでよかったとつくづく思うのは、ここから先である。「まずは鼠径部《そけいぶ》に氷嚢《ひょうのう》を置く」。そんなふうに平然と書くところは、さすがイギリス人。そして鼠径部に氷嚢を当てても「反応がなければ」、次に全身を氷で覆う（むき出しの鼠径部にバケツ一杯の氷を押しつけられて、反応がないなんてことがあるのだろうか）。

びっくりするのはまだ早い。ダンディーのレポートには、以上の処置を行なう際に麻酔は使用せず、と付記されている。

たしかに、患者の体を切り開いて大動脈から血液を抜くようなことはしていない。しかも、こうした処置を受けた患者は全員、手術を受けないかぎり助からない人たちだった。

そうは言っても、彼らはみな、今日であれば神経ブロックや全身麻酔下で行なうような、さまざまな侵襲的手技を受けていたのだ。具体的に言うと、外科医たちはこの気の毒な二六名から、結腸を一つ、乳房を一つ、甲状腺を二つ、脾臓を二つ、膀胱を三つ、胃を五つ摘出している（内訳は、胃の全摘出が三例で、部分切除が二例）。

くどいようだが、ダンディーはそれをすべて麻酔なしで行なったのである。それでも患者たちは、リティックカクテルと低体温法を適用されているので（そしてたぶん、一刻も早く放免されたいという健全な願望も加わって）抗議はしなかったようだ。たいしたものである。

この手術で死亡した患者はわずか五名だったと、ダンディーは得意げに報告している。当時の手術死亡率としては悪い数字ではない。また、うまくいったケースでは、体温が手術中に平均三・二℃低下して、三二℃になったと述べている。

その一方で、手術中の体温のバラツキが大きかったことも認めている。患者の体温が時間とともにどのように変化したかを示すグラフを見ると、初めから低くてずっと低いままのものもあれば、初めは高いがやがて低下するもの、さらには、ずっと高いまま推移するものもあり、統計学的にはなんとも言えない。

当然のことながら、ダンディーの下した結論もかなり曖昧だ。「以上のような症例の手術後の全身状態は、通常の場合よりも良好だという印象を受ける」と述べている。美人コンテストならば「印象」でけっこうだが、これは人の命がかかった手術。切に望まれるのは、信頼のおける科学の出現である。

冷却技術を駆使する医療

幸いなことに、患者の鼠径部に氷嚢を当てていた時代はすでに遠い昔となった。その後の医療の進歩によって、どれほど多くの命と脳が救われてきたことか。おおぜいの患者がその恩恵にあずかっている。

そんな患者の一人とその「脳」に会うために、私はフィラデルフィア郊外にあるキノコ農場の事務所にやってきた。ここで働いているトーマスという男性に話を聞こうと思う。フレンチカクテルや氷嚢の時代とは隔世の感があることを教えてくれる人物――それがトーマスだからだ。

まだ冷えこみの厳しい三月とあって、トーマスはしわくちゃになったカーキ色のズボンに、セーターを何枚も重ね着していた。背が低くて、細く引き締まった体つきをしている。日焼けしてなめし革のようになった皮膚や目尻のしわは、天候を問わずいつでも戸外で働いている人のしるしと言えよう。そんな中でやや浮いているのが、華奢《きゃしゃ》なメタルフレームの眼鏡だ。渋い色の節くれだったオーク材を彫り込んだような顔に、その眼鏡はちょっと意外な感じがする。

しかし、なんといっても驚きなのは、トーマスが生きているという事実そのものだ。彼が今こうして私の目の前に座っているのも、一時間におよぶ手術を、心停止状態で乗り切ったからこそなのだ。その驚くべき医療技術とは、いったいどんなものなのだろう。

「事の発端は、かかりつけの先生のところで受けた定期健診なんですが」とトーマスは話し始めた。「先生が心音を聴くと、以前にはなかった雑音が聞こえたそうで、心臓超音波検査と血管造影CT検査を受けることになりました。当日、朝早く病院に行って、検査を受けて結果を待っていると、先生がいらして、気分はどうですかと聞かれましてね」

一呼吸おいて、さらに続けた。「上々です、と答えると、そんなはずはありませんよ、とおっしゃるんです」

血管造影検査の結果、大動脈が心臓から出る付け根のところに、ぷっくりと膨らんでいる部分（動脈瘤《どうみゃくりゅう》）が見つかったのだ。動脈瘤というのは、風船をぎゅっと握ったときにできる膨らみのようなもの。風船も、血管も、こうした部分にさらに圧力が加わると破裂してしまう。

さらに悪いことに、血管造影検査の結果、下行大動脈の解離〔血管の内膜が裂け、内膜と外膜の間に腔ができた状態〕も見つかった。血液が解離腔に入って、今にも破裂しそうな状態なのだ。主治医は急遽、ヘリコプターを手配して、トーマスを地域の心臓血管外科センターに搬送した。この病気を治療できる医師の手に委ねるためだ。

トーマスは、散らかった机の上からシステム手帳を取り上げ、その日の日付のところを開いて一枚の紙を取り出した。そこには、心臓の上部と血管の様子が丁寧に描かれていた。「忘れもしません。手術でどんなことをするのか、先生が私のために詳しく書いて下さったんです。大動脈の付け根のちょうどこのあたりに人工血管《グラフト》を入れて、裂けている血管をずっとここまで修復するというお話でした」。そう言って、トーマスは口を閉じた。どう見ても簡単にすむ手術ではなさそうだ。

問題となるのは、時間である。胸を切開してからも、心臓や血管に到達するまでに時間がかかるし、だめになった血管壁を切除するのにも時間がかる。そして、人工血管《グラフト》を縫い合わせるのにはもっと時間がかる。

心臓の手術を行なう際には通常、人工心肺装置を使用する。心臓の処置をしている間、大動脈を人工心肺につないで血液循環を維持するのだ。しかし、トーマスの場合は、上行大動脈に動脈瘤があるので、人工心肺による血液循環を一時停止しなければならない。したがって、その処置に要する一時間ほどの間、脳への血液供給が途絶えることになる。分秒を争うときに、一時間はあまりにも長い。

いったいどうすればいいのだろう？　トーマスのような患者が難しい手術を乗り切るにはどうすればいいのか？　麻酔から覚めたとき、もとどおりの生活に復帰できるように脳を保護するためにはどうすればいいのか？

＊＊＊

じつをいうと、手術中に私たちの体が厳しい環境にさらされるのは、大手術の場合に限ったことではない。ごく簡単な手術は別にして、だいたいどんな手術にも血圧や体温の大幅な変動が伴う。長時間にわたって血圧が低下すると、その間、酸素を最も必要とする臓器（脳など）に十分な酸素が届かなくなってしまう。

また、ある臓器を修復するために、その臓器への血液供給をわざとストップさせるという特殊な手術法もある。脳神経外科医が脳動脈瘤を修復するときは、脳の血流を一時遮断する必要がある。配管工がトイレの修理をするときには、まず水道の元栓を閉めるのと同じりくつだ。

このような血流の低下や遮断を伴う場合には、執刀医に厳しい時間的制約が課せられることになる。ますます高度化、複雑化する手術をごく限られた時間内に終わらせなくてはならない。脳への血流が一〇分間以上途絶えると、外科医はものすごく不安になってくる。しかし一〇分なんてあっという間だ。トーマスの場合、あの複雑な修復手術を終えるのに一〇分ではとうてい足りなかったはずだ。

しかし、トーマスの主治医は、まだ他に手があることを教えてくれた。超低体温循環停止という方法である。これは、トーマスのような患者が長時間を要する複雑な手術を受けるときに、しかも、人工心肺装置を一時停止しなければならない場合に用いられる。心臓を止めても、脳を冷やすことで、神経細胞へのダメージを極力抑えて、必要な処置を行なえるようにするものだ。

これは、ダンディーらが一九五〇年代に試みた方法と基本的には同じだが、それよりもはるかに積極的な方法だと言えよう。たとえば、冷却温度はもっとずっと低くて、トーマスのような患者の目標冷却温度は一八〜二〇℃だ（人間の平常体温は三七℃）。また、脳が活動を停止することになる時間は三〇分以上に及ぶ。

ともかくも、こうした大動脈瘤の手術は最も複雑で危険な医療行為の一つであり、当然ながら相当なリスクが伴う。手術死亡率は一〇〜一五%で、重篤な神経障害が残る確率も五〜一〇%。加えて、大きな手術に付きものの血栓、出血、感染症といったリスクもある。できることなら受けずにすませたいと誰もが思うような手術だ。

だから、トーマスは大きな決断を迫られていた。彼もそれを十分理解していた。しかし、結論はすでに出ているようなものだった。

「こりゃまずいぞと思いました。おふくろは六六歳のときに大動脈瘤で死んでいるし、おふくろの妹も四九歳のときに同じ病気で死んでいるのでね」。おそらく彼の不安は、まずい、なんてものじゃなかったと思う。当然ながら、手術を受ける決断を下した。

＊＊＊

ラボリやダンディーのころに比べると、低体温療法は格段の進歩を遂げている。たとえば、トーマスは手術中ずっと徹底したモニタリングを受けた。手術チームは、彼の体温変化を綿密にチェックするのはもちろんのこと、脳波計を用いて脳圧や脳の活動状態も監視した。また、冷却時や再加温時の血液凝固を防ぐために薬の投与も行なわれた。

冷却の方法も高度化している。トーマスの場合は、人工心肺装置による急速冷却が行なわれた。血液をカテーテルで抜いて、それを冷却したのち、別のカテーテルで動脈内に戻すのだ。また、冷却液が循環しているジャケットとヘルメットを装着することにより、バケツ一杯の氷を当てたときよりもはるかに迅速に目標体温まで下げられるようになった。

こうして体温を下げながら、トーマスの血液を抜いて、少しずつ生理食塩水で置き換えていった。その結果、赤血球の濃度が通常の五〇％未満にまで低下した（このような処置をせずに、普通の血液を冷却すると、粘性が増してミルクシェークのようにドロドロになってしまう。私たちの動脈や静脈はストローよりもずっと細い）。抜いた赤血球は保存しておいて、手術の最後にトーマスの体に戻す。

体温が二〇℃まで下がったところで、人工心肺装置の送血ポンプを止めて、いよいよ本当の意味での処置が始まる。執刀医は、大動脈のだめになった部分を切除し、そこに新しい人工血管《グラフト》を縫い合わせた。こうして処置を終え、しっかり縫合されていることを確認すると、手術チームはトーマスの心臓の拍動を再開させて、体を再加温し、最後に人工心肺装置から外した。

トーマスは当時をしみじみと振り返った。「元に戻るには少し時間がかかりましたねえ」。とはいうものの、彼はみごとに回復を遂げた。二か月後にはすっかり普通の生活に戻り、キノコ農場の仕事への復帰を待ち望むまでになった。

彼と言葉を交わしながら、脳が一時間ほど休止したことを示す形跡がどこかに残っていないか、探してみたくなった。ろれつが回らないとか、記憶に障害があるとか、足元がおぼつかないとか。でも、そういったことは一切ない。

本人は何か問題を感じているのだろうか？　人に何か言われたことは？

トーマスは首を横に振った。「いや全然。回復するまで少し時間がかかりましたが、仕事にも戻れたし、何も言うことありませんよ」

トーマスは本当についていた。命拾いしただけでなく、認知機能も無傷ですんだのだから、二重の幸運に恵まれたと言える。

といっても、本当に無傷なのかどうかはわからない。トーマスのような手術を受けたときに脳に生じる微妙な認知機能の変化については、研究データがあまり得られていないのだ。

ある研究では、さまざまな手術を受けた患者（低体温療法を併用した患者とそうでない患者）に対し、何か認知機能の変化を感じているかどうかを尋ねている。トーマス同様に、患者自身はとくに変化は感じておらず、この研究で見るかぎり、低体温療法による直接の悪影響は認められなかった[22]。

しかし問題は、気づかなければわからないという点にある。実際には動作が少しのろくなったり、物忘れしやすくなったりしているのに、本人が気づいていないだけかもしれないからだ。

とはいうものの、トーマスは、体を冷やして代謝を一時間近くきわめて低いレベルに保ったおかげで、今も元気に生きている。一昔前には想像もできなかったことだ。

いずれ、こうした患者を二時間以上にわたって生命停止状態にすることができるようになるかもしれない。その時間を、さらに丸一日にまで延ばすことができるかもしれない。どんなに複雑な手術でもそれほど時間はかからない。しかし、設備の整った手術室まで運ぶのに二四時間以上かかる戦場で負傷した兵士は、そのあいだ時計の針を止めることができれば、命が救われる。

第4章　人工冬眠——命の一時停止は可能か

伝え聞く話が真実だとすれば、打越三敬《うちこしみつたか》なる男性は恐るべき強運の持ち主だと言えよう。

二〇〇六年十月七日、三五歳の打越は職場の同僚らとともに六甲山に登った(1)。山頂でバーベキューなどをして過ごしたあと、ケーブルカーを使う同僚たちと別れて、彼は一人で歩いて下山することにした。それがどうやらケチのつき始めだったようだ。

つまずきながら斜面を下っているうちに、いつの間にか道に迷ってしまう。小川を渡ろうとして、足を滑らせて斜面に転落。骨盤を骨折して歩けなくなってしまったのだ。骨盤骨折は決定的な痛手だった。

夕闇が迫り来るなか、打越は寒さと雨にさらされながら山腹に横たわり、友人の誰かが探しに来てくれることを祈った。しかしその祈りもむなしく、結局、誰も助けには来なかった。

夜が過ぎて、翌日になり、そしてまた夜が訪れた。もはや打越の生還の望みは完全に断たれたかに思われた。

ところが、である。それから二四日後、偶然通りかかった登山客が、辛うじて命をつないでいる打越を発見したのだ。ひどい外傷を負いながら、寒さと雨にさらされ、水も食料もなかったのだから、ともかくも生存していたこと自体が驚異だった。

しかし、それ以上に驚異的で世界中のメディアを沸かせたのは、打越が発見されたときの体温だ。彼は二二℃という低体温状態で発見されたのである。

たしかに、凍てつく川から引き上げられた脈のない溺死者がそれくらいの低体温だったという記録は以前にもあった。しかし、打越は紛れもなく生きており、心臓は脈を打ち、呼吸もしていた。

彼の生還がミシェル・ファンクやアンナ・ボーゲンホルムの場合と決定的に異なるのは、まさにその点なのだ。あの二人には脈も呼吸もなく、いわば死んだ状態だった。それに対し、打越には脈も呼吸もあり、それでいながら生存可能な体温をはるかに下回っていたのである。

死んではいないが、しかし……この状態をいったいなんと表現すればいいのだろう。誰もがとまどった。生命停止状態、とでも言おうか。

でも問題が一つある。命の一時停止なんて、実際には不可能。ありえないのだ。

人間が、命の一時停止、つまり冬眠のような状態に入れるのは、ＳＦの世界だけの話。しかし、彼はどうみても冬眠していたとしか考えられない。

神戸市立中央市民病院に搬送された打越は、多量の内出血と骨盤骨折で危機的状態にあった。しかし、その苦難も乗り越えて、まもなく記者会見に応じられるまでに回復した。

打越はたんに生きながらえただけではなく、完全な復活を遂げたのである。すっかり元の健康な体に戻ることができると、医師陣は太鼓判を押した。佐藤慎一救急部長も、彼の認知機能はすでに「一〇〇%」回復したと思うと語った。

このニュースを聞いた研究者たちの中に、打越は冬眠状態に入ることに成功したのだと考える者が現れた。そして、肩腱板断裂になりそうなほど誇張法に手を伸ばし、打越のケースには「革命的」な意義があるとまで述べた。「きわめて特異」なケースであると。

打越が、命の一時停止、つまり冬眠状態にあったというのは果たして本当だろうか？　あるいは本当かもしれない。しかし、打越が二四日間のうちの何日間、発見されたときと同じ状態で過ごしていたのかはわかっていない。二三日間はほぼ正常体温のままで、二四日目に入ってから、死に至る過程で低体温になったとも考えられる。つまり、死ぬ寸前のところで登山客に発見されたのかもしれないのだ。

ともあれ、打越の奇跡の生還は人々の想像力に火を点ける出来事だった。メディアはこぞって、人工冬眠によって重症患者の安定化をはかるという新たな可能性への扉が開かれた、と書き立てた。「人類初の事例が未来の医療に役立つかもしれない」というのがどの報道にも共通する論旨だった。[2]こうしたメディア報道は、たんに奇跡を喧伝するにとどまらず、命のタイムリミットが迫っている患者の処置可能時間を延長するという、まったく新しい治療法を描いてみせたのだ。

それにしても本当に、人工冬眠の方法を用いて重症患者の状態を安定化させ、保護することができるのだろうか？　できるとしたら、どのくらいの時間まで可能なのだろうか？

科学とSFとのはざまで

こうした疑問について科学的に考えようとすると、たいへん厄介な問題に出くわすことになる。というのも、さまざまなSF（サイエンス・フィクション）に登場する、科学とは程遠い荒唐無稽な人工冬眠〔SFでは「コールドスリープ」と呼ばれることが多い〕のイメージが人々の間に浸透してしまっているからなのだ。コールドスリープは数多くの映画の中で、プロットデバイスとして利用――というよりも濫用――されている。

たとえば、厄介な人物を隠して話をすっきりまとめるために使われることもあれば（『A．I．』）、余計な人物をよけておくのに都合のいい設定として使われることもある（『2001年宇宙の旅』）。しかし、なんといっても一番よく利用されているのは、惑星間を移動する手段としてではないだろうか。とにかく宇宙ではどこへ行くにもコールドスリープ状態になる必要があるようだ（『イベント・ホライゾン』『エイリアン』『猿の惑星』『アバター』『パンドラム』『アウトランド』……）。たしかに、月よりも遠方を目指すのであれば、場合によっては月であっても（『月に囚われた男』など）、このような手段が不可欠にちがいない。この五〇年間に活躍した大勢の映画作家諸氏のおかげで、コールドスリープはエコノミークラスの宇宙旅行を乗り切る手段としてすっかり定着したと言えるだろう。

実際に、これはコールドスリープの賢い活用法であり、たいがいの人はそのありがたさを十分に理解できると思う。今度、長距離フライトするときに、もし、中型チワワ犬でさえ身動きに難儀するようなエコノミークラスの席に詰め込まれた上、隣の席ではちびっこがキャーキャー叫んでいるのにその両親は八列後ろの席、なんてことがあったら、ぜひコールドスリープのことを考えてみてほしい。九時間余りのコールドスリープを得るために、あなたならどれくらいのマイル数を使ってもいいと思うだろうか？

それはともかく、人工冬眠（コールドスリープ）が私たちにとって馴染み深いものになった反面、現実世界の人工冬眠研究のほうは、だいぶ苦戦を強いられている。それもこれも、コールドスリープが映画の中で、あまりに面白おかしく描かれてしまっているせいにちがいない。たとえば、『スリーパー』のマイルズ・モンローは、ライ麦パンのコンビーフサンドみたいにアルミホイルにくるまれて、全体主義がはびこる二〇〇年後の世界で目を覚ます。また、フランスのコメディ映画『イベールナチュス（Hibernatus）』では、一九〇五年に北極探検に行ったまま氷漬けになっていた青年が、六五年後に故郷の小さな町に戻ってきて引き起こすドタバタが描かれる。ちなみに、私が個人的に気に入っているのは、ダグラス・アダムズの『銀河ヒッチハイク・ガイド』シリーズだ。このSFに登場するある宇宙船は、乗客全員をコールドスリープ状態にしたまま、九〇〇年間も離陸せずにいる。宇宙旅行を清潔かつ快適に保ってくれるレモンの香りの紙ナプキンの積み込みをずっと待っているのである。

とまあ、そんな具合なので、もしあなたが人工冬眠の研究に真剣に取り組んでいる科学者で、その内容を見ず知らずの人に説明しようとしても、なかなかまともには取り合ってもらえないかもしれない。

しかし、正常な生命活動がすべて停止するところまで代謝速度を落とすのが人工冬眠（コールドスリープ、あるいは、命の一時停止）であるとするならば、同じような現象は自然界のあちこちで起きている。齧歯類《げっしるい》やクマのように冬眠する動物たちは、呼吸数を毎分一回、心拍数を毎分二回程度に落とすことで、そうした状態に到達することができる。それに伴って体温も低下し、氷点すれすれまで下がることも少なくない。そして――これが冬眠の最も重要な特徴なのだが――代謝速度が落ちて、酸素消費量もふだんのわずか五％にまで低下する。

爬虫類が「休眠」するときにもやはり同じようなことが起きる。外温動物である爬虫類は、体温のコントロールができないので、厳密に言うと、冬眠はできない。しかし、休眠するときは、体温が下がるような環境を選んで休眠に入る。その結果として、冬眠の場合とまったく同じように、心拍数、呼吸数、代謝速度ともに低下するのである。

残念ながら人間は、自然の状態では冬眠も休眠もできない（六甲山中で遭難した日本人は別にして）。しかし、もしそれができるようになったとしたらどうだろう？　結局のところ、一部の動物たちは普通にやっていることなのだ。そうした動物たちの冬眠の秘密を解き明かすことができれば、ひょっとしたら、人々にも冬眠の仕方を伝授できるようになるかもしれない。

冬眠科学の目覚め

動物たちはいかにして冬を越すのだろうか？　こうした疑問は、紀元前三五〇年ごろにまでさかのぼる。当時、アリストテレスは、暗くて寒い冬の日々を動物たちはどうやって過ごすのかということに興味を抱いた。そして堂々と権威をもって、多くの鳥は「越冬のための移動はせずにその地で冬ごもりする」と書き記した(3)。

たしかに、アリストテレスの考え方にも一理ある。なぜ、寒さを避けるために何千キロも旅をする必要があるだろう。眠っていればいいではないか。

残念ながら、アリストテレスの自然観察はあまりにもいいかげんで間違っていたようだ。「このように毎年繰り返される冬眠に関しては、爪が湾曲している鳥でも、まっすぐな鳥でも、まったく違いは見られない。コウノトリも、オウゼルも、キジバトも、ヒバリも、みな冬ごもりしてしまう」と述べている。

「オウゼル」とやらの冬の過ごし方についてはなんとも言えないが、アリストテレスが挙げているそれ以外の鳥はいずれも冬眠などしない。じつは、鳥類の中で冬眠することがわかっているのは、わずか一種、プアーウィルヨタカだけなのだ。

ツバメは、アリストテレスが随所で大量の紙面を割いてる鳥だが、やはり冬眠はしない。アリストテレスはどうも鳥類全般と歪んだ関係にあったようで、とくにツバメとはそうだった。「ツバメがまだ幼いヒナのとき、その目を刺して穴をあけても、やがて回復し、また目が見えるようになる」と嬉々として報告している。[4]

科学にとっては幸いなことに、アリストテレスの冬眠に関する見解にじっくり耳を傾けた者はいなかったようだ。そして、ツバメにとっても幸いなことに、ツバメの目を刺して穴をあけようなどと考える者もどうやらいなかったとみえる。

しかし残念なことに、その後二〇〇〇年の間、冬眠についてじっくり考えてみようとする者は誰も現れなかった。一九四〇年代に入ってようやく、人間たちはまた改めて、動物界のメンバーの中に冬の到来とともに姿を消すものがいることに気づいたのだった。

とはいうものの、その当時の「科学的」研究のレベルは、アリストテレスがツバメで行なった実験と五十歩百歩だった。たとえば、ハムスターを使った初期の冬眠研究はせいぜいこんなものだ。「冬眠中のゴールデンハムスターの聴覚は機能していない。それは、音刺激を与えても覚醒しないという事実によって証明される」[5]。おわかりいただけただろう。当時の科学がどの程度のものだったか。ハムスターに向かって叫んでも反応がなければ、そいつは耳が聞こえないというわけだ。

しかしまもなく、冬眠の科学が目覚めのときを迎える。一九五〇年代から一九六〇年代にかけて、次から次へと新しい研究が行なわれ、その結果、「冬眠中のマーモットの尿の濃度」[6]「冬眠中のヒナコウモリのグラーフ濾胞の特異な成熟反応とその重要性に関する疑問」[7]といった目を引くタイトルの論文も現れた。

こうした分野の研究に弾みがついたのは一九五〇年代のことだった。核兵器による大量殺戮から身を守るのに冬眠が有効らしいとわかってきたことで、俄然、関心が高まったのである[8]。たとえば、こんな実験がよく行なわれた。ウッドチャックに大量の放射線を浴びさせたところ、冬眠中のウッドチャックは、覚醒中のウッドチャックよりも寿命が二倍長かったという。歴史には記されていないが、このような実験結果が人々の間に蔓延する核の恐怖をどれほど和らげたことだろう。

それからほどなく、その世代の研究者たちがこぞって、冬眠のメカニズムの解明に役立ちそうな動物を徹底的に探しにかかった。候補に挙げられた動物はじつに多岐にわたる。アリストテレスほどではないものの、その中には、コウモリ、ウッドチャック、マーモット、クマ、さらにあらゆる種類の齧歯類が含まれていた。

しかし結局、多くの研究者が研究対象として選んだのは、ごく地味なジュウサンセンジリスだったようだ。以後、冬眠研究にはもっぱらジュウサンセンジリスが用いられるようになる。

ジュウサンセンジリスは、律儀に冬眠してくれる冬眠動物である。しかも、あり余るほどたくさん生息している。医学実験用に探そうとして見つからないということはまずない。

冬眠の実験の話に移る前にぜひとも、ジュウサンセンジリスに直接会ってみたい。このリスは、ゴルフコースや墓地のような広々とした草地を好むらしいが、私はこれまでまだ一匹も見たことがないからだ。幸い、オハイオ州中央部にジュウサンセンジリスをペットとして飼っている人がいるという。私はさっそく、その飼い主と彼の「ジュウサンセン」に会いに出かけた。

冷たくても生きている

「かみさんはトリブルそっくりだと言うんだがね」。ジョーゼフはちょっと照れながら言った。「あの『スタートレック』に出てくる毛のふわふわしたヤツさ」〔日本語版『スタートレック』では「トリブル」のほか「ピンキー」とも呼ばれている〕

彼は、女はつまらんこと考えるねえ、とでも言うように首をすくめて笑った。でも、私には奥さんの言っていることがよくわかる。お椀のように丸めた私の両手に乗っている生き物は、たしかに、有名なSFシリーズ『スタートレック』に登場する小さな毛むくじゃらの生き物にどことなく似ている。でも、あのトリブルが可愛いのは、宇宙を乗っ取りかねない驚異の繁殖力で殖え始めるまでだったが。

私は今、ジョーゼフの農場の使われなくなった納屋に来ている。ジョーゼフは、日に焼けてキリッとした六〇代の男性。ジュウサンセンジリスとその冬眠能力にすっかり魅了されている。といっても、ジョーゼフは研究者ではなくて、大豆農場の経営者だ。正確にいうと元経営者。今は半ば引退し、農場のほとんどを組合に貸して、リスの飼育をしているというわけだ。

ジョーゼフとジュウサンセンジリスの付き合いは、今から一〇年ほど前にまでさかのぼる。九月のある寒い日に、孫の理科の実験のために一匹捕まえてきたのが始まりだ。孫のほうは、クリスマスのころにはもうほとんど興味をなくしていたが、ジョーゼフはその魅力の虜になってしまった。そのあともずっとリスの世話を続け、毎日二回ずつ、リスの様子を見に行くのが日課となった。そして、リスのためにもっと大きな檻を作ってやり、その後、さらにもっと大きな檻を作り、とうとうワンルームマンションよりも大きな檻を作ってしまったのである。

ジョーゼフによると、飼っているリスはすべて自分で捕まえてきたものだという。「罠を使って捕まえるんだ。繁殖はまずムリだね。できないこともないが、ものすごく難しいからな」。このリスは社交性に欠けていて、一匹だけでいたがるので、一つの檻には一度に一匹しか入れたことはないのだそうだ。

罠に迷い込んでくるのは、年老いて体が弱ったリスにちがいないと彼は言う。野生のリスの寿命はそれほど長くない。「私はこれをリスの老人ホームだと思っているんだ」。そう言いながら、ジョーゼフが自慢げに見せてくれた檻は、縦、横、高さともに三メートルほど。隅には鉋屑《かんなくず》や小枝、中空の丸太などが積み上げられている。

片隅に置かれた小さな金属製のボウルには、キャットフードが半分ほど入っていた。ジョーゼフによると、これがリスの大好物なのだという。キャットフード以外に特別なごちそうとして、昆虫やベリー類も与えているそうだ。

まさに至れり尽くせり。まるでリスの保養地だ。

檻の天井からは太い枝が二本吊り下げられている。リス用の「ステアマスター」（階段を上る運動を繰り返すマシン）みたいなものなのだろう。でも今はその二本とも使われていない。なぜかというと、この檻の唯一の住人は、今、私の両手の中にいるからだ。ジョーゼフが「チャッキー」と呼んでいるそのリスは、今はとてもワークアウトにいそしむような気分ではない。

チャッキーは、鼻の先から尻までをきゅっと丸めてボールのようになり、長いしっぽで頭をくるんでいる。この丸まった姿勢を伸ばせば、ふわっと細長いしっぽを除いても、体長二〇センチほどになりそうだ。丸まった冬眠時の姿勢のときは、大きさ、形、重さともに、野球のボールと同じくらい。リスは冬を越す間に体重が三分の一にまで減少する。今は十二月だから、チャッキーの体重はその半分くらいまで減っていると思われる。

ジョーゼフによると、チャッキーが冬眠に入ったのは十月半ばだったという。ほとんど眠ったままの状態で四月まで過ごすのだろう。それにどういう意味があるのか、よくわからないと思案顔で彼は言う。それにどうやら雄のほうが先に冬眠から目覚めるようなんだ、と思っているようだ。私にもわからない。ただ、これは単なる憶測だが、このリスは一匹の雌が数匹の雄と交尾する一雌多雄型なので、早く目覚めた雄の方が有利になるのではないだろうか。でも、チャッキーは早起きしても何もいいことはない。檻の中でひとりぼっちなのだから。ゆっくりと眠っていればいいんだよ。

どうやらチャッキーもそのつもりらしい。そっとやさしく檻から出して両手に乗せたのだが、警戒する様子も、興味を示す様子もまったくない。本当に眠ったままなのだ。

それにしても、この冬眠中のリスを手に乗せていてなんとも異様なのは……ヒヤッと冷たいこと。生きているはずものを触って体温がまったく感じられないと、ちょっとばかりギョッとする。壁に掛けてある温度計によると、納屋の気温は現在二℃だが、チャッキーの体温もだいたいそのくらいではないだろうか。触ったかぎりでは……死んでいるとしか思えない。

でも、チャッキーはまちがいなく生きている。足の先は明るいピンク色をしているし、ちゃんと呼吸もしている。次に息を吸うまで、二〇秒も間隔が空くけれども。それから、心拍もかすかだが感じ取れる。およそ五秒に一回。ということは、一分間に一二回のペースだ。ジュウサンセンジリスの通常の心拍数は一分間に二〇〇〜三〇〇回だから、それに比べると圧倒的に遅い。私があれこれ計算していると、ジョーゼフもうなずいた。

「代謝がぐっと落ちているんだ。あんたや私だったら、心拍や呼吸がここまで落ちたら死んでしまうが、こいつらは……」。あきれたように首を振りながら言葉を続けた。「何か月間もこういう状態でいて平気なのさ」

「いや、じつはね」と言い直し、「ずっとこういう状態というわけじゃないんだが」と付け加えた。

そうなのだ。今日のチャッキーの様子からは想像もつかないが、ジリスは冬眠中も定期的に目を覚ます。完全に目覚めるわけではないが、少しだけ動き回ったりもする。

そのことにジョーゼフが気づいたのは鉋屑のおかげらしい。ジリスは穴を掘るのが大好きで、体が枯葉などに覆われていると安心するので、ジョーゼフはいつも自分の工房の鉋屑をジリスの背中にかけてやっている。だから、たまに背中が見えていると、あっ、目を覚まして動いたな、とわかるのだという。

訪問を終えて、ジョーゼフが車のところまで見送ってくれるときに話題に上ったのは、代謝を抑えたら寿命が伸びるだろうかということだった。一年冬眠したら、その分一年寿命が延びるんだろうか？　それで得をした気分になるかねえ？

こんなことを考えているのは、なにもジョーゼフと私だけではない。じつは、大勢の研究者たちが代謝と寿命の関係について慎重に検討を重ねている。しかも彼らは、何時間かの冬眠を取り入れることで、年単位の寿命延長をはかろうと目論んでいるのである。冬眠というジュウサンセンジリスの得意技が、もしかしたら将来、人間の長寿に役立つかもしれないのだ。

冬眠研究の歴史は、どんなSFにも負けないほどにスリリングで、その主役はもちろんジュウサンセンジリスだ。じつは、冬眠の研究は、ジョーゼフが一匹目のリスを捕まえる五〇年以上も前から始まっていたのである。

何が冬眠を指揮しているのか？

あなたは、なかなか寝付けなくて気ばかり焦る夜を過ごしたことはないだろうか？　羊を数える、電話帳を読む、クロスワードパズルを解くなどなど、ありとあらゆることを試しても、やっぱり眠れない。そんな経験はないだろうか？

ひょっとしたら、もう悩まなくてもよくなるかもしれない。あなたに必要なのはただ、カップ一杯の温かいミルクと……ティースプーン一杯のリスの血液――これは、リスの冬眠のメカニズムを解明しようと一九五〇年代に行なわれた一連の実験からのメッセージだ。

冬眠の研究はスタート直後から波乱ずくめだった。冬眠しているリスたちの体内ではいったい何が起きているのか。その解明に初めて乗り出した科学者たちは、生理機能が正常な状態とはあまりにもかけ離れていることに戸惑った。不整脈は頻発するし、呼吸数が一分間に一～二回と危険なレベルにまで低下するのもごく当たり前[9]。安らかに眠っているように見えても、そのリスたちの生理機能を調べてみると、死線をさまよっているようにしか思えないのである。

研究報告を読んでいると、リスたちのことが心配になってくる。これで正常なのだろうか？　こいつらは本当に大丈夫なのだろうか？

研究者たちもやはり、フワフワの毛の友だちの健康状態を心配したようだ。研究報告を読んだ人の不安を和らげるために、親切にもこう書いてくれている。「冬眠状態にあるリスの首を切断すると、断面から鮮紅色の血液が流れ出した」。この事実から、冬眠中のリスは、覚醒時であれば死に至るほどの心拍数や血圧の変化にも耐えられることが明らかになった、というわけだ。

冬眠中に心拍数、呼吸数、血圧が大幅に変動するのは普通のことで、生命にはまったく支障がないことが明らかになると、研究者たちはなんとしても冬眠のメカニズムを解明したいと思うようになった。リスたちを、こうした激しい生理的変動にも耐えられる状態にするものはいったいなんなのか？さらに、冬の間ずっとそうした状態を維持させているものはいったいなんなのか？

研究者たちは最初、それには脳が関与しているにちがいないと考えた。脳の中でもとくに前視床下部という部分に着目し、そこが体温や代謝を調節している中枢ではないかと考えたのである[10]。この仮説を検証するために、イーヴリン・サティノフ博士はリスたちを密閉した檻に入れて、室温を〇℃まで下げてみた。

「容器内の酸素を使い果たし、二酸化炭素濃度が高まるにつれて、リスたちは正常体温を維持できなくなって、体温は急激に低下した」と彼女は報告している。リスたちも、いったい何事だろうと思ったにちがいない。

しかし、室温と酸素量を元に戻すと、リスたちの体温も元に戻った。

そこで、サティノフらは、リスの前視床下部を電気で破壊してみた。もし、視床下部が代謝の調節中枢であるなら、脳のその部分を破壊すれば体温調節能力が乱されるはずだと考えたのである。結果は予想どおりだった。この処置を受けた哀れなリス（コードネームCT6）は、普通ならば正常体温に戻るのに一時間ですむところを、一一時間もかかったのだった。

体温を戻すのに難儀したリスとして注目された彼は、「CT6」という名前入りで、雑誌論文に写真まで掲載された（気の毒なことに、CT6の写真は脳のスライスだった）。

というわけで、体温調節には脳が関与していることが明らかになった。ひょっとすると冬眠にも脳が絡んでいるのではないだろうか。おそらく体温を上げたり下げたりするなんらかの物質が脳から分泌されているにちがいない。でもそれはいったいなんなのだろう？

＊＊＊

数年後、非常に興味深い研究結果が報告された。生理学者のアルバート・ドー博士率いる研究チームが、ジリスの群れの冬眠の習性について研究したのだ。一九六七年から一九六八年にかけての冬に、その群れのジリス二〇匹すべてが冬眠に入った[11]。そして翌春、正確にいうと一九六八年三月六日までに、一匹を除くすべてのジリスが目を覚ました。

慧眼《けいがん》な読者はすでにお気づきかもしれない。まだすやすや眠っている一匹には何かが起こるにちがいないと。まさにそのとおりだった。もしあなたが、冬眠を誘発する物質に興味のある科学者に監視されているジリスの群れのジリスだったら、くれぐれも寝過ごすことのないように。

なぜこんなことを言うのかというと、一匹だけ、なかなか目を覚まさないジリスを紹介するくだりで、ドーらがそれを「ドナー」と呼び始めたからだ。科学実験で絶対になりたくないものがあるとしたら、それはドナーだ。

このドナーもやはり恵まれない運命をたどった。他のジリスたちが全員、目を覚ましたあと、ドーらはそのジリスの腹腔を切り開いて、大動脈から血液を三ミリリットル抜き取ったのである。その哀れなジリスは静かに息を引き取った。

研究者たちはドナーの血液をその仲間の二匹に静脈注射した。そして、その二匹を、この「驚異の血液注入」を受けていない三匹のジリスとともに低温の飼育室に置いた。それから、この五匹を微に入り細を穿《うが》って観察し始めたのである。この時点で、五匹のうちの少なくとも何匹かは、自分もドナーにされるのではという危機感を抱き始めたのではないだろうか。

びくびくしながら長く待つことはなかった。四八時間もたたないうちに、血液注入を受けた二匹は眠りに落ちてしまったのだ。それから三か月間、ほとんど眠ったままだった。

さらに興味深いのは、そのジリスたちはただ眠っているだけではなかったこと。ドーが得々と報告しているように、その二匹は「正真正銘」の冬眠の特徴を示したのである。丸まった姿勢、体温の低下、呼吸数の減少などだ。

研究者たちは、その二匹をただ眠らせておくだけでは満足しなかった。冬眠しているジリスから血液を採取し、その血液を「同様の方法」で別のジリスたちに注入したのである。この点について、研究レポートは曖昧にしか述べていないが、血液注入が行なわれたということは、早過ぎる死を遂げた「ドナー」がさらに増えたと考えるのが妥当だろう。

明敏な読者はこのくだりを読んで、ちょうどこの実験が行なわれた年に公開された映画『２００１年宇宙の旅』の中で、宇宙飛行士三人があっけない最期を遂げる場面を思い出したのではないだろうか。映画の前半で、ＨＡＬという人工知能は、人工冬眠中の三人の生命維持装置をいきなり切って殺してしまう。

しかし、この実験に使われたジリスたちは、死に方は確かにあっけなかったものの、自らの命を冬眠研究の歴史に残る大発見に捧げることとなった。というのは、次々と血液注入を繰り返していくうちにドーは、「ＨＩＴ（冬眠誘導物質）」と呼ばれることになる物質の存在に気づいたのである。リス用の強力な睡眠導入剤とでも言おうか。冬眠中のリスの血液の中には、寒冷な環境に置かれると冬眠を引き起こすなんらかの物質が存在することがわかってきたのだ。

その物質がなんなのかは解明されないまま、ドーの実験は終わってしまう。秋の深まりとともに、すべてのジリスが自然に冬眠に入り、齧歯類の科学の第一章は突如幕を閉じることになったのだ。

ドー率いる研究チームはＨＩＴの存在を確信していた。その存在なくして、実験結果を論理的に説明することは不可能だったからである。しかし、それが具体的にどんな物質なのかはわからなかった。その化学組成を推定できるような科学機器がまだ発明されていなかったからだ。

臓器の保護作用

ＨＩＴにはもう一つ興味深い特徴があった。それは、冬眠する動物に冬眠を誘発させるだけでなく、冬眠しない動物にもそれと似た行動を引き起こしたのだ。だが残念ながら、このような初期の実験を再現しようとする試みはなかなか順調には進まなかった。[12] それでもなお、ＨＩＴを探し求める研究は続けられ、ついに冬眠の科学は前進の兆しを見せ始める。

ＨＩＴの正体を明らかにしようとする研究の結果、最有力候補の一つに挙がったのがＤ‐アラニン‐Ｄ‐ロイシン‐エンケファリン（ＤＡＤＬＥ）というペプチドだ。この長い名前について説明すると、「アラニン」と「ロイシン」は、この物質を構成しているアミノ酸。「エンケファリン」は、痛みの制御などに大きな役割を果たすオピオイドペプチドだ。ＤＡＤＬＥは、脳内麻薬のエンドルフィンや外因性のモルヒネなどと同じように、神経細胞（ニューロン）に結合して作用する神経伝達物質なのである。[13]

ＤＡＤＬＥは医学的に非常に意味のある物質かもしれない。というのも、動物が冬眠して目覚めるまでに経験する一連の体の変化は、心停止で酸素が行きわたらなくなったあと、蘇生術によってふたたび血流が再開する際に起こる変化と似ているからだ。第３章で見たとおり、酸素がふたたび細胞に供給されると、アポトーシスなどを引き起こして再潅流障害に陥ることがあるが、冬眠する動物は同じような変化を幾度となく経験しても（チャッキーは一冬に何度も目を覚ましている）なんの異常も来さないのだ。

ある研究から、目覚めて機敏に活動していても、冬眠する能力をもっている動物であれば、手術中の過酷な低酸素状態をうまく乗り切れるらしいことが明らかになった。

こうした実験のほとんどは、ご想像どおり、リスを使って行なわれた。まず、完全に目を覚ましているリスをつかまえて、しばらく低酸素状態に置いた。それから、安楽死させて、肝臓を摘出し、顕微鏡下で観察するとともに、肝細胞の機能をテストした。その結果、このリスたちの肝臓はきわめて良好に機能することが明らかになった。少なくとも、元気に活動しているところをいきなりフリーザーに入れて凍らせたリスの肝臓に劣らない機能を持っていた。この少し前まで目覚めていたリスの肝臓でさえ、冷凍時に期待される以上に機能した。たとえば、ミトコンドリアの働きはより活発で、胆汁をより多く分泌し、細胞の生存能も高かった。[14]

この結果にはたいへん興味をそそられる。というのは、動物には、ストレスにさらされると活性化される保護的な遺伝子が存在する可能性をほのめかすものだからだ。つまり、動物は自分の体が危機にさらされたとたんにスイッチが入る遺伝子を持っているのかもしれない。ということは、冬眠の際に発揮される保護的な作用は、冬眠していなくても作動する——あるいは、作動させることが可能かもしれない。

そうなると、また別の可能性が見えてくる。ひょっとすると、DADLEは冬眠しない動物の臓器をも保護してくれるのではないだろうか？　ひょっとすると、DADLEによって起こる体の反応は医療に応用できるのではないだろうか？

おもしろい研究がある。研究者たちはまず多数のウサギから心臓を摘出した。[15]　心臓を摘出したりすれば、普通なら実験はむごたらしい結果に終わる。ほとんどの臓器は、ともに成長してきた体から切り離されると、お役御免になったのだと悟るらしい。すると、その臓器は本来果たすべき仕事をやめてしまうのだ。

ところが、ウサギの心臓はそれほど洞察力がないとみえ、本体から切り離されてもドック、ドックと拍動を続ける。だから、体から切り離した状態で実験を行なうことができる。

さて、この実験では、研究者たちは多数のウサギの心臓を摘出し、その心臓に拍動を続けられるだけの酸素と栄養を含んだ溶液を潅流させた。そして、これら孤独な心臓のいくつかにはＤＡＤＬＥを、それ以外の心臓には冬眠中のウッドチャックまたはクマから採取した血清（血液から血球成分と血液凝固成分を除いたもの）を与えた。

すると何が起こったか？　ＤＡＤＬＥを与えた心臓はどれもみな、それ以外の心臓の二倍もの機能を発揮したのだ。収縮力が強く、ポンプ作用も良好だった。じつのところ、正常な心臓とほとんど違いがなかった。ウサギ本体につながっていないという点を除けばのことだが。

この研究は、ＤＡＤＬＥやその類似物質は、酸素の供給が途絶えたときにウサギやラットの臓器を損傷から守ってくれるのでは、という期待を抱かせるものだった。しかし、それ以上に期待されるのは、ヒトのような冬眠しない種においてもある程度、冬眠の保護効果を引き出すことができるのではないかという人工冬眠の可能性だ。

そうした可能性を考えると、打越三敬の驚異の生還劇を説明しやすくなるかもしれない。そしてさらに重要なことに、こうした物質は将来、人々の生命を救うのに力を発揮するかもしれない。

異なる進化

初期の冬眠研究のほとんどは、毛のふわふわした小さな哺乳類で行なわれてきた。とくにリスの仲間は、人工冬眠の科学の発展に貢献しすぎるくらい貢献してきたと言える。

しかし、そんなふうに齧歯類ばかり研究していては間違った木に登りかねないと考える、少数だが熱心な科学者たちのグループがある。しかし、人間の役に立つ科学を発展させようとするならば、人間を対象にした研究を進める必要がある。しかし、人間は冬眠しないので、できるだけヒトと近縁で、しかも冬眠する動物種を見つけて研究を行なうべきだという。それがキツネザルなのだ。キツネザルは、知られているかぎりで唯一の冬眠する霊長類である。

私は今、写真現像用の暗室のような、赤色光だけで照らされた狭くて涼しい部屋に来ている。この部屋のどこかにキツネザルがいるはずなのだ。たくさんのキツネザルが。

でも、どこにいるのだろう？　さっぱりわからない。

幸いなことに、自分で見つけられなくても大丈夫。頼もしい案内人がそばにいるからだ。ひょろりと痩せたその姿が、室内を照らす赤い光にかすかに浮かび上がっている。彼に聞けば、キツネザルのことならなんでも教えてくれるはずだ。

ピーター・クロップファー博士は、デューク大学キツネザルセンターの創設者の一人。二〇〇六年に引退してからは非常勤だが、今もなお熱心にセンターの活動に取り組んでいる。リスではなくキツネザルを研究してこそ、人間に役立つ冬眠の秘密を探り当てることができるという強固な信念の持ち主だ。

長身痩せ型で、頭はつるつる。長く伸びた顎髭の先端がくるんとカールしている。奥さんに厳しいダイエットをさせられたサンタクロースといった感じだ。キツネザルについて熱く語りながら、ときどき遠くを見つめるような眼差しをする。暗室に入る前に受けた説明は、まるで満員の講堂で聞く授業のようだったが、ランニングシューズにトラックパンツとTシャツという、まるで教授らしからぬ身なりのおかげで、堅苦しい印象が少しだけ和らいだ。何はともあれ、キツネザルを研究している名誉教授というイメージにぴったりの人物ではないかと思う。

エアロック式の両開き戸から入るとき、冬眠中のキツネザルを起こしてしまうので中ではしゃべらないように、とクロップファーから注意を受けていた。だから、彼が突然やかましく舌を鳴らし始めたときには本当にびっくりした。

しかし、クロップファーが舌打ちをしても、目の前の檻の中で何かが動くような気配はない。すると今度は、雌のゾウアザラシだったら気を惹かれるんじゃないかと思うような、唇を突き出すしぐさを始めた。それでも、何も起こらない。

「これは必ず効くんだがな」。彼が声をひそめて言った。

しかし、やはり効果はないようだ。

クロップファーは真剣な表情でじっと目を凝らした。それから、にやりと笑って、ほら、と指さした。

ぎょろりとした一対の眼が突如、私の顔から二メートルほどのところに現れた。その瞬間、私は、ここのキツネザルは檻に入っているので安心していいとクロップファーに言われたことをすっかり忘れてしまった。それから、声を出さないようにという警告も。

驚きのあまり、冬眠中のキツネザルが目覚めてしまうほどの大声を張り上げてしまったのだ。それから、慌てて後ずさりした拍子に、クロップファーの足を踏みつけて叱られた。

なんということだ。初っ端からこの調子である。

しかし、少し落ち着いて目が慣れてくると、三匹のちっちゃなキツネザルが檻の中を跳び回っているのが見えてきた。なんて小さいんだろう。リスとほとんど変わらないではないか。でも、リスとキツネザルが研究上のライバルであることを考えると、そんなことは絶対にクロップファーには言えない。

キツネザルは小さい上に、とてもすばしこい。ヒトそっくりの小さな指で金網をつかみ、上下逆さのまま、檻の上面を走り回っているのが一匹。あまりにもすばやくて、軽やかで、逆さになっているなんてまったく感じさせない。

そして、とても愛らしい。といっても、しっぽは別だ。キツネザルのしっぽは大きくて重く、脂肪をため込んで膨らんでいる。今、檻の金網越しに私をじっとにらんでいるキツネザルのしっぽも、体と同じくらいの太さがある。

その一匹と私が見つめ合っている間、クロップファーはずっと舌を鳴らし続けていた。キツネザルは返事などしない。けれども、他の二匹も檻のこちら側にやってきて、私の隣にいる顎髭の珍客の姿をしげしげと眺めていた。

＊＊＊

それからほどなく、暗闇で跳ね回っているキツネザルたちを残して外に出ると、クロップファーがキツネザルの冬眠研究の歴史をかいつまんで説明してくれた。ごく最近まで、霊長類が冬眠するとは誰も考えなかったのだという。クマはもちろん冬眠するし、齧歯類もまちがいなく冬眠する。そして、爬虫類のような外温動物は休眠する。しかし、霊長類が厳しい冬に直面したら、厚着をして電気毛布にくるまって、ひたすら耐え忍ぶのだと誰もが思っていた。

ところが、二〇〇五年、ドイツの研究者チームが、フトオコビトキツネザルが長期にわたって冬眠することを示す史上初の証拠を収集したのだ[16]。それ以前にも、キツネザルは冬眠するのではないかと考えた研究者もいたが、単なる推測でしかなかった。また、ある種のキツネザルが食料の乏しくなる時期にトーパー（鈍麻状態）と呼ばれる低代謝状態に入ることはすでに報告されていた。しかし、長期にわたって真の冬眠状態を続けるキツネザルたちをとらえた者は一人もいなかったのだ。

冬眠する霊長類の発見により、冬眠研究はまったく新しい局面を迎えた。たとえば、冬眠する霊長類はまだ他にもいるのに、これまでずっと見過ごされてきたのではないかという議論が持ち上がった。また、普通は冬眠しないヒトのような霊長類にも、ひょっとすると冬眠する能力が潜んでいるのではないかという、非常に興味深い可能性が提起されたりもした。

そうした可能性について吟味する前に、霊長類の進化の歴史を少し学んでおこう。まずしっかりと押さえておきたいのは、キツネザルは霊長類で、私たち人間も霊長類だということだ。といっても、キツネザルから冬眠のコツを学ぼうと考えるのは、陸上競技のウサイン・ボルト選手に走るコツを教わろうとするようなもの。たしかに、私たちも彼も同じ人間だが、レベルがまるで違う。

ヒトもキツネザルも同じ霊長類だが、そうとは思えないくらい姿かたちが異なる。体のサイズだけ見ても、フトオコビトキツネザルは、犬がくわえて遊ぶおもちゃくらいしかない。じつは、キツネザルは霊長類のなかの「曲鼻猿類」で、ヒトが属する「直鼻猿類」とは別の系統なのだ。両者は、霊長類の進化の過程のかなり早い時期に枝分かれしており、したがってキツネザルとヒトのDNAには大きな隔たりがある。

とはいえ、外観がどれほどリスに似ていようとも、遺伝子学的には、キツネザルはリスよりもはるかに私たちヒトに近い。冬眠することがわかっている他のどんな動物よりも私たちヒトに近い。その点が重要なのだ。冬眠のメカニズムを解明して、ゆくゆく人間のために役立てたいと思うのであれば、できるだけヒトと近縁の動物を使って冬眠の研究をしたほうがいい。クロップファーの研究室でやろうとしていることは、まさにそれなのである。

＊＊＊

クロップファーは研究室を案内しながら、どんな研究手法を用いているかを説明しようとした。リスの実験の歴史がまだ記憶に生々しい私は、最悪のストーリーを思い描いてぞっとした。しかし、キツネザルは絶滅危惧種の中でも最も危険度が高い種に指定されていることもあって、クロップファーの実験はリスの場合よりもはるかに穏やかなものだった。

キツネザルをちょっとつついて、皮下にごく小さな電極センサーを取り付けるだけ。体を切り開いたり、大動脈から血液を抜いたりなんてことはしない。

では、なんの研究をしているのだろう？　リスの冬眠との関係が指摘されているDADLEの研究だろうか？　私がそう尋ねると、クロップファーは目玉をぐるりと回して首を横に振った。

そして、おもむろに口を開いた。「冬眠は、収斂《しゅうれん》進化の結果なのです」。つまり、冬眠する能力は、系統の異なる種が、それぞれ別個に進化させてきたものなのだという。ジュウサンセンジリスの冬眠も、ウッドチャックの冬眠も、クマの冬眠も、プアーウィルヨタカの冬眠も、外見上はみな同じように見えるかもしれない。実際に、低体温、低代謝、低血圧といった生理状態は、どの動物種の冬眠にも共通して見られるものだ。

しかし、冬眠に入るメカニズムは、動物種ごとにまったく異なっている可能性が高い。なぜなら、系統の異なる動物は、持っている遺伝子も生理機能もまったく異なるからである。ジリスの場合はDADLEの働きで冬眠状態に入るとしても、他の動物種は、まだ見つかっていない別のホルモンや神経ペプチドを利用している可能性のほうが高い。

つまり、それぞれの動物種が独自に冬眠の方法を編み出し、別の道筋を通って、結果的に同じ場所に到達したというわけだ。

冬眠という特性は、みごとに動物界のあちこちに散在している。鳥類のなかに一種類（プアーウィルヨタカ）と、クマ、ウッドチャック、リス、そして今回見たキツネザル。冬眠するという点は共通しているが、体の構造や生理機能はまったく異なっている。それらがすべて同じメカニズムで冬眠するとは到底思えない、と彼は言う。

私は、冬眠研究の対象になっているさまざまな動物について尋ねてみた。リスがその筆頭に挙げられるが、マウスやヒツジやブタに冬眠に似た状態を引き起こそうとする研究も行なわれているからだ。しかし、当然ながら、クロップファーはキツネザル陣営を断然支持した。

キツネザルの冬眠を研究している人々と、彼が「ジリス陣営」と呼ぶ研究者たちとの間には、良い意味での競争意識があるという。どちらの陣営も、それぞれが押し頂く動物種こそが冬眠の謎を解き明かす最大のヒントを与えてくれると信じている。

「よきライバルです」

きっとそうにちがいない。

科学的にはまだ勝負の決着はついていない。だが、キツネザル陣営の最大の強みは、キツネザルとヒトが進化系統樹上で近縁であるという点だ。どこからスタートするかで、冬眠能力獲得に至るルートが違ってくるとすれば、私たちヒトに一番近いところからスタートした動物種を調べてこそ、最大の収穫が得られると考えるのは理に適っている。

ヒト以外の動物種で見つかった冬眠誘発物質が私たちにも効果を発揮してくれれば、臨床医学にとって大きなチャンスになることはまちがいない。しかし、その冬眠誘発物質が、私たちの体の仕組みに合わなかったり、そもそもヒトが持ち合わせていない物質だったりすれば、研究は振り出しに戻ってしまう。その点、進化的に近い同じ霊長類で研究を行なえば、リスやクマを対象とする研究よりもうまくいく可能性が高い。というわけで、クロップファーらはキツネザルとヒトが共通して持っている物質を探しているのだ。それはいったいどんな物質なのだろう?

キツネザル陣営はまだ決定的な答えを出すことができていない。しかし、最も有望な候補の一つは、グレリンという、二八個のアミノ酸からなるペプチド（非常に小さなタンパク質）のようだ（ちなみに、グレリンは、一一七個のアミノ酸からなるペプチド、プレプログレリンの切断によって生じるが、この切断によってできるもう一つの産物、オベスタチンも、キツネザルの冬眠に関与しているのではないかとクロップファーらはにらんでいる）。

グレリンがなぜ重要かというと、ヒトの体内にも存在するからなのだ。このペプチドがキツネザルでどんな働きをするのかがわかれば、ヒトでも同じような効果を期待できるかもしれないと彼は言う。なるほど。でもグレリンにどんな効果が期待できるのだろう？ クロップファーは明言を避けているが、その主な作用は、少なくともわかっているかぎりでは食欲に関連することのようだ（グレリンという名前は、インドヨーロッパ祖語の「成長」を意味する語根「ghre」に由来する）。たとえば、グレリンは脳の視床下部に働きかけて食欲を亢進させる。また、満腹感を感じにくくさせて、食べる量を増やす作用もある。

結局のところ、グレリンは報酬系を活性化させて、食物やアルコールといった快楽刺激への反応を増大させるらしい[17]。また、限られた証拠ではあるが、グレリンを静脈注射すると無食欲症の患者の食物摂取を増やすことができるという報告もある[18]。このような研究が臨床応用に必要とされる証拠レベルに達するまでには、まだかなりの道のりがあるが、グレリンがヒトの内分泌系の生理機能に大きく関与していることはまず間違いなさそうだ。

では、キツネザルの体内では、グレリンはどんな働きをしているのだろう。キツネザルセンターの敷地を横切ってビジターセンターに戻る途中、私はクロップファーに尋ねてみた。もちろん食欲の調節と報酬系の制御だけということはないでしょう。他にまだありますよね？

クロップファーによると、野生のキツネザルでは、日が短くなり気温が下がってくると、プレプログレリンの産生に関わる遺伝子のスイッチがオフになるか、その働きが弱まるかするらしい。それが代謝の低下や、甲状腺機能の低下、さらにはレム睡眠の増加を招くのかもしれない。そのような変化すべてが、冬眠のためのお膳立てのように思われると彼は言う。

たしかに。でもそれをヒトに当てはめて考えるのは難しい。ヒトの血中グレリン濃度は、一日の中でも時間とともに変化している。また、プラダー・ウィリー症候群のような遺伝疾患によっても変化をきたす。胃バイパス手術を受けると血中グレリン濃度が低下することがある。しかし、そうした変動があるにもかかわらず、また、もともと血中グレリン濃度が非常に低い人がいるにもかかわらず、人間は誰も冬眠しない。つまり、キツネザルではグレリン濃度の変化が冬眠に関連しているが、ヒトではまったく関連していないのだ。となると、いったいどう考えればいいのだろう？

クロップファー自身もまだよくわかっていないらしい。これはキツネザルでの新しい研究分野で、データがまだ十分に得られていないのだ。そもそもグレリンが冬眠の引き金になるのかどうかも定かでない。単なる副次作用にすぎないのかもしれない。

ホルモンの作用経路はややこしく複雑きわまると彼は言う。キツネザルでは活性化されているのに、ヒトでは休止状態の経路があるかもしれない。当然、その逆もあるだろう。しかし、キツネザルについての理解が深まれば、そうした作用経路がヒトではどれに当たるのか、あるいはどこに隠されていそうかといったことが、もっとはっきりつかめてくるはずだと彼は指摘する。

マウスとヒトの冬眠物質

「マウスに触らないで」

普段なら、そう言われてもべつにかまわない。ネズミに手を触れないというのは、日常の心得としても悪くない。でも今日ばかりは、このマウスに触ってみたくてたまらない。

そのマウスは、手袋をはめた手のひらの上に横たわっている。どう見ても死んでいるとしか思えない。だからちょっと触ってみたいのだ。

この死んだように見えるマウスが乗っている手の主は、チェン・チ・リー博士だ。ヒューストンにあるテキサス大学健康科学センターの著名な科学者で、命の一時停止や、冬眠、トーパー（鈍麻状態）といった「低代謝状態」の研究をしている（SFファンを刺激せずにすむという理由から、彼は「低代謝状態」という言葉を用いるようになった）。

チェンは小柄で頭の禿《は》げかかった中年の生化学者で、一九八六年にアメリカに移住してきて以来ずっとこうした研究に取り組んできた。日焼けした顔に、細いメタルフレームの眼鏡をかけ、古臭くて野暮ったい服を着ている。見るからに信頼感を抱かせる風貌だ。生命停止状態（おっと失礼、低代謝状態）の秘密を探り当てたらしいと周囲に思い込ませるのには、じつに有利な特徴ではないかと思う。

先ほど、低代謝を研究するために密閉して室温をコントロールしているこの実験室に入ってきたとき、今チェンの手の上に横たわっているマウスは、檻の中を元気に跳び回っていた。すると、チェンの大学院生のトゥレが、そのマウスの首筋をそっとつまんで、透明な液体をごく少量注射したのだ。そして、そのマウスを冷暗キャビネット内の密閉容器に入れた。中にいるマウスの活動状態や体温、そして最も重要な代謝状態が、外のコンピューターからモニターできるようになっている容器だ。

このマウスのコードネームは#００１１。この四〇分間ずっと、私たちはスクリーンに時々刻々と表示される#００１１のバイタルデータに目を凝らしている。そうしたデータのうちで最も重要なのが酸素摂取量（VO_2）だ。これは体重一キログラム当たり一時間に消費される酸素の量（単位はミリリットル）で示される。つまり、VO_2は代謝速度を示す値と言える。当初、#００１１のVO_2

は四四一〇で、トゥレが注射した直後もその値のままだった。

最初のおよそ一分間はまったく変化が見られなかったが、やがて状況が変化し始めた。次の一〇分間に、＃００１１のＶＯ^{2}は一〇〇〇あたりまでガクンと落ちた。それから九〇〇台になり、さらに六九四、四二〇と落ちていった。その間に、＃００１１の体温も平常温の三七℃から二三・一℃へと低下した。

そのマウスは今、チェンの手のひらの上に横たわっている。死んでいる、のではないとしたらどうなってしまったのだろう？

近づいてよく観察してみた。すると、二つのことに気づいた。まず一つ目は、息があるということ。ゆっくりとではあるが、たしかに呼吸している。

そして、しばらくしてから、二つ目のことに気づいた。このマウスは、体温が室温まで低下しても、だらんとしたままで震えを起こしていない。それから、立毛も見られない。普通のマウスならば、体温がここまで低下したら、毛を逆立てて体熱が逃げるのを防ごうとするのだが、このマウスはそれをしていないのだ。

眠っているのだろうか？　いや違う。眠っているだけならば、これほど体温や代謝が低下することはないからだ。

冬眠しているのだろうか？　そんなはずはない。マウスは冬眠する動物ではないからだ。

睡眠でも、冬眠でもないとしたら？　そうだ……これは何かを注射されたマウスだった。

私がチェンのほうを見ると、彼はにんまり笑みを浮かべている。このときを待っていたのだ。よし、聞いてみよう。あれはいったいなんの注射だったのですか？

＊＊＊

数分後、私たちはチェンのオフィスにやってきた。明るい、簡素な部屋で、書類があちこちに散らばり、花が数本寂しげにビーカーに挿さっている。

あの注射液の正体を理解するためには、そこに至るまでの経緯をすべて聞く必要があるとチェンは言う[19]。科学はいかにして発展していくのか、自分の発見がどれほど偶然の賜物か、といったことも伝えたいようだった。

今から一〇年ほど前、チェンは概日《サーカディアン》リズムの研究に取り組んでいた。サーカディアンリズムとは、私たちの体のリズムが約二四時間周期で変動し、明暗の刺激によってリセットされる生理現象である。

定期的な測定を繰り返すうちにチェンは、コリパーゼと呼ばれる補酵素が、見つかるはずのない組織に出現していることに気づいた。ただし、コリパーゼがその組織で見つかるのは、継続的に暗環境下に置いたときに限られていた。つまり、恒暗条件こそが、この知られざる「不思議な現象」を生み出しているようなのだ[20]。

コリパーゼはタンパク質で、遺伝子にコードされている。だから、この思いがけない発見をきっかけに、チェンは、光に反応して遺伝子のオン・オフを制御することに関係していそうな分子を探し出す研究に乗り出した。それを見つけるため、高速液体クロマトグラフィーというよく使われる手法を用いた。これは、複数の成分からなる物質を、その成分の大きさや性質の違いを利用して成分ごとに分離する方法である。

分析の結果、思いもよらぬ分子が見つかった。アデノシン一リン酸（AMP）だ。これにリン酸が二つ結合すれば、第3章で登場したアデノシン三リン酸（ATP）になる。おさらいすると、ATPは細胞内で「エネルギーの通貨」としての役割を果たす物質で、おもにミトコンドリアで製造されるものだ。

やがてチェンは、AMPを注射するとマウスの肝臓でコリパーゼが作られることの証明に成功する。そして、そのような実験を重ねていくうちに、一人の大学院生が、AMPを注射したマウスは「ひんやり冷たく」なると言い出したのだ。初めのうちは半信半疑だったチェンもしだいに興味をそそられ、AMPがマウス、ブタ、イヌの生理機能に及ぼす影響を調べ始めたというわけだ。

ここで一息つくと、チェンは椅子の背にもたれた。答えはAMPだという。先ほど見たマウス#0011はAMPを注射されて低代謝状態に入り、私はてっきり死んでいるのかと思ってしまったのだ。ということはつまり、AMPに命の一時停止をもたらす力があるということなのだろうか？

私の顔を見たチェンは、いかにもこんなふうに言いたげな表情をしていた。一〇年にわたる私の研究を一言で括ろうなんて。丸一日つぶす覚悟がなければ説明なんてできないね。

そんなことは口に出さずに、ラップトップパソコンのスイッチを入れたので、私は身を乗り出してディスプレイをのぞきこんだ。見せてくれたのは、一〇分間隔に目盛りをつけた横軸の上を、黒と赤の二本の線が左から右へと伸びているグラフだった。二本とも、#0011のようにAMPを注射したのち寒い部屋に置かれたマウスのものだ。

黒い線は、マウスの酸素摂取量（VO_2）を示している。初めのうちは平坦だが、やがてどーんと急降下する。このマウスのVO_2は一五分間で七五%以上低下したようだ。

もう一方の赤い線は、マウスの体温の推移を示している。黒い線の上側をうろうろしながら、黒い線を追うように、ゆっくりとためらいがちに下がっていく。体温の低下は、VO_2の低下ほど急激ではないし、大きくもなかった。

チェンがそのグラフを見せながら指摘しようとしたポイントは二つあった。

まず一つ目は、すべてをＡＭＰだけで説明できると思わないほうがいいということ。ＡＭＰが低体温の「原因」ではないと彼は言う。ＡＭＰは代謝低下を引き起こすきっかけでしかない。お膳立てはするものの、低体温の直接の原因は体熱の喪失だ。

チェンが指摘しようとした二つ目のポイントは、これまで聞いた中で最も興味深い内容だった。彼はまず、マウスのVO_2を示す線を指さし、それから、体温を示す線を指さした。

「気づきましたよね？」

もちろん気づいている、と思う。その二本は一致しておらず、平行ですらない。まずVO_2が低下し、そのあとで体温が低下している。

チェンが力をこめてうなずいた。つまり、ＡＭＰがVO_2の低下を引き起こしたあと、ずっと遅れて、不釣り合いなほど少しだけ、体温が低下するのだ。たしかにVO_2も低下し、体温も低下しているが、その二つの現象はほとんど別個に起きているように見える。

それが私の興味を引きつけた。つい先日読んだ研究のことを思い出したからだ。そのときは、さほど重要なことのようには思わなかったのだが、今、ふとそれを思い出し、チェンのグラフを眺めながら「クマゴロー」のことを思い浮かべてしまった。

体温を維持して代謝だけを下げる変わり者

クマが冬眠することは誰でも知っている。ではクマゴローは？　ジェリーストーン国立公園に住んでいて毎回珍騒動を起こすテレビアニメのキャラクターだ。クマゴローは冬眠したくてしかたがないのに、いつも邪魔されてなかなか寝かせてもらえない。

あれを見ていると、クマが冬眠するのは疑いようのない事実だと思うにちがいない。でも本当にそうなのだろうか？

クマは冬眠するのか否かについて初めて疑問を提起したのは、ヘンリー・クラップという恐れを知らぬ博物学者（兼猟師）だった。クラップは、冬眠中のクマが息を吐くときに、鼻の孔から湯気が出ていることを指摘した。[21] どうやって、そんなことがわかるほどクマに接近したのかはよく知らない。しかし、殺したばかりの冬眠中のクマの内臓の様子を生々しく描写しているくだりを読めば、心配性の方々も、彼が丸腰でクマの洞穴に入ったわけではないとわかって安心するのではなかろうか。

鼻孔から湯気が立ち上っているという観察結果から、クラップは、そしてそれ以後の多くの科学者たちも、冬眠中のクマの体は冷たくならず、温かいままにちがいないと判断した。それにしても、冬眠中で代謝が落ちているにしては温かすぎやしないか。ということは、本当は冬眠などしていないのだろう。彼らはそう考えたのだった。

それから一〇〇年以上たってようやく、体温が比較的高いクマでもやはり代謝は低下しているのではないかと考える者が現れた。しかし、その疑問を解明するためには、クマの寝床にもぐり込んで呼吸を観察するのではなく、もっと科学的かつ安全な方法をとる必要があった。そして、ついにそれを実行する人物が現れたのだ。

二〇一〇年、オイヴィント・トイエンらが「有害なクマ」五頭の命を救った[22]。この野生のクマたちは手に負えないほど凶暴で、人間に危害を与える恐れがあるため、安楽死させられることになっていた。トイエンらはその五頭を研究対象としてスカウトしたのである。死刑執行を免れたクマたちは、人間が作った洞穴の中で、興味津々の研究者たちに見守られながら安らかな眠りに落ちていった。

その研究者たちがまず最初に発見したことは、クマたちが冬眠派を名乗るのにはあまり都合のいい結果ではなかった。体温は確かに低下したものの、わずか四～五℃にすぎなかったのだ。残念ながら、鼻孔からの湯気については、科学論文の中では一切言及されていない。

しかし、研究者たちは、クマたちの代謝が七五%ほど低下したことも発見した。つまり、体温は期待したほど低下しなかったが、代謝速度のほうはしっかりと低下していたわけだ。ということは、従来どおり体温を基準に考えると「クマは冬眠しない」ことになってしまうが、代謝速度を基準に考えれば「クマもやはり冬眠する」ことになる。

そのようなわけで、クマはふたたび冬眠派に復帰することになり、また一つ重要な事実が明らかになった。少なくとも一部の動物種においては、体温の低下とは不釣り合いなほど大幅に代謝が低下する、ということだ。些細な発見のように思うかもしれないが、じつは、これはとても重大なことなのである。

以前は、体が冷たくなってこもるのでなければ冬眠ではない、と誰もが考えていた。ところがクマは、体温をそれほど下げずに代謝速度を落とせることが明らかになった。ということは、ひょっとしたら、体温を（少なくとも直接には）いじらずに、代謝を低下させる方法があるのではないか。

フレンチカクテルやその後のラボリとダンディーの論争を覚えているだろうか？　鼠径部《そけいぶ》に当てたあの大量の氷嚢を覚えているだろうか？　あのようなことがまったく不要になったらどうだろう？　代謝そのものを直接、減速させることができたらどうだろう？　まったく新たな可能性が開けてくるのではないか。

＊＊＊

冬眠の秘密にせまる研究が、体温から代謝へとシフトしていることに興奮をおぼえる理由がもう一つある。代謝速度それ自体を低下させる物質を探すほうが、動物にも人間にも共通して効果のある物質を見つけやすいからだ。それはなぜか。

マウス、クマ、キツネザル、ヒトの間にはさまざまな相違点があるが、細胞レベルで見た場合には、相違点よりも類似点のほうが多い。したがって、細胞レベルにおいて、代謝速度そのものを低下させる物質を探せば、動物も人間も関係なく冬眠を誘発させられる物質が見つかる可能性が高い。研究者たちが探しているのは、まさにそれなのだ。これが今まで見てきた研究――神経ペプチドやホルモンを対象にしていた研究――とは異なる点だ。

第三の物質

クマやマウスについてチェンと話しているうちに、その汎用性の高い物質というのはＡＭＰなのではないかと思えてきた。きっとそうにちがいない。

　でも、私はまだＡＭＰがどのように作用するのか、十分な説明を聞いていない。先ほど、ＡＭＰがマウスに低代謝状態を誘発するのを目の当たりにした。少なくとも私にはそう見えたのだが、どのような機序でそうなったのだろう？

　それに答えるかわりに、チェンは、最初に見たのとよく似た二つのグラフを示した。どちらのグラフでも、VO_2曲線は急激に低下したあとで平らになっている。そして、どちらのグラフでも、体温曲線はVO_2曲線よりもゆっくりと落ちていく。

　どういうことですか？　まだ意味がよくわからないのですが。

　そう言うと、チェンはにっこり笑って、図表下の説明を指さした。右側のグラフと左側のグラフはほとんど同じもののように見えるが、一つだけ異なるのは、右側は左側の一〇倍量のＡＭＰを投与した結果だという点だ。しかしＡＭＰの量が一〇倍になっても、その効果はほとんど同じだった。

　医師が日々処方するさまざまな薬に照らして考えると、ふつう、チェンが示したグラフはあまりにも不可解だ。降圧剤のリシノプリルを例にとると、リシノプリルは一〇ミリグラムからスタートする。多くの人はそれで効く。リシノプリルに一ミリグラムの錠剤はないが、もしあったとした場合、それを普通の人に投与してもなんの効果もないだろう。一〇〇ミリグラムの錠剤もこれまたないが、もしあったとした場合、それを普通の人に投与しようものなら、その人の血圧はたちまち低下し、めまいがして、頭がふらふらし、場合によっては意識を失ってしまうかもしれない。

　これが典型的な量と反応の関係だ。薬の量が増えるとともに効果も大きくなり、あるところで毒性が現れて、場合によっては死に至ることもある。

チェンも、自分の研究結果がじつに奇妙であることを承知している。「最初にこれを見たときは、てっきり間違いだと思いました。こうなふうになるはずがない。間違いに決まっていると」。彼は、自分のＡＭＰが本来あるべきようにふるまってくれないことに本気で腹を立てているようだった。

しかし、それは間違いではなかった。それどころか、量‐反応関係が認められないということ自体が、ＡＭＰの作用機序を理解するための手がかりを与えてくれる。それは「アロステリック制御」と呼ばれるものだ。

アロステリック制御には「役者」が三人います、とチェンが説明してくれた。まず、タンパク質。それから、タンパク質が結合して仕事をする相手分子。それから、そのタンパク質に結合してしまう三人目の役者Ｘ。第三の役者Ｘがタンパク質に結合すると、そのタンパク質と仕事相手の分子との結合のしやすさが変わってしまうのである。Ｘの作用によって、その親和性が強まる場合をアロステリック促進、弱まる場合をアロステリック抑制と呼ぶ。

一定以上のＸを加えても、アロステリック制御の効果は、ある決まったレベル以上にはならない。Ｘを加えることによって、タンパク質と仕事相手の分子との結合のしやすさが強まったり弱まったりするものの、それは一かゼロか、オンかオフかという変化にすぎない。Ｘを加えれば加えるほど、アロステリック制御によって、タンパク質と相手分子との結合のしやすさがどんどん増加するわけではないのだ。

したがって――ここがアロステリック制御の最重要ポイントなのだが――Ｘがターゲットとなるタンパク質のほとんどと結合してしまえば、Ｘの投与量を一〇倍に増やしても、タンパク質と相手分子の結合のしやすさはもはや変化しないのだ。

チェンが見せてくれた結果がまさにこうだった。

こうしてチェンは、AMPがなんらかのアロステリック制御に関与していることに気づいたわけだが、体内でアロステリック制御が見られるところはそう多くはない。そのおかげで、AMPの作用機序について、ある程度目星を付けることができたのだった。ただこの場合の役者XはAMPではない。話は少し複雑になる。

今の私たちの関心にぴったりと合うアロステリック制御は赤血球で見られる。2,3-ビスホスホグリセリン酸（2,3-BPG）という分子はヘモグロビンと結合して、ヘモグロビンを酸素と結合しにくくさせる働きがある。2,3-BPGが結合していると、ヘモグロビンは酸素と結びつくのが遅くなり、酸素を必要とする組織に酸素を渡すのが速くなる。したがって、血液中の酸素圧が一定のとき、2,3-BPGを加えると、ヘモグロビンと結合する酸素は少なくなる。

ここで重要なのは、2,3-BPGとヘモグロビンの相互作用がアロステリック抑制だということだ。つまり、赤血球を2,3-BPGにさらすと赤血球の酸素運搬能力が弱まるが、十分な量の2,3-BPGを添加すればそれ以上増やしても、効果に変わりはない。

もしヘモグロビンのアロステリック制御にAMPが関与しているのなら、その現場を特定できる。

「それがどこか、もうわかりましたよね」とチェン。

えっ、わかった？

「2,3-BPGはどこにありますか？」。彼にじっと見つめられて、私は言葉につまった。

「体の中のどこに……」。助け船を出してくれた。ありがたい。

もちろん、赤血球、じゃないんですか。

「他には？」

医学部の一年目にまで記憶をさかのぼったが、なかなか出てこない。そしてふと気づいた。

赤血球以外には存在しないのではありませんか？

「そのとおり！」とチェン（じつは、胎盤にもあるのだそうだ。しかし、この雄のマウスに胎盤などあるわけない）。

これは、ごく普通の赤血球が冬眠に一役買っている可能性をほのめかすものと言える。すでに述べたように、冬眠の秘密を探ろうとする人たちはもっぱら脳や肝臓に注意を向けてきた。アリストテレスがツバメに寄せた奇妙な関心も含めれば、目にも関心が向けられたと言えるかもしれない。しかし、赤血球について真剣に考えた人はこれまで一人もいなかった。

それにしても、赤血球が冬眠とどう関係するのだろう？

＊＊＊

その問いに対する答えはそれほど難しくない。しかし、答えにたどり着くためには、私たちの体がいかにしてグルコース（ブドウ糖）を分解してエネルギーを生み出しているか、という基本的なことを理解しておく必要がある。普通の細胞は解糖系と呼ばれるプロセスを通してグルコースを分解し少量のATPを作り出したあと、解糖の際に出てくる副産物をミトコンドリアに渡してさらに大量のATPを得ている（後者は第3章で見たプロセスだ）。しかし、赤血球は変わった細胞でミトコンドリアを持たないため、ここでは解糖系のみに注目する。解糖系には、チェンの研究とも関連するおもしろい特徴が二つある。

一つ目の特徴は、解糖系を動かしてATPを作るためには、初期投資が必要になるということだ。二つのATPを投入して、エネルギーの低いADP四つを、よりエネルギーの高いATP四つに変換する。AMPとADP、ATPはリン酸の数が違うだけ（それぞれリン酸を一個、二個、三個もっている）。グルコースから得られるエネルギーを使ってリン酸を付け加え、生命活動の際にはそのリン酸を外してエネルギーを取り出すという仕組みである。赤血球にAMPを加えると、AMPはATPからリン酸一個を奪い、AMP、ATPともにADPになる（AMP＋ATP→2ADP）。すると、初期投資に必要なATPが不足して、赤血球の解糖系の回転が悪くなり、代謝が遅くなる。

実際、チェンの研究グループは、AMPで処理した赤血球には、通常よりも多くのグルコースが含まれていることを発見した。これは、グルコースがいつもの速度で分解されていないことを物語っている。つまり、AMPが代謝速度を遅くしたのだ。

そして、解糖系の二つ目の特徴。ここからいよいよ、先ほどの2，3-BPGの話になる。ATPが不足すると、赤血球はバランスを取るために解糖系の中間代謝産物である1，3-BPGを変換して2，3-BPGをどんどん作るようになる。すると、2，3-BPGがヘモグロビンをアロステリック抑制するので、赤血球の酸素運搬量が減少する。チェンの研究によると、十分な量のAMPを投与すれば、こうした現象が体じゅうの赤血球内で起こることになる。そして、血液の酸素運搬量が少なくなると、全身の代謝低下状態が引き起こされるのだとチェンらは考えている。

つまり、AMPは、酸素とヘモグロビンの結合のしやすさをちょっと変化させることにより、全身の代謝を低下させる力を持っているということだ。一種類の分子に生じた一つの変化にすぎないものが、体じゅうのすべての臓器に影響を及ぼす。これはすごいことではないだろうか。

それは、ガソリン価格を調節して人々の行動を変えるのにやや似ている。人々にクルマの利用を控えてもっと歩くようにさせる方策はいろいろあるが、万国共通の介入法として、ガソリンの小売価格を三倍に引き上げることほど効果抜群の方法は他にない。同様に、酸素に税金をかけて、全身の細胞に酸素の節約させることがＡＭＰの役割なのかもしれない。

でも、それは安全なのだろうか？　ちょっとリスキーなようにも思える。酸素の供給を減らすことにはマイナス面もあるはずだ。たとえば脳の損傷。死を招くことはないのだろうか。ところがチェンはにっこり微笑んだ。

「まったく安全ですよ。室温を低く保って、体温を落とせるようにしてあればですが。体を冷やせば、酸素必要量を減らすことができます。体温が十分に低ければ……問題ありません」

＊＊＊

安全であることを私に納得させるために、チェンはそれを証明するビデオを起動した。

「これは犬です」。そう言ってディスプレイを指さした。

たしかに。垂れ耳で短毛の犬だ。毛並みにやや難があるが、とってもかわいい。私はジュウサンセンジリスや「中型雑種犬」での実験を思い出して、最悪の事態を恐れた。

イヌはまず毛を刈られて、体温維持能力を削がれた。まあ、それくらいならよしとしよう。耳の周りの毛がつんつん立っていて、ちょっとばかりワルに見える。ビーグル犬がこれほどワルに見えることなどそうはないだろう。そのあと、ビーグル犬はAMPを注射された。

そのビデオは、中国の研究室でチェンの共同研究者の一人が撮影したものだ。イヌに対するAMPの最適用量はまだよくわかっていないのだという。マウスでの研究をもとに推定したらしい。

しかしそのイヌは、さしあたり健康そうだ。チェンのラップトップのディスプレイ上で、ハーハー息をし、耳を前後にパタパタさせながらうずくまっている。さらに見ていると、イヌはよろけながら少し歩き回った。そのあと、少しずつ穏やかに、まるで眠りに落ちるように意識を失っていった。

私は心配になったが、チェンは平然としている。そして、なぜ心配する必要がまったくないのかをもう一度説明してくれた。

AMPによって引き起こされる2，3－BPGとヘモグロビンの反応はアロステリック制御なので、その効果には限界がある。用量が一〇倍になっても、効果は同じであることを示すグラフを覚えているだろうか？　2，3－BPGが増加して赤血球の酸素運搬能力が弱まっても、その減り方には限度がある。もともと一定の範囲内で作用するようにデザインされているからだ。

イヌの酸素利用速度と心拍数を測定し、本当に代謝低下状態にあることを確認してからしばらくすると、チェンが言っていたとおり、マウスたちと同様に、そのイヌも目を覚ました。障害は何も見られない。ビデオの最後のシーンには、そのイヌがリノリウムの床の上でのんきに遊び戯れる様子が映っていた。チェンによると、イヌはその後、もらい手がついて引き取られていったそうだ。

中国で撮影されたビデオ一本だけで、AMPの安全性と有効性を証明することなどできはしない。ましてや、人間での臨床試験にたどり着くまでにはまだまだ長い道のりがあるだろう。しかし、それでも私は将来の可能性に期待せずにはいられない。

これほど簡単に人工冬眠の状態を作り出せるのであれば、第3章で見たような、難しい心臓や脳の手術の際に用いる超低体温循環停止法をもっと安全な方法に変えられるかもしれない。あるいは、事故の犠牲者や負傷した兵士などを人工冬眠の方法で安定化させることで、治療を受けられるまでの時間を稼げるようになるかもしれない。

臨床応用の可能性

「あっ、いたいた」

つい私はチェンに聞いてしまった。本当にあれがさっきのマウスなのですか、と。

#0011は深い眠りから目覚めつつあるようだ。チェンが手袋をはめた指で仰向けにひっくり返すと、#0011はまっすぐに体を立て直した。前足で目の前のおが屑を触っている。きっと寝起きのあくびをするぞ。

チェンが笑みを浮かべている。「ほらね、大丈夫でしょ」

一時間前だったら、こんなふうに体を立て直したりはしなかっただろう。あのときは、ただの小さなふわふわ枕みたいだった。でも今はだんだんと目覚め始めている。

チェンと私は一緒になって、小さな#0011が覚醒し、その体が温まっていく様子を見守った。体温は少しずつ平常温に戻っていった。チェンと私が実験室を出るころにはもう、#0011は檻の中を走り回っていた。薬の影響が残っている様子は微塵もない。

しかし、こうしたAMPの注射には限界もある。チェンによると、マウスは五～七時間で目覚めてしまいそうだ。かといって、ＡＭＰを投与し続ければ、死んでしまう。

ネックになるのはグルコースなのだとチェンは言う。ＡＭＰを投与することにより、グルコースを分解してエネルギーを生み出す速度を遅くしても、マウスが生きていられる時間には限界がある。その細胞に何か別の形でエネルギーを与えないかぎり、細胞はいずれ死んでしまうからだ。

私は、代謝について考えて、ふと思った。脂肪は使えないのだろうか？

チェンは深くうなずいた。低代謝状態が二〜三時間続くときに、主なエネルギー源となるのはグルコースだが、冬眠のときは、それが脂肪に替わるのだという。つまり、どうやって細胞にエネルギー源の切り替えをさせるかがポイントになるというわけだ。これはなかなかの難題だが、その一方でチャンスにもなりうる。その切り替えさえうまく誘導できれば、まったく新しい世界への扉が開かれるからである。

私たちはタイル張りの廊下を歩いてエレベーターに向かった。今回の訪問はこれでひとまず終わりだが、彼に聞いてみたいことがまだ山ほどあった。それは、２，３－ＢＰＧに関することでも、細胞内での代謝に関することでもない。私の関心は、こうした方面の研究のもつ意義へと向かい始めていた。

エレベーターの中で、私はチェンにこうした研究が人間にもたらす可能性について尋ねてみた。簡単な注射でマウスを低代謝状態にすることができるのであれば、事故の犠牲者に対して、あるいは戦場で負傷した兵士に対してどんなことができると思いますか、と。

チェンはどうもそういうことをあまり考えたがらない。最初に顔を合わせたときにも、自分の研究は代謝低下のメカニズムの解明に的を絞っており、臨床応用については考えていないので、と釘を刺された。そして、今日いろいろと話している間もずっと、マウスの領域を飛び越えて人間の領域に踏み込むことには消極的だった。

しかし、チェンにはもはや選択の余地など残されていないのではあるまいか。ご存知のとおり、打越三敬の生還はすでに世界中のメディアから注目を浴びている。また、人工冬眠は、臨床応用には至らずとも、星間飛行の重要なツールとして認識されるまでになっているのだ。

一般の人々も、チェンが取り組んでいるような研究の成果に抗いがたい魅力を感じるにちがいない。無視できないほどの大きな可能性が秘められているからだ。さらに、こうした方面の研究は総じて（チェンの研究はとくに）成果が端的かつ明快であるだけに、私たちはその臨床的意義や応用法について考えずにはいられない。冬眠に関するささやかな興味から始まった研究が徐々に、命を救う臨床科学に変貌を遂げつつあると言えよう。

チェンが遺伝子治療を例に挙げて過去を振り返った。一九八〇年代当時、遺伝子治療は医療の次なる大きな目玉になると期待されていた。遺伝子疾患やがんはいずれ治療できるようになると誰もが信じて疑わなかった。ところが、そのメカニズムをきちんと理解しないうちに臨床試験に踏み切ってしまったがために、結局、実りある結果を生み出すことができなかったのだとチェンは主張する。

それとは対照的なのが、ＨＩＶに対する取り組みだという。まずＨＩＶ感染のメカニズムを解明し、病態を理解した上で、治療法を開発して試験を実施した。今ではもう、効果的なワクチンの完成を目指すところまで来ている。これまでの地道な取り組みが功を奏したのだと彼は指摘する。たしかに、遺伝子治療はいまだ実用化に至っていないが、ＨＩＶを抱えながらすでに何十年間も生きている人は大勢いる。

タクシーを捕まえるためにチェンが通りまで見送ってくれたとき、遺伝子治療の研究を駆り立てた、投資家や世間からの凄まじいまでの圧力のことが話題になった。誰もがみな、今日の研究が明日の命を救ってくれることを期待してやまない。チェンをはそこに少なからぬ不安を感じているのだが、それが現状なのである。彼は肩をすくめた。

「人間はせっかちですからね」とチェンは言う。まったくそのとおりだ。

第5章　不死を目指すクライオノーツたち——凍結保存という選択

こんな場面を想像してほしい。

まだ底冷えのする三月の夕暮れ時。あなたは一人で鬱蒼《うっそう》とした北国の森を歩いている。ここ数日は陽が差して暖かったが、丸太の陰や石ころの周りにはまだ少し雪が残っている。あたり一面、昨秋の落ち葉で埋め尽くされており、落ち葉の下はまだ半凍結状態の泥だ。一歩一歩、重いブーツを引き抜きながら進むのは容易ではない。だんだんと疲れがたまってきた。

夕闇がどんどん迫っており、この一時間で気温が二〇℃も下がった。ジャケットを着ていても風が容赦なく体温を奪っていく。もうとっくに見つかっているはずの道がまだ見つからない。あと一時間もしたら、すっかり日が暮れてしまうというのに。どうやら道に迷ったようだ。

そのとき、物音がした。木の葉がカサカサと擦れ合うような音だ。とっさにあたりを見回したが、何も見当たらない。

自然は常に上を行く

また音がした。今度はもっと近く。しかも真正面から聞こえてくる。でもやはり何も見当たらない。心臓がドキドキと高鳴り、息が苦しくなってきた。だいじょうぶ、恐れるものなど何もないと自分に言い聞かせるが、やはり怖くてたまらない。

次の瞬間、そいつの姿をとらえた。目の前だ。いきなり現れて、こちらをまじまじと見つめている。水かきのある長い足の先は鉤爪になっており、その先端が今にもこちらに届きそうだ。ゾッとするほど大きな口が開くのを見て、あわてて飛び退く。心臓が激しく打ち、額から噴き出す汗が氷に変わる。キャーッと悲鳴を上げてもおかしくない場面だ。果たして逃げおおせるのだろうか？

一言でいうと、イエスでもあり、ノーでもある。森の笑い者になりたくなければ、悲鳴は抑えておくほうが無難だろう。

なぜなら、この場面がいかにジョン・カーペンター監督による『遊星からの物体X』の低予算リメイク版に似ていようとも、差し迫った危険はほとんどないからだ。

目の前の地中から這《は》い出してきたその生き物は、まったく怖くないどころか、どことなく愛らしい。でもそれって本当？

もちろん本当だ。というのも、私は今、フィラデルフィア動物園でこの生き物と対面しているからなのだ。体長は一〇センチほどで、体表面は暗い緑褐色。ぷっくり膨れたつぶらな眼をしている。こいつの名前はアメリカアカガエル。まったく悪さはしない。今、私にウィンクまでしてくれたような気がする。

多くの両生類と同様に、このアメリカアカガエルも、柔らかい泥や落ち葉や雪の下に身を隠して過酷な冬を生き延びる。地表面からわずか一〇センチのところで、最も厳しい季節をも乗り切ってしまうのだ。しかし、このカエルの凄いところは、北国の冬を越せることよりもむしろ、どのようにして越冬するのかという点にある。

それはいったいどんな秘術なのだろう？

冬眠する北国の動物たちのほとんどは、ただ代謝速度を低下させるだけだが、アメリカアカガエルの場合は、なんと体を凍らせてしまうのである[1]。

実際、アメリカアカガエルは体温を氷点下にまで（マイナス二℃まで）下げることができる。すると、呼吸が止まって、心臓の拍動も停止する。これはただの休眠状態ではなく、「死んでいる」状態だと言っていい。そのような状態で数週間を過ごしたのち、まるで何事もなかったかのように息を吹き返すのである。

体を凍らせるというのは凄いことなのだと言われても、なかなかピンとこないかもしれない。しかし、この小さなカエルがやっていることは、科学が一〇〇年かけても他の動物にはさせられずにいる芸当なのだ。体を凍らせた状態で生き延びるのはとんでもなく難しい。なぜなら、体の細胞にとても厄介な三つのことが生じるからだ。

まず第一に、体を凍らせると氷ができる。当たり前のことだが、これが大問題なのである。なぜなら、私たちの体の中で最も大きな割合を占めている水は、固体の氷になるとき、あちこちが鋭く尖ったぎざぎざの結晶を作るからだ。顕微鏡を覗いてみるとわかるが、細胞レベルで見ると、氷の結晶は細胞膜にとって致命的な脅威となる。細胞膜を突ついてあちこち穴を開け、膜を引き裂いてしまうからである。

第二に、水は固体になると体積が増える。一℃の水一グラムが〇℃になると、同じ一グラムでも体積が九％ほど増加する。したがって、細胞の外側にある水分が氷になると、細胞を圧迫して押しつぶし、非常にまずいことになる。

さらに、細胞の内側にも水分が存在しており（少なくとも八〇％は水分）、細胞が凍ると、その水分が押し出されてしまう。

あなたは缶ビールを急いで冷やそうとして、ほんの数分間、冷凍庫に入れておいたことはないだろうか？　そして、うっかりしていて「ほんの数分」ではなくなってしまったことは？　そして、冷凍エンドウの袋からビールを拭き取るのにどれくらい時間がかかっただろうか？　そのときのことを思い出せば、私たちの細胞が冷凍云々の話にちょっとばかり神経質になっても不思議はないだろう。

第三に、体が凍ると、細胞内外の（とくに細胞外の）水に溶けている諸々のイオンに由々しき事態が生じる。たとえば、ある細胞をとりまく体液の中に氷が生成されると、その結晶構造の中には、ナトリウム、塩化物、カルシウム、カリウムといったイオンの存在する場所がなくなる。そのため、それらのイオンはまだ残っている液体の中に蓄積されてどんどん濃くなっていく。イオンが高濃度になると、浸透圧によって細胞から水分を奪うので、結果として、細胞は縮んでいき、細胞膜が壊れて元に戻れないところまでいってしまう。こうなるともう細胞死を免れない。

要するに、私たちの細胞は凍ることが大っ嫌いなのだ。もともと凍るようにはできておらず、凍るのは得意でない。そして、いやがっているのに凍らされると、細胞は死んでしまうのである。ところがなぜか、アメリカアカガエルはこれらの危機を回避するすべを心得ており、彼らの細胞は凍っても ちゃんと解凍されるのだ。

ヒトにそんな真似はできない。一〇〇年間におよぶ科学の成果をもってしても、私たちにできるのは、動物やヒトのごく一部を凍らせることくらい。あくまでも小さな部分に限られる。

凍結保存の最初の成功例の一つに挙げられるのは、一九四九年のニワトリの精子の凍結保存である。(2) その後さらに進歩して、ヒトの精子、膵臓《すいぞう》の細胞、赤血球、角膜、心臓の弁の凍結保存および解凍ができるようになった。でもせいぜいそんなところだ。

そう言われてもやはり、あなたは気になるにちがいない。哺乳類の凍結保存というのはできないのだろうか？　大きな哺乳類の冷凍、たとえば人間の凍結保存は？

それができたら凄いことである。いったん冷凍庫に入って、たとえば一〇〇〇年後にまた出てくることができたら、そのときは何をしようか？　夢は無限に広がってゆく。でも果たしてそれは可能なのだろうか？

残念ながら、これはまともな科学者たちに尋ねられる質問ではない。人間の冷凍云々という話題には、ある種のアレルギー反応を起こさせるものがあるようだ。そんなわけで、将来的に人間の凍結保存が実現しそうかどうかを探りたければ、まともな科学者がいそうもない場所に出向くほかない。

いったん死んで、時間を飛び越える

超満員のホテルのカンファレンスルーム。私の隣には三〇代の男性が座っている。くしゃくしゃの茶髪に、いかつい眼鏡、ちょこっとヤギ髭を生やしている。週末に家を抜け出してきた年配のヒッピーといった感じ。でも私がみたところ、ごくふつうの男性である。彼がこちらを向いて自己紹介をしたとき、この第一印象はやはり当たっていたと確信した。

「やあ！　僕はジョン。ごくふつうの男さ」。朗らかにそう言って、私を安心させるかのように大きくうなずいてみせた。「ごくふつうの男さ」ともう一度くりかえした。「まだ会費も支払っていないし。まあ、計画中ってとこかな。じつは、妻に内緒でここに来ているんだ」

三〇〇人にのぼる人々がアリゾナ州スコッツデールにあるこのリゾートホテルの会議場に詰めかけている。出席者はみな、クライオニクス──遺体を凍結保存しておいて、将来また生き返らせ（ようとす）る人体凍結保存術──の最新の動向を知ろうとやって来た人たちだ。その多くはすでに二〇万ドルを支払って会員になっており、実際に何が期待できるのかを知りたくて参加している。しかし、ジョンのように、まだ半信半疑で態度を決めかねている人も少数ながら混じっているようだ。

モーニングレクチャーを聞いていてわかったのは、出席者は一様ではないということ。ジョンのような「ごくふつう」の人間もいるが、それはまれで、はるかに多いのが「信者」と思われる人たちだ。彼らを突き動かしている好奇心と情熱には、ただもう圧倒され、感心するばかりだが、なんだか怖いような感じもした。そういう人たちは妙な質問をするのですぐにわかる（たとえば「塩化カリウムを加えて保存すれば、心臓の蘇生に成功する確率が高まるのではないでしょうか？」など）。

また、彼らは自分たちのことを「クライオノーツ」と称する〔「クライオノーツ」とは人体凍結保存の支持者、信奉者、希望者〕。そのほか「未来主義者」「トランスヒューマニスト」「戦略的哲人」といった言葉も使う。

すっかり感化されて夢中になっている人が少なくない。冷静に先を見ている人や、ジョンのようにごくふつうの人もいるが、心酔しきっている人がかなりの数に上るようだ。

クライオノーツの集団に囲まれて一日を過ごしていると、なんとも言えない異様な興奮と、とめどない不信感とが交互に襲ってきて、突然、こみ上げる笑いをどうにも抑えられなくなったりする。しかし、そういった感情がいったん治まると、今度はむくむくと疑問が湧き起こる。いったい彼らはこのアルコーという組織をどのように考えているのだろうか。

それを探るために、私はここにやって来たのだ。アルコー延命財団の四〇周年記念大会にである。アルコーのウェブサイトでは、「クライオニクス」を「極低温を用いて人間の生命を保存しておき、将来、技術の進歩により治療が可能になった時点で蘇らせようとする科学」と定義している。[3] アルコー延命財団は、死後間もないクライオノーツの遺体を凍結保存し、医学の進歩によって遺体を生き返らせ、なおかつ死因となった疾患を治療できるようになるまで、その遺体をマイナス一九六℃で保管することを約束する非営利団体である。

私はジョンのほうを向いて、「初めて聞くことばかりだよ」と伝えた。さらに、彼が乗ってくることを期待しながら、「ちょっとばかり信じがたい気もするんだけどね」と言ってみた。

ジョンは口を固く結び、落ち着かない様子でメガネの位置を正した。そして、言葉を選びながら、「疑いをもっている人間とはあまりしゃべりたくないんだ」と言った。

しまった。まずいことを言ってしまったかな。

しかし、一瞬張り詰めた空気が流れたあと、たぶん少々無理をしてだろうけれども、ジョンは態度を和らげた。

「ええと、つまり、この一〇〇年間に医学がどれほどの進歩を遂げたか、それは知ってますよね」

私はうなずいた。

「だから、毎日いろいろな病気で人は死んでいくが、一〇〇年後には、そういう病気も風邪と大差なくなっている、そう考えてもおかしくはないでしょ」

私の顔を見つめたジョンは、「なるほど」とか「おっしゃるとおり」とかいった返事を期待しているようだった。でも私は、医学の進歩のスピードについては同意するものの、風邪云々に関しては到底納得などできない。医学の進歩によって開心術、抗生物質、乳房インプラントといったものが生み出されてもなお、一〇〇年以上前から存在する風邪という病は、消滅せずに頑として残っているのだから。でも、先ほどジョンにぴしゃりと言われたことを思い出して、私が一応うなずいたので、彼は安心したようだった。

「そういうわけなんだ」。彼の表情が生き生きとしてきた。「言ってみれば、人間をいったん眠らせておいて、また目覚めさせるようなもの……それが可能になった時点でね」。そう言って、にこりと笑った。「そうだなあ……タイムマシンのようなものかな」

タイムマシンだって？　ジョンがこのたとえを使ったとき、自分がどんな表情をしていたのか定かではないが、おそらく全面的に支持するような顔つきではなかったのだろう。ジョンの笑顔に少し陰りが見られた。といっても、ほんのちょっとだけ。どうやら彼の情熱は揺るぎないらしい。

「でも、本気でそう思っているわけじゃないんだ」。あっけらかんとそう言った。「一〇〇年間も人を眠らせておくなんて、どだい無理でしょ」。彼はあははと笑いながら、会場にいる周囲の人たちに手を振った。「僕たちはみな、それを承知の上なのさ」

本当にそうだろうか？　どうしてもそうとは思えない。私は先ほどのモーニングセッションで会場から寄せられた質問のことを思い出していた。ある女性は、猫を凍らせるのと小型犬を凍らせるのではどちらが簡単ですか、と大真面目に尋ねていた。また別の男性は、自分が凍結保存されている間、持ち株を見張ってくれるｉＰｈｏｎｅアプリを開発してほしいと持ちかけていた。それを考えると、この会場に集まっている人たちは何もかも承知の上、と決めてかかるわけにはいかない。ただし、ジョンにかぎっては、現実をしっかり認識しているようだ。

「睡眠なんだか、冬眠なんだか」。彼はけらけらと笑った。「そのあたりはまるで当てにならないが、でもクライオニクス、これはほんものさ」

彼の言葉に納得したかのように、私はしっかりとうなずいてみせた。安心したかな、薄氷の上の友よ。

でも私はまだ納得できなかった。クライオニクスが真の科学であるなら、なぜ彼は会員にならないのだろう？　そこで、ずばり尋ねてみた。そんな方法で本当に生き返ると信じているのかと。私のような者でも、いや、私でもそれは可能なのかと。

彼の顔から笑みが消えたが、やがて力強くうなずいた。そしてついに「信じている」と答えた。

「信じているとも。もちろん、誇大宣伝の面もあるけどね」。声をひそめてそう言いながら、次の講演者が登壇しようとしているステージに手を振った。「これはビジネス、でしょ？　一つのサービスを売ろうとしているわけだから、当然、できることを大げさに言うだろうが、それは別にかまわないよ。僕はＩＴ業界でセールスをやっているんだ。バンドルしたテレコミュニケーション・パッケージを企業に買ってもらうのが仕事さ。だから、価値のある製品なら、セールストークはまあ当然だと思っている。何も悪いことじゃない」

それにしても、一〇〇〇年後に生き返る確率はどれくらいだと思っているのだろう？　一〇〇％？　五〇％？　一％？

ジョンはちょっと考えてから肩をすくめた。「一％では低すぎる気がするが、まあ、確率はそんなに高くないだろうね。いろいろと手違いも起こるだろうし。冷凍状態から真っ先に目覚めるのはなんだか嫌、だよね？」

それに答える間もなく、次の講演者が登壇してきた。クライオノーツは死亡後にどんな処置を施されるのか、それを説明してくれることになっている。私はもう待ちきれない思いだった。

クライオノーツを待ち受ける試練

人体凍結保存術《クライオニクス》について私が聞きかじっているのは、なにぶんにも胡散《うさん》臭い話ばかりだった。だから、プログラムの中のこの演題に関しては、十分に覚悟ができており、たとえば深夜の謀《はかりごと》であるとか、ガレージや地下室での冷凍作業であるとか、ぞっとするような話が出てきてもけっして驚くまいと思っていた。

しかしそれは見当外れもいいところだった。

今、ステージに立ったピクシーヘアのスリムで小柄な女性は、キャサリン・ボールドウィン。フロリダを拠点に遺体の修復・保存技術の向上に取り組んでいる企業、サスペンディド・アニメーション（SA）社のゼネラルマネージャーだ。(4)　これはアルコー延命財団の大会なのだが、SA社は主役級の扱いを受けている。というのも、アルコーが遺体の保存に成功するかどうかは、遺体をどれだけ迅速にアルコーの施設に搬送できるか、また、どこまで温度を下げてから届けられるかにかかっているからだ。ＳＡ社には従業員五名にくわえ大勢のコンサルタントがいるが、ＳＡ社の顔はなんといってもボールドウィンだ。彼女の講演を聞いているうちに、その理由がわかり始めた。

隙のない身だしなみとエレガントな着こなしで登場した彼女は、とうとうとよどみなく熱弁をふるい始めた。計算し尽くされたリズムと抑揚、磨き抜かれたみごとなレトリック。じつに説得力のあるスピーチだ。しかも、入れ子式に節が連なる複雑な構文を駆使している。つまり、外見はＣＥＯ、話し方は科学者なのである。

彼女の自己紹介を聞いて、実際にその両者なのだということがわかった。ＳＡ社での現在の任務に就くまでにざまざまな仕事を経験しており、生物学者としてＵＣＬＡ（カリフォルニア大学ロサンゼルス校）に在籍していたこともあるという。そうした多彩な職務経験を集大成したかのようなそのプレゼンテーションは、私がこれまでに出席したどんな症例検討会の口演にも負けないくらい洗練されていた。

スクリーンに矢継ぎ早に映し出されるスライドを用いて、ボールドウィンは熱心に聞き入る聴衆に凍結保存の手順を簡潔に説明した。それによると、一連の手順は、会員に健康上の危機が生じたところから始まる。心不全のような深刻な病気で入院した場合などだ。ＳＡ社は、トラブルの兆しが見え始めた段階で、全米各地の多数の登録者リストから選んだ医師、看護師、救急救命士、医療技術者のチームを派遣する。

チームスタッフは高度な技能をもつ専門家ばかりで、凍結保存作業を行なうための特別な訓練も受けているという。たとえば、ＳＡ社の現場スタッフは全員、米国農務省の施設で一定期間働いて、彼女が言うところの「人間サイズの動物の死体」を使って凍結保存や灌流《かんりゅう》の実習をするのだそうだ。

はて、私は一生懸命に考えているのだが、人間くらいの大きさで……人間ではない動物っていったいなんだろう？　思いつくものといえば、体長一・八メートル、重さ八〇キログラムのアメリカアカガエルだが、それは考えただけでも背筋がぞっとする。

話を元に戻そう。ＳＡチームに出動要請が出たら、用具一式を飛行機に積み込む。クルマで行かれる距離であれば、二台のトラックの一方にこれを積み込む。そして、用具一式を携えたチームが速やかに、理想的には六時間以内に、現場に到着するというわけだ。

その用具類は驚くほど高度なもので、大多数の病院で高い評価を受けているという。たとえば、全身を急冷するためのアイスバスや、血液凝固を防ぐためのヘパリンなどの薬剤。さらに、ポータブルの人工心肺装置もあるが、これは臨床工学技士と心臓外科医が操作・管理するのだそうだ。

心臓外科医だって？　私が想像していた地下室の科学実験もどきとはまるで様子が違うではないか。

さて、作業が始まると、まず外科医が二本の太い静脈カニューレを動脈と静脈に一本ずつ挿入する。次に、臨床工学技士がそれらを人工心肺装置に接続し、患者の血液がすばやく流れ出して冷たい臓器保存液と置き換わるようにする。それから、患者の体を冷却し、できるかぎり〇℃に近づける。

そうした光景を想像しながらも、私の注意はステージに引き戻された。ボールドウィンが力説している点にひっかかるものを感じたからだ。彼女によると、死後一五分以内に人工心肺装置に接続することを目標にしているという。しかし、それはあまりにも楽観的すぎやしないか。そもそも人体凍結保存術《クライオニクス》を希望する患者の身に起こることはそれほど甘いものではないからだ。

***

アルコーの患者#113の痛ましい例を考えてみよう。[5] ジョン・モンの事例は、予定どおりに作業が進まなかった場合、そしてボールドウィンのような人に味方してもらえなかった場合にどんなことが起こるかを知る参考になる。

モンは二〇一二年十月三十一日に六八歳で死亡した。ホテルの部屋に一人でいたとき亡くなったので、病理報告書には推定死亡時刻は午後十一時ごろと記載されている。一夜が明け、しばらくしてから発見されたが、死因に不審な点があるということで、遺体は検視官のもとに送られた。

当然ながら、処置に取りかかるのが遅れた。十一月四日ごろになってからようやく、アルコーの医療連携部長のアーロン・ドレークが「ニューロ・セパレーション」を実施した。つまり、モンの頭部を切断してドライアイスのバケツに放り込んだのだ（そう、アルコーはこのとおり、ぞっとするようなやり方で脳を冷凍する。それについてはのちほど詳しく述べる）。そして十一月七日になってようやく、ジョン・モンの脳は液体窒素の中で目標温度のマイナス一九六℃へと下がり始めたのだった。

ジョン・モンがもし、死後一五分以内に〇℃まで冷却されることを期待していたとしたら、物事の進み方ののろさにさぞかし愕然としたことだろう。まさかホテルの一室で室温のまま孤独に一夜を明かすなんて、彼の計画にはなかったはずだ。また、遺体保管所の冷蔵庫で二日間、レタスがしなびずにすむ程度の温度で過ごすなんてことも予想していなかったにちがいない。

こうしたことを考えると、たしかに弁舌爽やかなボールドウィンのスピーチは感動的だし、理屈上は数時間で凍らせることも可能なのかもしれないが、多数のアルコー会員にとって現実はなかなか厳しいのではないかと思えてくる。

＊＊＊

しかしそのあとすぐに、ボールドウィンは、聴衆全員の心をしっかりとつかむ話題へと移った。彼女のスピーチの肝とも言える液体呼吸の話である。試験的な取り組みが始まったばかりであることは本人も認めているが、この話題には確かにマニア受けする要素があり、聴衆の心をわしづかみにした。

ＳＡ社は液体パーフルオロカーボンの使用を開始する予定だという。これは炭素とフッ素からなる液体で、酸素や二酸化炭素を運搬する能力があり、血液のすぐれた代替品になるらしい（ちなみに、第3章のリノチルのところでもこの物質が登場した）。血液のすぐれた代替品になるらしい。パーフルオロカーボンは、血液ならば凍って固まってしまうような低い温度でも液体のままなので、はるかに低い温度まで冷却することができる。また、血管内で流れが止まっても、血液のように凝固することもない。したがって、急冷しながらガス交換を維持できるというわけだ（少なくとも理論上は）。

ボールドウィンの技術解説を聞きながら、私はほぼ同時に三つの感想を抱いた。一つ目はもちろん、じつにすばらしい話だということ。二つ目は、でもやはり奇抜なＳＦ小説みたいに聞こえるな、ということ。

しかし、自分でも意外に思ったのは三つ目だ。とくに目新しくもない、どこかで聞いた話のように感じられたのだ。さっそく手元のｉＰｈｏｎｅで検索してみて、なるほどと思った。液体呼吸は、

『アビス』『ミッション・トゥ・マーズ』『イベント・ホライゾン』など、ＳＦ映画でよく用いられる道具立てなのである。

こうしたＳＦのストーリーが思い浮かぶのは当然のことなのかもしれない。人体凍結保存術《クライオニクス》の父と呼ばれるロバート・エッティンガーは、このアイディアをまず最初にＳＦ短編小説のかたちで提案したのだった。一九四七年、第二次世界大戦で負傷して病床にあったエッティンガーは、フランスの生物学者、ジャン・ロスタンがカエルの精子の凍結保存に成功したといううわさを耳にする。それに刺激された彼は、一九四八年、人体冷凍をストーリーの中心に据えた短編小説『最後から二番目の切り札（*The Penultimate Trump*）』を発表した[6]。

冷凍や氷漬けの話はファンタジーやＳＦの世界にちょくちょく登場する。それとよく似た人工冬眠のほうが、人間を生かしておけるので道具立てとしては使いやすいのだが、氷漬けのほうも負けてはいない。その例としてまず挙げられるのが、ジョン・カーペンター監督のホラー映画『遊星からの物体Ｘ』である。南極大陸で氷漬けになっていた謎の生物が一〇万年の眠りから目覚め、あらゆるものに触手を伸ばしてくるという話だ。そのほかにも、北極圏で飛行機事故に遭って氷漬けになっているところを助け出される『キャプテン・アメリカ』や、宇宙空間での冷凍睡眠中に危機に遭遇する『オースティン・パワーズ』など、氷漬けや冷凍をストーリーの中心に据えたＳＦ作品は枚挙にいとまがない。

フィクションの世界でこれほどお馴染みになっていると、ボールドウィンのように、それが現実の科学であることを人に納得させようとするとき、むしろ厄介な壁になってしまう。実際に講演を聞いていて感じたのだが、人体凍結保存術《クライオニクス》にはどんな歴史があって、私たちの多くがそれをどんなふうに捉えているかということを、ボールドウィンは非常に強く意識していた。スピーチの随所で、SA社のやり方が法に適った正当なものであることを伝えようとしていた。何度も繰り返し、SA社が行なう処置を、誰もが知っている医療処置と比べながら説明していた。

なるほど、だんだんわかってきたぞ。彼女の売り込みのポイントはここにあったのだ。液体呼吸のようないくつかの奥の手を除けば、SA社はただ、多数の外科医や病院が長年やってきたことをしているだけなのだと、念入りに説明した。開心術も体外循環灌流も人工呼吸も、すでに何百万人もの患者が受けている処置なのだから、と言って聴衆を安心させた。「生きているわれわれにとって安全で効果的なものなら、凍結保存にも有効だと信じていいのではありませんか?」と。

その点を印象づけるように、権威のある会社や人物の名前をそれとなく口にした。たとえば、心臓潅流を行なっている会社を二つ挙げたが(パーフュージョン・リソーシズ社とパーフュージョン・ドットコム社)、この二社はこの業界の最大手だという。また、一緒に仕事をしている心臓外科医四人の名前をすらすらと言い、デューク大学やテキサス心臓研究所など、その医師たちが所属している著名な医学研究組織の名前を挙げた。さらに、患者が自宅で死亡した場合にサポートしてくれる、カリフォルニア州の在宅ケアサービスやホスピスなど、SA社の提携施設も紹介した。

その意図はもう明らかだ。当社の仕事はまだ医療の主流になってはいないが、そうなって当然だし、いずれそうなるはずだ――そう言いたいのだろう。

私は、次々と映し出されるスライドから目を離して周囲を見回した。前後左右の九人は全員スクリーンに見入っている。メモをとっている人が二人、考え込んでいる人が一人、それ以外の人たちは感心したようにぽかんと口をあけて、キャサリン・ボールドウィンのほうをじっと見つめていた。

明らかに、彼らはすっかり虜になっていた。それは、彼らが求めているものをボールドウィンがしっかりと与えてくれているからなのだ。それは何かというと、いざという時はＳＡ社が駆けつけてくれるという安心感である。しかし彼女は同時に、実際にどういう結果になったかということもきちんと伝えている。冷却開始までにかかった時間、人工心肺装置に接続するまでにかかった時間、凍結保存処理までにかかった時間。どれもみな実際の数字である。

しかし当然ながら、そのあとどうなるのか、今から一〇〇〇年後に目覚める見込みはあるのかということには一切触れていない。だが、それは言う必要のないことなのだ。「ここまでは確実に当社が引き受けます」というのが彼女の主張であり、約束なのだから。ここが重要なポイントである。

ボールドウィンの講演は、この分野のさらなる発展に貢献し続けることを約束して、大盛況のうちに終了した。プロとしての知識と情熱と自信に裏打ちされたすばらしい講演だった。会場は熱狂の渦に包まれた。私でさえ入会してもいいような気持ちになっていた。

＊＊＊

でも私にはまだ気がかりなことがあった。人体凍結保存術《クライオニクス》に対して病院側は懐疑的な態度をとっているにちがいない。そのような病院側とボールドウィンはどのように付き合っているのだろうか。ぜひとも聞いてみたい。

予想したとおり、講演が終わるや否や、彼女の周りには大勢の人が詰めかけたので、私は自分の番がまわってくるのを辛抱強く待った。間近で見る彼女には、人を惹きつける温かさがあった。私のすぐ前の女性と話している様子からすると、ボールドウィンには外科医の資質もあるようだ。親しげな笑顔を自分に向けられた瞬間、私は思った。これほど営業のコツを知り尽くした人間はいないのではないか、と。

自分が医師であることは伏せておこう。それから、この業界に少々疑念を抱いていることも口には出すまい。そう心に決めて無邪気にふるまった。もし私が凍結保存を希望したら、病院からどんな対応を受けるんでしょうか？　きちんと面倒を見てくれるのでしょうか？

彼女は溜息をついた。「病院からは敬遠されがちで、なかなか受け入れてもらえないのが現状です」。さらに彼女は、人体凍結保存術《クライオニクス》には汚名が付きまとっている事実も認めた。世間からは依然として、関わりを持ちたくない相手と思われているらしい。

この仕事に就いてもいいという医療従事者を見つけるのも難しいという。ボールドウィンは、登録している医療従事者の氏名を明かすことさえ控えている。多くの業界、とくに医者の世界では、人体凍結保存術《クライオニクス》と関わりなど持とうものなら、キャリアを棒に振ったも同然だと思われているのをよく知っているからである。

しかし、ボールドウィンと共に活動している人たちは、そんなことは気にしていない。それは私も同じだ。そういえば私は、会場を埋め尽くすほどのクライオノーツの中にいる医師ではないか。

とにかく、ボールドウィンは、弱音を吐くことなくここまでやってきた人間だ。きっと何かアドバイスしてくれるにちがいない。

彼女は笑顔を浮かべながら言った。「どんな対応を受けるかは、あなた次第。全面的にサポートしてくれる病院を選んでください。それが一番です」

彼女のアドバイスは、独立独歩、わが道を行くこの集団の精神ともぴったり一致するものだった。消費者からの圧力で病院の考え方を変えよう。人体凍結保存術《クライオニクス》に対してもっと開かれた病院になるよう消費者としての影響力を行使しよう、と。

「主治医の先生に相談してみてください。あなたのことを一番よくご存知なので。それに、現状を変えられるのは先生方なのですから。私たちが可能なかぎり最良のケアを提供するのに不可欠な関係を築いていくためには、それしかないのです」

「関係」とは、具体的には、ＳＡ社のスタッフが病院の施設を使わせてもらえるような関係だとボールドウィンは言う。荷物の積み下ろしのために病院にワゴン車をとめるときも、今はどこの車かわからないようにしなければならない。それが腹立たしくもあり、少々気まずくもある。彼女としては、移植外科医が臓器摘出のために手術室を使うような感じで、病院の手術室を使えるようにしたいのだ。

「なぜできないのですか？」

本気で尋ねたわけではない。認めてもらえない理由ならいろいろと思い浮かぶ。そもそも大真面目に人間を凍結保存しようと考えているわけだし、一〇〇〇年後にそれを生き返らせようなどと目論んでいるのだから。それだけでも十分に大多数の病院から追い出される理由になる。

それから、周囲の人たちと話していて気づいたのだが、彼らは言葉の使い方が独特だ。「第二のライフサイクル」を生きようと計画している人間と、死んでしまって生き返る見込みのない人間とをはっきり区別するのである。凍結保存されている人間はけっして死んだわけではなく、たんに「生命を抜かれた《デアニメイト》」状態にあるだけ、というわけだ。

私がボールドウィンにお礼の挨拶をすると、彼女は次に並んで待っている人のほうに顔を向けた。

そのとき、私の頭に浮かんだのは、人体凍結保存術《クライオニクス》の正当性が認められるようになるまでにはまだまだ苦難の道が続きそうだ、ということだった。

しかし、考えてみると、ボールドウィンが切望するような関係を築けるかどうかは、彼女が何を約束できるかにではなく、その後どんな処置がなされるかにかかっている。つまり、ボールドウィンのチームが病院や世間からどんな扱いを受けるかは、その後を引き継ぐ人体凍結保存術《クライオニクス》の「科学」がきちんと存在するかどうかで決まってくる。

では次はその話をしよう。

ガラス化保存法

ボールドウィンの情熱には感銘を受けたし、彼女の語る内容もすばらしいものだった。しかし、ボールドウィン率いるチームがどれほど懸命に冷却や搬送を行なったとしても、運ばれてきた患者を安全に凍結保存できなければ、その努力は徒労に終わってしまう。この「安全に」というのは、いつの日にか息を吹き返すことができるような方法で、という意味である。

でも、それにはどうすればいいのだろう?

その答えは、次に登壇したグレッグ・ファイという薬理学者の講演に期待しよう。ファイは活力あふれる長身の男性で、もじゃもじゃの口ひげを生やしている。しゃべり方はヒッピー崩れの科学者といった感じだが、話の内容はじつに理路整然としている。

人体の凍結保存は技術的に非常に困難です、とファイはまず最初に釘を刺した。そして次々とスライドを映しながら、軽はずみに凍結保存などを望むと取り返しのつかない悲劇が待ち受けていることをほのめかした。そのスライドには「脳の萎縮防止への取り組み」「脳の破裂防止」といったなんとも威勢のいい項目が並んでいる。

しかし結局のところ、人体の凍結保存という難題の核心部分にあるのは、凍結と解凍の物理学なのだとファイは言う。それがすべてであって、人体凍結保存術《クライオニクス》が克服しなくてはならない課題はまさにそれなのだと。彼は、世界的金融大崩壊や愛犬の非業の死を告げるのにふさわしい緊迫した口調で、眉間にしわを寄せながら言った。やっかいの種は——氷なのです、と。

でも、体内の水分を氷にせずに、体を極低温にまで下げることなどできるのだろうか？

ファイがこれから話してくれることの中に、その答えが見つかるかもしれない。

「ガラス化」という手法を用いれば、誰もが、たぶんいつかは、凍結保存の恩恵に浴せるようになるはずだと彼は言う。人体凍結保存術《クライオニクス》の世界でいう「ガラス化」とは、氷の結晶を作らないようにしながら、動物や人間を冷やして硬くすることである〔ガラスは固体でも結晶にならず、液体のような不規則な分子構造を持つ。固体がこうした構造をとることをガラス化という〕。これはそう簡単にできることではない。氷結晶に出くわすことなく、クニャクニャ状態からカチカチ状態に移行するのはとてつもなく難しい。

そのためにはまず、氷結晶の生成を阻止する方法を見つけることだ。それには、水を何か他の液体で置き換えてやればいい。冷却しても、刃物のように先の尖った結晶を作ったりせず、イオン濃度の劇的な変化も起こさない液体。しかも、冷却時に膨張して、三流ホラー映画のように体がはちきれたりしない液体。その答えのカギを握っているのが、氷晶防止剤《クライオプロテクタント》なのである。クライオプロテクタントを水に加えると、氷晶の生成を防いで、細胞を傷つけることなくガラス化させることができる。

本章の冒頭に登場したアメリカアカガエルを覚えているだろうか？　あの芸当を可能にしていたのは、ずばり、クライオプロテクタントだったのである。気温が低下するにつれて、アメリカアカガエルは、グルコースといった天然の不凍剤として働く物質を体内に蓄積させていく。[7]

さらに興味深いのは、氷晶の生成をきっかけにして、こうした体を保護する作用が起こってくるという点だ。アメリカアカガエルの体温が低下し始めると、体内に微小な氷晶ができてくる。すると、カエルは体内のグリコーゲンをすべてグルコースに変えて、氷晶の生成を抑制するのである。[8] そして、氷の問題にいろいろと悩まされる状態を避けて、カエルはガラス化し、氷晶を含まないちっちゃな塑像となる。

この方法にはとても便利な点がある。グルコースなどのクライオプロテクタントはすべてカエル自身が作り出したものなので、気温が上がってきたら、カエルが自分で代謝してしまえばいい。

しかし、自前でクライオプロテクタントを作りだす能力のない私たちはどうすればいいのだろう？角膜など、人体のさまざまなパーツを凍結保存するときの保存液にはたいていグリセロールが用いられている。グリセロールは脂肪を分解したときにできる副産物で、石鹸や医薬品の原料としてもよく使われるどろどろした粘っこい液体だ。水を押しのけてそこにとどまり、保護剤として作用する。臓器の保存液としてはジメチルスルホキシド（ＤＭＳＯ）も使われている。ＤＭＳＯはきわめて強力な溶剤だ。細胞膜をするりと透過し、そこに溶けているものをなんでも一緒に細胞内に運んでいくのである。

学生時代に化学研究所のアルバイトをしていたとき、ＤＭＳＯを使う実験をしたことがあるのだが、皮膚にちょっとこぼれてもすぐにわかった。驚くほどあっという間に皮膚から体内に浸透するからだ。

指に二、三滴たらしてから一分もしないうちに、口の中でその味がしてくる（興味のある方のために記しておくと、これはそれほど嫌な味ではなかった。一日置いたガーリックトーストの味とでも言おうか。でも、くれぐれも家では試さないように）。

しかし、全臓器を、つまり動物や人間を丸ごと凍らせようとする場合には、グリセロールやＤＭＳＯではなかなかうまくいかない。やはりどうしても氷晶ができてしまい、それに伴うさまざまな問題が生じてくるからだ。そこで、人体凍結保存《クライオニクス》業界はエチレングリコールという薬品に頼るようになった。自動車のラジエーターに使われている不凍液の主成分である。

問題は、エチレングリコールは非常に毒性が高いということだ。これを飲むと、体内で代謝されてグリコールアルデヒドとなり、さらにグリコール酸となる。このグリコール酸は、カルシウムと結合してシュウ酸カルシウムの結晶を作りやすい。少量であれば、こうした結晶が大きな害を及ぼすこともない。しかし、人体凍結保存《クライオニクス》術で通常用いられるような量だと、目覚めてみたら臓器が石に変わっていた、などということにもなりかねない。

心臓弁や角膜のような小さなヒト臓器を使って試行錯誤を重ねるうちに、不凍液を使ったとしても必ずしもガラス化がうまくいくとは限らないことがわかってきた。

冷却のプロセスは、急速かつ均一でなければならないからだ。カエルや人間を丸ごと、できるかぎり急速に所定の温度にまで下げなくてはならない。冷却が遅すぎると、クライオプロテクタントが行き渡らない部分に氷晶が生成される時間を与えてしまうからだ。同じ理由から、冷却は均一でなくてはならない。つまり、カエルの体の芯と、水かきのある細い指とを、同時に同じ速度で凍らせなくてはならないのである。

そんなわけで、赤血球、角膜、胚、心臓弁といった小さなもののほうが凍結保存はうまくいく。小さなものほど急速かつ均一に凍らせるのが容易だからだ。サイズが大きくなると保存は非常に難しくなる。実際、現在の科学で凍結保存できるのは、せいぜいドングリくらいの大きさのものまでであり、いまだアメリカアカガエルの足元にも及ばないのである。

しかし、控えめな楽観論の根拠になりそうな成功例もいくつか見つかる。たとえば、二〇〇五年には、ある研究チームがラットの心臓を摘出して、これをガラス化凍結することに成功している。クライオプロテクタントとしては、氷点下の環境でくらす北極海の魚（*Macrozoarces americanus*）から抽出したタンパク質が用いられた。このいわゆる不凍タンパク質を用いて保存した心臓を、別の一群のラットの腹腔に移植したところ、その心臓は（血管と接続されないまま）収縮を始めた[9]。この研究チームはそのあとも引き続き実験を重ね、こうして生き返らせた心臓に正常な電気刺激を発生・伝播させることに成功したと報告している[10]。

ファイは、さらに野心的な自身の研究にも触れた。ウサギから片方の腎臓を摘出してガラス化凍結し、解凍したのち、再移植したのだという。このウサギはこの処置をどう思っているのだろう。ウサギからすれば、ずいぶん無意味な処置だったのではないだろうか。それはともかく、「ウサギはみごとに生きていました」とファイは嬉々として報告した。

これで、クライオニクスに一点追加。

後日、ファイが発表した論文を探して読んでみたところ、その実験は二匹のウサギを使って行なわれており、そのうちの一匹は死亡していた。運よく生き延びたウサギもわずか九日間の命だった。人間に換算すると二か月くらいに相当するだろうか[11]。ファイの講演終了後の拍手喝采は、聴衆がその九日間を勝ち星と認めていることを物語っていた。今日はまだウサギの腎臓、でも明日はクライオノーツだと。

構造か、機能か

ファイのウサギの実験をたたえる拍手がおさまりかけたころ、私は人間に不凍液を使用することの是非について聞いてみたくて、人混みをかきわけながら会場の一番前まで出て行った。ファイの前に並んでいる人の列は驚くほど短かった。私の前には中年の男性が一人だけだったので、彼の質問の終わりの部分が耳に入ってきた。「あなたが現在の凍結保存よりも薬品による保存に肩入れするのは、神経回路地図を作成するのに、固定化した組織を用いているからではありませんか？」

この男性の質問のおかげで、先ほどからずっともやもやしていたものの正体がつかめた。

男性の話によると、凍結保存が成功したかどうかは、通常、顕微鏡で見たときの細胞構造の保存状態で判断され、凍結保存処理が細胞の機能にどんなダメージを与えたかは考慮されないというのだ。エチレングリコールのような薬品の助けを借りて細胞組織を保存すれば、倍率一〇〇〇倍の顕微鏡で見ても申し分のない状態に保存することができる。しかし、こうした薬品の毒性の強さを考えると、保存処理したあとに残ったのは構造だけだったということにもなりかねない。

機能よりも構造を重視するというあたり、人体凍結保存術《クライオニクス》は剥製術に近いところがあるように思われる。熟練の職人が作ったライオンの剥製は、少なくとも安全な距離から見るかぎりは、生きているライオンと見分けがつかない。しかし、剥製にされたライオンは二度と吠えることはないのだ。

男性から質問を受けたファイは、曖昧な答えでお茶をにごした。たしかに難しい問題だ。でもファイのおかげで、クライオプロテクタントやガラス化法は、人体のパーツを保存するために他でも使われていることがわかった。また、処置を受けたウサギが一匹、ちゃんと生き延びたこともわかった。小さなウサギの九日間がどうだったかという問題はあるが。

ようやくファイがこちらを向いたので、もうすでに答えが見つかった質問を彼に投げかけてみた。つまりこういうことだ。腎臓はかなり単純な臓器で、フィルターの役目をはたす膜を備えた管にすぎない。すでに何十年も前から人工腎臓（透析機）が使われているほどシンプルな臓器だ。それに対して脳はどうだろう？　あの複雑に張りめぐらされた神経回路の構造が、保護剤や凍結保存に耐えられるのだろうか？

「クライオプロテクタントの灌流は脳全体の機能にどんな影響を及ぼすのでしょうか？」

ファイはこの質問に対し、待ちきれないほど長い時間考え込み、それから口を開いた。「まだなんの手がかりも得られていないというのが現状です」

成功の可能性

ファイが心ならずも出した答えは、この分野全体の現状を象徴するものと言えよう。どんな処置を行なえば成功するのか、あるいは成功しそうか、誰にもわかっていない。それどころか、現在すでに人間に対して行なわれていることが、果たして成功するのかどうかさえ、誰にもわかっていない。それはもう明らかだ。

休憩時間のあいだ、私はコーヒーをすすりながら周囲の会話に聞き耳を立てていた。ところが、私の注意は、次々とCT画像が映し出される会場正面のスクリーンに否応なく引き付けられた。青、緑、橙、黄色といった鮮やかな色で示されているのは脳の精密な断面画像だ。位置をずらして撮影した膨大な枚数の画像を動画のように映し出しているのである。

バックに流れる耳に心地良い音楽ともあいまって、なんだか、麻薬で幻覚を起こした人の脳に浮かぶ映像のようにも見えた。うっとりするほど魅惑的で、美しいとさえ思った。

私のどんよりとした灰色の脳に、ある疑問が湧き起こった。このカラフルな脳は、いったい誰の脳なのだろう？

幸い、その疑問に答えてくれそうな人が、近くの壁を背にして静かに立っている。ベン・ベストだ。彼はアルコーの研究管理部長で、これらの映像の制作にも携わっている。ベストなら、私のような一《いち》見《げん》の客のばかげた質問にも答えてくれそうな気がした。

もじゃもじゃのグレーの髪の毛が外に向かって跳ね、つるりと禿げた頭を光輪のように取り巻いている。分厚いメガネをかけ、耳がやたら大きく、厚手のツイードのブレザーを着ている姿は、温和な英文学の教授といった感じだ。

私は自己紹介をしてから尋ねてみた。今、映し出されている脳は、どなたの脳ですか？

「クライオノーツの脳です」。そっけない答えが返ってきた。

私は会場を見回しながら、近くにいる五～六人がCT撮影のためのワイン&チーズパーティーを開いているところを思い描いた。トランスヒューマニストたちが集うタッパーウエアパーティーのように。「ここにおられる何人の方がスキャンを受けられたのですか」と尋ねると、彼は首を横に振った。

「いえ、これは凍結保存中の方々のものです」。誇らしげな笑みを浮かべながら、意気込んで画面を指さした。今映し出されているのは、眉の高さあたりの頭部の横断面だ。全体が明るい橙色になっている。「すべて凍結保存されている脳です」

ということは、あれが保存の成功例ということなのか？　本当に成功したのだろうか？　よく考えると、結局、この問いに対する答えは、何をもって「成功」とするかで決まってくる。では、ベスト自身はどう考えているのだろう。

「もちろん、氷は一切排除したいと思っています」。そう言って、彼は右側頭葉のてっぺんと思われるあたりを指さした。「この部分を除けば、氷はごくわずかしかありません。おそらく一％にも満たないでしょう」と楽天的な見解を示した。

でも……どうしてそれで保存が「成功」したことになるのだろう？　私はさらに追及した。

「ですから、申し上げたとおり、氷は生成されていないのです」。彼はちょっとムッとしたような表情を見せた。

ということは、それが彼の凍結保存成功の定義なのだろうか？　氷晶を探して見つからなければOKということか？　それではあまりにもレベルが低すぎるのではないか。無事に切開を終えたら手術は成功だと言っているのと変わりがない。もちろん、それは必要なことではあるが、それで十分とは言えない。

私は疑念を拭いきれなかった。もっと意味のある成功の定義があってもいいのではないか。氷晶を生成させない凍結保存を目指すのは、第一段階としてならば結構だが、それはあくまでも第一段階にすぎない。凍結保存後に解凍された臓器が正常に機能して、初めて成功と言えるのだと私は思う。しかし、ウサギの腎臓一個を別にすると、現状は私の成功の定義とはかけ離れているようだ。

「もちろん、それ以外のこともチェックしていますよ」とベストは言った。「ドライアイスの温度まで下げるのにかかる時間や、液体窒素の温度に落ち着くまでの時間などです。それから、凍結保存されるまでの温度変化も見ています。でも、確かな証拠はこれです。スキャンした画像を見れば、どんな状態かがわかりますから」。どうやら彼には凍結保存は成功しているという自信があるようだ。

これをただの不運として片付けられるか？

たしかに、ベストたちは首尾よくやっているのかもしれない。しかし、これまでもずっとそうだったというわけではない。

典型的なのがジェームズ・ハイラム・ベッドフォードの場合だ。ベッドフォードはたらい回しにされた。といっても、生前の話ではない。彼は一九六七年一月十二日、腎臓がんのためにカリフォルニアの高齢者介護施設で亡くなった。そこから彼の流浪の旅が始まったのである[12]。

ベッドフォードに最初に凍結保存処置を施したのは、カリフォルニア・クライオニクス協会の当時の会長、ロバート・ネルソンだった。そのやり方は、クライオニクスの基準から見ても信じがたいものだった。ベッドフォードの「生命が抜けて《デアニメイト》」から最初の一～二時間は何もせずにそのまま放置。その後、遺体を氷に詰めてCPRを開始した。続いて、遺体にクライオプロテクタントとしてDMSOを注入。それから、遺体をキルトでくるんで容器に納め、板状のドライアイスで蓋をし、液体窒素のタンクに放り込んだ。

ところが幾日もしないうちに、ベッドフォードはクライオ・ケアという会社（現存せず）に移され、さらに一九七〇年四月には、ガリソという別の会社（まだ存在しているが、ウェブサイトを見るかぎり、人体凍結保存業から手を引こうとしているようだ）に移された[13]。六年間ほどそこにいたが、とうとうガリソ社からも追い出されるはめになる。保険会社が賠償リスクを懸念したらしい。そもそもベッドフォードは完全に死んでいるのだから、どこに懸念材料があるのかまったくもってわからないが。

そんなわけで、気の毒なベッドフォードはまたもや容器に詰められて移動した。一九七六年七月三十一日、今度はトランス・タイムという会社（二〇一二年時点では現存）に運ばれた。ところが、それから一年もたたないうちにまた引っ越すはめになる。ベッドフォードの家族が転々とたらい回しにされるのに辟易したのだろう。一九七七年六月一日、遺体をユーホール社の引っ越し用トレーラーに積み込み、その維持管理を自ら引き受けることにした。そう、自宅に連れて帰ったのである。

それからの五年間、一時的に保存施設に預けられたりしながらも、家族とともに自宅で過ごした。家族が彼をどこに置いたのかも、どうやって週二回、維持管理に必要な液体窒素を配達してもらったのかもわからないが、少なくとも、ベッドフォードは長い旅の末にやっと自分の居場所を見つけたのだ。そう思いたい。

ところが結局、一九八二年に家族は彼をアルコーの施設に引き渡してしまう。その施設は当時、クライオヴィータという会社（現存せず）が経営していたが、一九九一年、彼はそこからスコッツデールにあるアルコーの施設に移された。

彼はここでも屈辱に耐えねばならなかった。というのは、搬送のときに解梱を求められたからである。哀れなベッドフォードを覗き見する絶好のチャンスだと考える者がいたのだろう。それで、彼はどんな様子だったのか？[14]

まずは朗報からお伝えしよう。タンクを開けて、保管用の寝袋から出してみると（寝袋に保管するのがカリフォルニア・クライオニクス協会の伝統的な方法だった）、角張った氷の塊がいくつも見つかった。ということは、途中で氷が溶けることがあったとしても、角がとれてしまうほどではなく、それほど長時間でもなかったということだ。

しかし、まずい知らせもあった。報告書には次のように記されている。「胸上部および頸部の皮膚が変色しており、下顎から乳輪の上約二センチのところまで紅斑が現れている」（念のためにお断りしておくと、吐き気を催しそうな方はこの先は読まないでいただきたい）

淡々とした記述はさらに続く。「鼻孔は潰れて平坦になっていたが、これは最初に凍結保存するときに板状のドライアイスで圧迫したためと思われる。胸部の皮膚を詳細に調べたところ、亀裂とおぼしき波打った縞模様が見つかった」

どうやら、冷凍するときにひび割れが生じたらしい。

報告書の後半には、「口と鼻から凍った血液が噴き出している」という記述もある。

こんなことを知らされたら、凍結保存を希望していた人もたじろいで、自分はいったいどんな目に遭うのだろうかと慎重に考えるようになるのではないか。顔はぺしゃんこ？　皮膚にひび割れ？　血液がどうしたって？　これでは、未来への航海に乗り出した勇敢な冒険家というよりも、酒場での乱闘騒ぎの敗北者のようではないか。

どんなに控えめに言っても、目を覚ましたら跳び上がって喜ぼうという人の姿ではない。だいたい、目を覚ましても、飛び上がりたくなることはまずないだろう。もっと言ってしまうと、彼が目覚めることは決してないと思われる。

山積みの課題、多すぎる不確定要素

たしかに、ベッドフォードの事例は最悪のケースだと言える。医学的処置にはほど遠い手荒なやり方で、友人によって凍結保存処理を施された。その後二五年間にわたり、不要で邪魔になった家具のように、あちこちたらい回しにされたのである。こうした事情も考慮に入れるならば、むしろ、ベッドフォードの保存状態は驚くほど上々だったと言えるかもしれない。

しかし、ベスト率いるチームが、まだ懐疑的な人たちに、遺体は凍結保存できるのだと確信させるためには、まだまだ課題が山積している。

そもそもそれは可能なことなのだろうか？　今日一日、講演をいくつか聴き、何人かの講師に質問もしてみたが、私はまだどちらとも判断がつきかねている。

アルコーが約束するように、凍結保存しておいた遺体を将来生き返らせるなんて、どう考えても詭弁としか思えない。しかし、似たようなことをやってのけるカエルが実際に存在することもまた事実だ。また、ごくふつうの男ジョンが今朝、私に語ったように、今から一〇年前には、実現するとは夢にも思わなかったさまざまなことがらが、現在では可能になっている。そういったことを考え合わせると、不可能と断じることはできないような気もする。

率直な意見を聞かせてくれそうな人に本当のところを教えてもらおうと、私は午前中の講演者の一人であるケン・ヘイワースを探した。近くから見る彼はとても背が高く、信じられないほど痩せている。高校時代にのけ者にされていた変わり者が、長じてハーバードの教授になったような感じだ。

私は、科学者同士として、対等な立場で尋ねてみた。あなたは人体凍結保存術《クライオニクス》なるものを本当に信じているのですかと。

「まあ、私はアルコーの会員なんでね」

予期せぬ答えが返ってきた。

「といっても、懐疑的なアルコー会員ですが。入会したからといってなんの慰めにもなりません。受けようとする外科手術の成功率が五％では、安心して受けることなどできませんから」

それでもやはり、ヘイワースはその慰めを求めているのだと語った。彼は遺体の凍結保存は理論的には可能だと考えているようだ。凍結保存処置が標準化されて高品質になり、他の医学的処置にも劣らぬ客観性と透明性を持って病院内で実施されるようになる日を夢に描いているのだという。

一日目が終わろうとするころになっても、私はまだ、そういった未来の展望について結論めいたものを出せずにいた。暗がりの駐車場を歩いていると、背後からえっちらおっちら歩く足音とぶつぶつ呟く声が聞こえてきた。振り返ると七〇歳代の男性だった。背中をすこし丸め、こんなに暖かい夜なのに特大のスポーツジャケットを着込んでいる。男性も私に気づいたらしく、つるつるの頭でひょいと会釈したが、歩調を緩めず、横を通り過ぎて行った。

私は必至で彼のあとを追い、今日の感想を聞いてみた。

「たわけめ。くだらない話ばかりしおって。そうは思わんか？」

私に尋ねているわけではないことはわかっている。

「毎年、何か新しいことを聞けるかと期待してやって来るんだが、何一つありゃしない」

私は、なかなか良い話が聞けたと思っているのですが、とやんわり抗弁してみた。到着までにかかる時間《レスポンス・タイム》は短縮されているようですし、保存状態のデータを見ても……。

「それは去年も聞いたわ」。ぴしゃりと私の言葉を遮った。「同じことを一昨年も聞かされたよ。まったくうんざりするね。あんたがた若い者は心配することはないさ。まだまだ時間がある。だが、わたしらはどうだ？　年々老いていくんだ。いつなんどきくたばるか、わかりゃせん」

私は返す言葉が見つからなかったが、彼はそこで立ち止まって、無言のまま、大型のピックアップトラックに乗り込んだ。その後部には「ライフ・エクステンション・ビタミンズ」と書かれた白い大きなプレートが付けられていた。やがて、大型のディーゼルエンジンが始動し、不機嫌な懐疑家を乗せた車は轟音を立てながら夜の闇の中へと消えていった。

＊＊＊

翌朝、ふたたび会場を訪れたとき、私は少し違った角度から物事を見るようになっていた。昨日は、人体凍結保存術《クライオニクス》の科学だけに目を向けて、その成否ばかりを問うていた。その答えはまったく得られていないが、もしかしたら、私はあまりにも狭い視野で物事を捉えていたのかもしれない。

結局、人体凍結保存術《クライオニクス》が成功するかどうかは、その背景にある科学だけで決まるわけではない。それが重要なのはもちろんだが、成功を左右する要因はまだ他にもある。一〇〇〇年後に目覚められるかどうかは、その技術がどのように使われるかにかかっている。

周囲の人々がそれをどう考えるかも軽視できない。患者本人は信奉者だったとしても、その患者を取り巻く家族はどうか？　医師や病院職員や救急救命士はどうか？　また、葬儀屋や検視官はどうか？

こうした重要な当事者たちの中に誰か一人でも横槍を入れてくる者があれば、ヘイワースやファイのような鬼才が実験室で何を発明しようが、ボールドウィンのチームがどんなポータブルデバイスを駆使しようが、まったく意味をなさなくなってしまう。科学の成果が患者のところにまで届いて来ないからだ。

人体凍結保存術《クライオニクス》に必要なのは、PRに長けた救世主ではないだろうか。そんな気がし始めているのだが、最後の講演者が登壇したときに湧き起こった歓声や拍手からすると、どうやらその救世主が見つかったようだ。まるで第三世界の独裁者やNBA（全米プロバスケットボールリーグ）のフォワードに向けるような宗教的熱情をこめて、聴衆が彼の名を叫んでいるのだ。

その人物の名はマックス・モア。二〇一四年現在、アルコーのCEO（最高経営責任者）であり、アルコーの顔になっている。そして、アルコーが人体凍結保存《クライオニクス》業界の最大手となって以来、マックスはこの業界全体の事実上のスポークスパーソンでもある。英国ブリストル生まれのマックスは、耳に快い英国風のアクセントとロックスター顔負けの容貌を武器に救世主の役割を担うようになった。短く刈り込んだブロンドの髪に、薄いヤギひげを生やし、光沢のあるカッターシャツのボタンを胸の中程まで外している姿は、科学者というよりもむしろ人気ヨガインストラクターか有名シェフといった感じだ。

要するに、モアは、主流たらんとする人体凍結保存《クライオニクス》業界の期待の星なのである。ここに集っているクライオノーツたちもそれを認めているらしい。

実際、モアが最近もっとも力を入れているのはPR活動のようだ。科学として、事業として、ムーブメントとしての人体凍結保存術《クライオニクス》の正当性を高めようとしているのである。カンファレンス中も、休憩時間に談笑している間も、常に一貫した態度を取り続けるその姿はまるでベテラン政治家のようであり、不気味にさえ感じられた。

冒頭の挨拶の中で、アルコーへの入会は不死への長い道程の第一歩にすぎないと、聴衆全員に釘を刺した。「会員になったからといって、死よさらば、というわけにはいきません。間違えないでください。そう思われているとしたら、とんでもない勘違いです」

彼はさらに、事態が予期せぬ方向に進んだ場合の悲惨な状況をいろいろ描いてみせた。家族が本人の希望を無視した場合。救急救命士が死亡と判断してCPRを中止した場合。病院がチームのICUへの入室を拒んだ場合。検死官が司法解剖の必要性を主張した場合……こうした例が示されるたびに、聴衆から不満や憤慨のざわめきが湧き起こり、それがいよいよクライマックスに達しようとしたところで、「ですが」と彼は言った。

「成功の確率を高めるために、ご自身でできることはたくさんあります」。芝居がかった一瞬の沈黙に、聴衆は椅子から身を乗り出した。

まず第一に、人体凍結保存《クライオニクス》の仲間がコミュニティに発展する必要があると彼は言う。クライオノーツ同士が互いに注意を向け合い、互いにかばい合って、それぞれの意向がきちんと尊重されるように誘導していくことだという。

第二に、自らの意見を主張すること。たとえば、自分の意志を明確に伝えるビデオを作成して友人や家族に渡す。いざという時の指示が記されたアルコーのブレスレットを身につける（彼は自分が付けているブレスレットを見せてくれた）。人体凍結保存術《クライオニクス》の意義を人々に説いて広める。地元の新聞に広告を出す。自分の死亡記事に凍結保存を希望する旨を明記しておく、といったことだ。

モアの言葉に聞き惚れている聴衆に、彼はぴしゃりと言った。「しかし、それは簡単なことではありません。堂々と宣言するのは大変なことです。周囲から変人と思われたり……気味悪がられたり……神の意志に背いていると言われたり。けれども、皆さんがそうやって主張すればするほど、それが普通のこととして受け入れられるようになっていくのです」

結局、数がものを言うのだと彼は言う。人体凍結保存《クライオニクス》を成功させるためには支援者の存在が欠かせない。家族に信奉者がいなければ、頭がおかしいと言われておしまいだが、周囲に支援者がいれば、意向を尊重してもらえる可能性が高まる。「もっと大勢の人を仲間にしましょう」と彼は説いた。「会員が増えれば増えるほど、あなた自身の成功率も高まるのですから」

そしてモアは、誰も口にしたがらない痛いところにも触れた。現在の人体凍結保存術《クライオニクス》の科学は説得力に欠けることを率直に認めたのだ。「もっと確かな科学的根拠が必要です。これは宗教でないのですから」。宗教にしてはならない、と彼は言いたいのだろう。

＊＊＊

ほどなくモアの講演は終わった。それにしても、迅速な凍結保存処理というのはどの程度実現できているのだろうか。それを聞くために、私は次の休憩時間にアルコーの医療連携部長であるアーロン・ドレークに近づいた。モアの話していた周囲の抵抗や敵意といったものを誰よりも痛切に感じているのはおそらく彼にちがいない。

つるつるの頭に、がっしりとした体格、ゆっくり話して相手を安心させるドレークは、冷静で有能な救急救命士を思い起こさせる。まさに、死に際に頼りにしたくなるような人物なのだ。

でも一つだけ困ったことがあった。彼のすぐそばまで来ると、どうしても患者#113ジョン・モンのことを考えてしまうのだ。モンを覚えているだろうか？　頭部切断《ニューロ・セパレーション》を受けた男性だが、それを実施したのがドレークなのだ。

目の前のドレークがこちらを向いて私の発する言葉を待っている――そういう状況に置かれてつくづく、ジョン・モンの話など知らなきゃよかったと思った。頭に浮かぶのは、ドレークはモンの……頭部切断《ニューロ・セパレーション》に手を下した男だということばかりなのだ。

でも、ドレークは気さくで、礼儀正しく、じっと私の質問を待ってくれていた。そこで私は思い切って、二〇一二年にジョン・モンが死亡した際には頭部が凍結保存されるまで数日かかったそうですが、それ以降、状況はどの程度改善されたのでしょうか、と尋ねてみた。

ドレークは、常に緊張感をもってレスポンス・タイムの短縮に取り組んでいると語った。一九九〇年代には、アルコーのスタッフが臨終の場に立ち会えた割合は三〇％だったが、二〇一二年にはそれが八六％になっているという。

しかしそれはそれとして、彼から聞いた最大の朗報は、いずれ家族からの連絡に頼らなくてもすむようになるだろうということだ。これから現れるさまざま緊急通報技術について、彼は興奮した口ぶりで語った。

もちろん、緊急通報ボタンを押すと応答してくれるサービスならば、すでにいくつもの会社が提供している。しかし、ドレークの夢はもっと野心的だ。心拍数、呼吸数、体の動き（または、動きがないこと）を検知して、アルコーに送信してくれるウェアラブルデバイスの開発を考えているのである。

モニタリング装置のもつ可能性について熱く語るドレークの頭の中には、従来とはまったく異なる新しいコミュニティが描かれているようだ。誰もがみな家族や近所の人たちに支えられ、見守られながら生きてきた時代は、すでに終わりを告げようとしている。しかし今、それに代わるものが登場しようとしている。さまざまなデバイスやモニターや情報こそが、私たちの新しいコミュニティであり、新しい家族なのだ。

＊＊＊

ここまでいろいろと述べてきたが、まだ一つ忘れていることがある。まだ誰も触れていないこと。それは金銭に関することだ。

これから一〇〇〇年間、凍結保存状態で過ごすつもりならば、なんとしても自分の財産を守る必要がある。また、遺体の管理を引き受けてくれる人を確保しておくことも必要だ。ジェームズ・ハイラム・ベッドフォードのように、朽ち果てた家具と一緒にトランクルームに放置されるのだけはなんとしても避けたい。それから、せっかく長い眠りから目覚めるのだからやはり、超強力なエスプレッソを一杯注文できるくらいのお金は銀行口座に確保しておきたい。

でも、どうやって？

折しも、そのような問題について対応策を練っている人物が登場してきた。ルーディ・ホフマン。

彼には名案があるらしい。

緑のブレザーをまとった赤ら顔の彼は、風貌といい身のこなしといい、中古車のセールスマンか、地元の高校のフットボールコーチといった感じだ。しかし実際は、アルコーの成功を陰で支えている財務の天才である。

これまでも巧みな戦略で大衆に人体凍結保存《クライオニクス》を売り込んできた実績がある。これは超金持ちだけのものじゃないんですよ、と茶目っ気たっぷりに聴衆をそそのかした。すべての方々のもの、ここにお集まりの皆さんのもの、あなたのためのものなんです。要は、事前に準備するかどうかなんです、と。

続いて、コール・アンド・レスポンス方式で賛美歌を合唱するときのごとく、ホフマンが聴衆に問いかけて、その答えを聴衆に唱和させた。「全身の凍結保存にはいくらかかりましたっけ？　そのとおり、二〇万ドルですね。では、ニューロには？　そうそう九万ドルです」（「ニューロ」というのは、頭部のみの凍結保存を意味する業界用語である）

「そんな大金を持っている人などいやしません。遺体の凍結保存にはとにかく金がかかります。自分は準備万端だなんて思っていたら、甘い」。ここで彼は左足のローファーを脱ぎ捨てて、演壇をドシンドシンと踏み鳴らした。

それからすぐさま、そのローファーを足に戻すと、インフレの影響だの、市場の不安定性だのといった難しい話を持ち出し、財務顧問としての信用を高めるためにこしらえたような財務専門用語を並べたてた。そのあと、手練れのセールスマンがとどめを刺すときのように、オチの部分で聴衆を現実へと引きずり戻した。「天国への道を上るための秘策は……そう、生命保険なのです」。胸を張ってそう言い放った。

補償の手厚い生命保険に入っていれば、それで凍結保存の費用を賄うことができるとホフマンは主張する。つまり、毎月少しずつ掛金を払い込んでいき、死亡時に、通常は遺族に支払われる保険金をアルコーが代わりに受け取るようにすればいいというのだ。

そのあとすぐ、保険料や保険プランに関するややこしい話が始まって、私にはさっぱりわからなくなってしまった。ところが、周囲のクライオノーツたちを見ると、猛然とメモをとっているではないか。左隣の男性は何やら考え込むような表情で、前のテーブルに置いた電卓を叩いている。

「そう簡単にはいきませんよ、みなさん」。ホフマンがちょっと脅した。「大金が必要になりますからね」。そして畳みかけるように、「実際にどれだけ必要か、その時になってみなければわからないのです」

ホフマンの講演を聞いていて、一番恐ろしく感じるのはこの部分ではないだろうか。周囲の人たちの表情を見るかぎり、どうやらそのようだ。凍結保存に費用がかかるのは当然だが、技術の高度化に伴ってその費用も高額になっていくだろう。それに加えて、保管場所を確保するための費用や、技術の進歩に対応していくための費用も必要になる。つまり、ここに集っているクライオノーツたちは、未来の科学に命運を賭けているだけではない。一〇〇〇年先まで資金がもつかどうかという大博打に打って出ているのである。

あるがん患者の決心

大会は大詰めを迎えようとしていたが、帰る前にぜひとも会っておきたい人物がもう一人いた。

人体凍結保存術《クライオニクス》の世界ではどちらかというと新顔だが、この会場の誰もが彼女に関心を寄せている。二〇一二年の秋、アルコーのウェブサイトの右上角に小さな赤いボタンが現れた。「キム・スオッジの凍結保存に支援を」と書かれている。ただそれだけ。

このボタンをクリックすると、キムの神経膠芽腫《こうがしゅ》との闘いを綴ったページに移動する。神経膠芽腫は悪性度の高い脳腫瘍で、どちらかというと若年者に多いがんだ。キムの長期にわたるがんとの闘いには誰もが心を打たれるが、それにしてもなぜ人体凍結保存術《クライオニクス》なのだろうか。彼女が凍結保存を決意するにいたった経緯をもっと詳しく知りたい。つい先ほど、キムがこの会場に来ていると聞いて、どうしても直接会ってみたくなったのだ。

あちこち探し回る必要はなかった。キムは私のすぐ後ろ、客席後方のドアの真横に座っていた。幾多の苦難を乗り越えてきたにもかかわらず、二年前に撮影されたウェブサイトの写真よりもなぜか若々しく見えた。ダークブラウンのくせ毛を短くカットし、とても大きな眼鏡をかけている。顔が少しむくんで丸くなっているのは、脳腫瘍の治療によく使われるステロイド剤のせいだろう。「ふくろう博士」という言葉がぴったりの風貌だ。よく注意して見ていると、体をゆっくりと慎重に動かしているのがわかる。体が脳を信用できないのか、脳が体を信頼できないのか、いずれにしてもそんな感じの身のこなしだ。しゃべり方もゆっくりで、たびたび途切れたり、詰まったりする。けれども、温かさとユーモアにあふれ、自分の考えをはっきりと伝える彼女は人々の共感を誘わずにはおかない。

休憩時間に交わした会話で、闘病の経緯をある程度まで知り、そのあとの短い講演の中で、その続きを聞かせてもらった。それまでずっと元気に大学生活を送っていた彼女が、二〇一〇年ころから頭痛に悩まされるようになり、病院で検査を受けた結果、がんと診断されたのだという。大手術を受けて一時的によくなったものの、それから間もなく再発した。

　遺体を凍結保存する人がいるという話は大学時代に聞いてはいたが、当時は、そういう人もいるんだな、くらいにしか思っていなかったという。二十歳の若者になんの必要があるというのだろう。また、生命保険を掛けて凍結保存の費用を準備するという話も聞いていたが、やはり自分には関係のないことだと思っていた。

　がんが再発したことを知り人体凍結保存術《クライオニクス》に望みを託す以外に道はないと思ったとき、手元に資金はまったくなく、生命保険にも入っていなかった。

　そんなとき、一般ユーザーからの投稿で作られているニュースサイト「レディット」に、キャンサーガールという名前で彼女のことが紹介されると、その話を地元の報道機関が取り上げたのだった。すると驚いたことに、五万ドルの寄付金が集まったのだ。そこで、アルコーも一枚加わって、全身凍結保存を値引き価格（九万ドル）で彼女に提供することになった。しかしそれでもまだ彼女には資金が足りない。この大会に姿を現したのには、寄付を募る目的もあることはまちがいない。

　そんな彼女が信頼を寄せるものはいったいなんなのだろう？　さまざまな辛い治療や検査に耐える中で、科学の力には限界を感じてきたはずだ。そういう彼女が人体凍結保存術《クライオニクス》には試してみるだけの価値があると考えているのだろうか？

　私がこの質問を投げかけると、キムからはお手本のような答えが返ってきた。「凍結保存が成功するという確証は何もないと皆さんはおっしゃいます。まだ実験段階ですから。でも、これが実験だとしたら、私は対照群にではなく、実験群に参加したいのです」

　理屈はよくわかる。しかし、実験群に参加するための負担や苦労は並大抵のものではない。時間もお金もかかるが、キムはそのいずれも十分には持ち合わせていない。それでも本当に望んでいるのだろうか？

その質問には黙ったまま答えなかった。たしかに、そんなことを聞かれても答えようがないだろう。その代わり、彼女はお金に焦点を当ててこう問い返してきた。

「第二の人生のチャンスを得るのに二〇万ドルは高いでしょうか？」。これは明らかに修辞疑問だ。私はただうなずいた。

「今までに支払った医療費を計算してみたら、がんの治療にすでに五〇万ドルかかっているんですよ。信じられますか？」

実際にはもっとではないかと思ったが、ここでもうなずくほかなかった。

私の胸に突き刺さったのは次の言葉だ。「凍結保存に二〇万ドルもかけても仕方ないって、どうして言えるのでしょう？ そんなことはやめておけとおっしゃるのは、通常のがん治療を勧める先生方です。三年の歳月と五〇万ドルをかけましたが、結局だめでした。でも、こちらには、万が一成功する可能性が残されているのです」

まったくその通りだ。

キムは二〇一三年一月十七日に息を引き取った。その遺体は、本人の希望どおり、何百人もの人々の寄付により凍結保存された。一〇〇〇年ほどたったとき、それだけの価値があったかどうかが判明するだろう。もしその場に居合わせたら、ぜひとも、彼女にあっぱれと言ってやってほしい。

想定外のエラー

キム・スオッジの選択は正しかったのではないだろうか。凍結保存は一か八かの賭けであるとしても、厳然たる死に屈するよりは賭けに出たほうがいい。

しかし、凍結保存にはまた別のリスクも存在する。すでに述べたレスポンス・タイムや氷晶生成などとはまったく無関係のリスクだ。

大会も終わりに近づき、クライオノーツたちはみな、デニッシュペストリーが置かれたテーブルの周りに集まってきた。私の隣に来たのは、ゆったりした紫色のフリース・プルオーバーとだぶだぶのズボンにすっぽり隠れてしまいそうな小柄な女性だった。襞襟《ひだえり》の間から白髪の頭がちょこんと出ている。その女性がブルーの瞳を私に向けて、メアリアンと申しますと名乗った。アルコーの会員歴は二一年だと言うが、他の人たちが自分の会員歴を明かすときのように、その長さを誇る様子がまったくない。ただ事実を述べているだけなのだ。

「ルーディに勧められて、自分と、それから夫に生命保険をかけたんです。夫は二年前に亡くなりました」

私はお悔やみを述べたあと、この集団では挨拶代わりだと知った質問を向けた。

ご主人は凍結保存されたのですか？

メアリアンは首を横に振って、じっと宙を見つめた。もう一度首を横に振ったが、やはり口を閉ざしたままだ。けれども、何か言いたげな様子だったので、私はそれを待った。

待ちながら、メアリアンをしげしげと眺めた。彼女はただ無口なのではなく、なんだか疲れ果てているように見えた。鬱《うつ》状態なのか、どこか悪いのか。つい先ほど会ったばかりなのに、どうも気になってしまう。いろいろと考えているうちに、彼女が小さな声でぽつりぽつり話し始めた。周囲の会話のざわめきにまぎれて聞き取るのがやっとだった。

ささやくような声で夫の話をしてくれた。夫のトムは、アルコーのことを知ってから、凍結保存というアイディアに取り憑かれたように夢中になった。会費を納入し終えて何年もたったころ、肺炎を患って入院。医師からは、大したことはないので二〜三日で退院できると言われていた。ところが、そうはならなかったのだ。

彼女は涙をぬぐい、一瞬、床をじっと見つめた。周囲の会話のざわめきが徐々に静まり、人々はそれぞれの客室に戻り始めた。アトリウムは急にがらんとしてきた。私は、どこかに腰を下ろしましょうと促したのだが、メアリアンはその声が聞こえなかったかのように、また話し始めた。

夫はあっという間に容体が悪化し、ICUに移されて人工呼吸器を装着された。彼女が担当の医師たちと面談し、アルコーや凍結保存のことを話したところ、いざそうなった時に対応しましょうという返事だった。それを聞いてメアリアンは、自分がしなくてはいけないことはすべてやり尽くしたと思った。

面倒なことになったのはそのあとだった。トムの容体が急激に悪化して心停止に陥ったのだ。それでも、心肺蘇生を受けてかろうじて持ち直した。

その日の夜、メアリアンのもとに病院から電話がかかってきて、トムが息を引き取ったと告げられた。トムが凍結保存を望んでいることはメアリアンもよく知っていたし、何年も前から計画していたはずなのに、その瞬間、彼女は凍結保存のことをすっかり忘れてしまった。まったく頭に思い浮かばなかったのだ。

彼女がそのことを思い出したとき、トムの遺体はすでに遺体保管所に運ばれ、さらに斎場に移されていた。死亡してからすでに四日以上が経過していた。それからアルコーの訪問を手配するのに一日以上かかった。その時点で、夫をなんとか凍結保存したいという望みは完全に絶たれたことを悟ったのだった。

メアリアンの目からどっと涙があふれ出し、私は背後のコーヒーテーブルからナプキンをとって手渡した。そして、彼女の肩に手を置いた。そうする以外、私には何もできなかったからだ。それから、さぞお辛かったことでしょう、と言葉をかけた。

「ええ、もうどん底でした。あんなに辛かったことはありません。夫のたっての希望だと知っていながら。私の務めだとわかっていながら。すっかり忘れてしまったのです。もうやり直しはできないのに。取り返しのつかないことをしてしまいました」

しばらく、二人でそのときのことを思い浮かべていた。少なくとも私はそうだった。彼女がどんな気持ちだったか、私には想像もつかない。メアリアンによると、凍結保存はトムの夢であり、人生の大部分を占めるものになっていた。にもかかわらず――少なくともメアリアンからすると――トムはそのチャンスを逸してしまった。しかもそうなったのは――これもまたメアリアンからすると――彼女のせいだという。

アトリウムはもうほとんどからっぽで、残っているのは私たち二人だけだった。彼女もそのことに気づいたらしく、大きなプラスチック製のスポーツウォッチに目をやった。そろそろ切り上げなくては。でも、私には気にかかることがあった。

アルコーに入会しようと言い出したのはトムのほうだったはずだ。おそらく彼女は夫に付き合って入会したのだろう。今でもまだ会員なのだろうか？

メアリアンはためらいがちにうなずいた。「今のところは、まだ。でも今年で退会するつもりです。今回は古い友人たちに会いに来たようなものです。私たち夫婦の長年の知り合いですので。でも正直いって、私はああいうことは望みません。やりすぎではないかしら。私はただ静かに逝きたいので」

彼女が別れの挨拶をして姿を消したあとも、私はずっと考え続けていた。凍結保存という未来への夢は彼女の人生にいったい何をもたらしたのだろう。彼女の話を聞くかぎりでは、前向きで明るいことは何一つ浮かんでこない。打ち砕かれた希望。一人では背負いきれないほどの自責の念。なぜそこまで自分を責めなくてはならないのだろう？

もっとも、通常の医療の現場でもこれと似たようなことが日々起きているように思う。必ず治ると信じて治療を受けたのに、トムのように、あるとき突然すべての望みが断たれたがん患者を、私はどれほどおおぜい診てきたことだろう。亡くなった患者の家族は、なぜ自分は最愛の人を支えられなかったのかと深い自責の念に苛まれ、永遠に癒えることのない心の傷に苦しむ。

それを考えると、メアリアンとトムのエピソードは人体凍結保存術《クライオニクス》の世界に特有のものとは言えない。患者に生きる希望を与えたからといって現代医療を責めるわけにはいかないのと同様に、トムに夢を与えたからといって凍結保存技術を責めるのは筋違いというものだろう。

それでもやはり、私はこのテクノロジーが多くの人々に無用な苦しみを与えているような気がしてならない。ジェームズ・ベッドフォードの遺体を引き取ることになった家族の苦難。メアリアンを苛む自責の念。ジョンが不死を目指すことを決意したときに起こるであろう家族の揉めごと。とにかく、人の心をめちゃめちゃに破壊するほどの犠牲を強いるものであることを、今一度考えてみる必要がある。果たして、それほどの犠牲を払ってまでもやる価値のあることなのだろうか？　この会場では誰ひとりそれを気に掛ける様子はないが、私はどうしても疑わずにはいられないのである。

第6章　あなたが救命処置をする日

二〇一三年二月二十六日、八七歳のロレイン・ベイレスがカリフォルニア州ベーカーズフィールドの高齢者居住地域《リタイアメント・コミュニティー》「グレンウッド・ガーデンズ」で倒れたとき、現場にいた人々は、まさか自分たちが全国メディアから轟々たる批判を浴びることになろうとは、誰ひとり予測しなかったにちがいない。ましてや世界中のメディアから吊し上げを食らうことになろうとは。もし予測できていれば、もっと違った対応の仕方もあったはずなのだ。

彼らはいったい何をしたというのだろう？　じつは、何もしていない。何もしなかったからこそ、槍玉に挙げられたのである。

その施設のダイニングルームでベイレスが倒れてすぐ、近くに居合わせた人が携帯電話で１１９番通報をした。電話を受けたオペレーターのトレーシー・ハルヴォーソンは、ベイレスに適切な姿勢をとらせるように、通報者に指示した。そのあと電話口に出たのは、看護師を名乗るコリーンという女性だった。そこから事態は思わぬ方向に展開していく。

その一部始終がわかっているわけではないが、およそ七分間にわたって通話が録音されているので、ある程度まで当時の状況をうかがい知ることができる。(1)

まず最初にハルヴォーソンは、ベイレスには意識がないと判断した。脈もなく、呼吸もないようだ。そこで、決められた手順どおり、コリーンに心肺蘇生処置（CPR）を開始するように促した。

「CPRを始めてください」とハルヴォーソン。

「いえ、それはできません」。コリーンはそう答えた。

想像されるとおり、ハルヴォーソンがこの新たな情報を呑み込むまでに一瞬の間があった。ひょっとして聞き間違いではないかと自問する心の声が聞こえてくるようだ。電話の相手は119番通報してきた人間である。119番通報してくる人間は、ほとんど例外なく、なんとかして命を救いたいと思っている。それがハルヴォーソンの思考の大前提をなしていた。だから、救命処置をするつもりはないと聞いて戸惑ってしまったのも無理はない。

しかしすぐに、聞き間違いではなかったことに気づく。にわかには信じがたいという思いを抱きながらも、この状況ではやはりCPRを行なったほうがいいとコリーンを説得しにかかった。CPRは誰にでもできます。やってくれそうな人に電話を代わってもらえませんか。CPRをしないとベイレスは死んでしまいますよ、と。

ハルヴォーソン　どうして？　なぜこの患者さんを助けようとしないのですか？

コリーン　いえ、私はただ……。

ハルヴォーソン　わかりました。私が全部指示します。私たちEMS（救急医療チーム）にはその義務があるんです、コリーン。喜んでお手伝いしますよ。そういう手順ができていますから。そこで会話がいったん途切れたあと、コリーンが誰かに上司を呼んでくるように頼んでいる声が入っている。ところどころ聞きとれない部分があるが。「今すぐ……を呼んできて。どこにいるかわからないわ。私、怒鳴りつけられているの……辛いけれど、私はやるつもりはないので。代わりに電話に出てほしいの」

そのあと、ハルヴォーソンがもう一度、誰かほかにCPRをやってくれる人はいないかと尋ねたが、コリーンはそれに対しても「いません」と答えている。

ハルヴォーソンの切羽つまった様子が手に取るように伝わってくる。必死になってCPRをやってくれそうな人を挙げていった。「その婦人が死んでしまうのを食い止めてくれる人は誰かいないの？」コリーンが「いません、ここには」と答えると、ハルヴォーソンは、来客の中から誰か見つけてもらえないかと頼んだ。コリーンはそれも断った。

すると、ハルヴォーソンは庭師を呼んで来るように頼んだ。このあたりから手詰まり感が鮮明になってきた。草刈り機を操作している人間を強引に連れてきてCPRをさせるしかないというのでは、そろそろ打つ手が尽きてきたと思うほかない。ハルヴォーソンもやはりそう思ったらしく、これが最後の手段と、誰でもかまわないから通りかかった人を引っ張ってきてほしいとコリーンに頼んだ。「誰か呼び止めて、その婦人を救ってもらえない？　誰でもいいから。大丈夫よ。私は頼むのがうまいの。あなたが誰か呼び止めて連れてきてくれたら、あとは私が引き受けるわ。私がその人にやり方を説明します」

このやりとりを聞いていると、もどかしくて、つらくて、どうにもやりきれなくなる。ハルヴォーソンはあの手この手でコリーンの協力を得ようと試みたが、結局うまくいかなかった。

しかし、もっと注意深く耳を傾けると、コリーンの苦しい胸の内も伝わってくる。じつをいうと、ここまでに引用した会話には、コリーンが感じていたと思われる苦痛が十分には反映されていない。実際に録音を聞くと、コリーン自身も混乱しているらしいことがよくわかる。自分には本当にCPRなどできないと思っているようにも聞こえるし、やってはいけないことだと思っているようにも聞こえる。

このような会話が交わされた直後に、救急医療隊が現場に到着する。それから数秒で電話は切れて、録音も終わる。ベイレスは近くの病院に搬送され、そこで死亡が確認された。しかし、この騒動はまだ始まったばかりだった。

まず、コリーンとグレンウッド・ガーデンズに対する非難の声が広がり、この事件はトップ記事として取り上げられることになる。「高齢者施設職員が瀕死の女性へのCPR実施を拒否」と地元メディアは書き立てた(2)。

専門家たちも容赦ない批判を浴びせた。ある医師は、CPRを拒否するとは「恐ろしい」ことであると評し、さらに「臨床教育を受けた者であれば誰でも、こうした場面で救命を試みることが道徳的義務だと考える」と述べた(3)。

さらにもう一歩踏み込んだ意見を述べる専門家たちもいた。看護師にCPRを行なう義務があるだけでなく、万人にその義務があるというのだ。ある倫理学者の言葉を引用すると、「われわれ全員が、命に関わる状況にある人に対応する義務を有している。これは、社会に共に生きる者として、誰もが互いに負うべき倫理的責任なのである(4)」。

こうした記録を読み、マスコミや評論家諸氏の非難の声を聞くかぎりでは、ベイレスの一件は介護施設のお粗末な対応の典型例のように思われる。入居者を死なせてなんとも思わない介護施設で起きた事件、というわけだ。たしかにこれは単純でわかりやすい解釈ではある。

しかし、それはどうも事件の真の姿ではないようだ。

非難の大波が押し寄せようとしたとき、コリーンが看護師としてではなく、居住者のサービス担当責任者として勤務していたことが明らかになった。だとすれば、彼女はバイスタンダー（その場に居合わせた人）の一人だったと考えるのが正しい[5]。しかも、ベイレスは介護施設に入所していたわけではなく、自立型の高齢者集合住宅で暮らしていたのだった。

多くの人たちの証言にも耳を傾ける必要がある。それによると、ベイレスの家族は、ベイレスが受けているケアに満足していたという、家族は、ある談話のなかで、ベイレスが自然死を望んでいたことを明らかにした。コリーンも、現場に居合わせたその他の人たちも、その事実はまったく知らなかったが、結果として、ベイレスが望んだであろうこと、つまり何も手を下さないという方法を選んだことになる。

その後、ベイレスの検死結果が発表された。死因は、不整脈や心筋梗塞ではなく、脳卒中だった。この事実はきわめて重要な意味をもっている。なぜなら、脳卒中で倒れた人は、ＣＰＲを実施しても助かる見込みはほとんどないからである。

だからといって、トレーシー・ハルヴォーソンの対応を批判しているわけではない。ハルヴォーソンの指示はどれもみな適切だった。しかし、このケースに限っていうならば、ＣＰＲを行なったとしても助かる可能性はきわめて低かったのだ。実際、地元警察もコリーンとグレンウッド・ガーデンズに対する取り調べを差し控えた。

この事件をもう一度、冷静な目で見直すと、騒ぎ立てた人々は現実をまったく無視していたのではないかと思えてくる。ロレイン・ベイレスは満ち足りた人生を送ってきた八七歳の老女で、自然死を望んでいた。CPRを試みたとしても、助かる見込みはほとんどなかった。重症の脳卒中を起こしたあと、仮に一命を取り留めて退院できたとしても、かなり深刻な神経障害が残ってしまった可能性が高い。

ではなぜ、あれほどまでに騒ぎ立てられたのだろうか？　なぜ私たちは、救命もしくは救命努力は絶対的な義務だと考えるようになったのだろうか？　なぜ、私たち全員が「倫理的責任」や「対応の義務」を負うことになったのだろうか？

今回、ロレイン・ベイレスに実施することもできた心肺蘇生法は、しばらく前まで机上の空論の域を出ていなかった。五〇年前でさえ、ベイレスのように倒れた人はもうそれでおしまいだった。ところが、蘇生科学の進歩によってそうした人々を救えるようになり、それが社会の隅々にまで浸透したがために、不特定多数の人《クラウド》が介入する義務を負うようになったのである。

そして実際に、不特定多数の人が常時、人命救助に貢献している。

正確な数字をつかむのは難しいが、アメリカではおそらく毎年二五万〜三五万人が心停止を起こしている。[6]　さらに、病院内で心停止する患者が、アメリカだけで少なくとも年間二〇万人。[7]　当然ながら、バイスタンダーや医療のプロがCPRを行なう機会はとても多い（といっても、前述のように、その機会があったからといって誰もが進んで引き受けるとは限らないが）。

ある意味で、この半世紀は、蘇生処置のクラウドソーシング革命が徐々に浸透してきた五〇年だったとも言える。今ではもう、CPRは医療のプロの領分ではなくなり、二本の腕とリズム感を持った人間ならば誰でも人の命を救うことができる。自覚しているか、いないかにかかわらず、私たち全員がその革命の一端を担っているのである。

史上もっともたくさんキスを受けた顔

蘇生処置のクラウドソーシングという考え方は、蘇生法そのものの歴史と同じくらい長い歴史をもっている。アムステルダム協会はもともと、オランダ人の同胞たちを溺死させまいとして自主的に結成された市民グループだった。これをひとことで言えば、クラウドソーシング、ということになる。しかし、溺水者を樽の上で転がしたり、馬に乗せて走らせたりといった手段しかないようでは、不特定多数の人の協力を得るのは難しい。おまけに、やっていることが大道芸と大して変わらないようでは、責任感や使命感の醸成など望むべくもない。蘇生処置のクラウドソーシングを定着させようとするならば、CPRの科学を発展させて、街中で行なわれるCPRを病院内での蘇生処置と同レベルにまで引き上げる必要があった。

残念ながら、その実現には、オランダ人たちが考えていたよりも少しばかり長い時間がかかった。アムステルダム協会が大きな一歩を踏み出し、その後、ハイド・パークのレシービングハウスでさまざまな発見がなされたものの、十九世紀は蘇生科学にとってそれほど実りの多い時代ではなかったのだ。二十世紀に入っても、前半のうちはまだ大きな進歩が見られなかった。一九五一年に心停止を起こして「仮死」状態に陥った人間が生還できる確率は、その一〇〇年前とそれほど変わらなかったと思われる。

＊＊＊

幸いなことに、この惨めな状況にもようやく改善の兆しが見え始めた。それはジェームズ・エラムという麻酔科医の功績によるところが大きい。

ちなみに、このエラムと同年配で、共同研究者でもあった人物にピーター・サファーがいる。ピーター・サファーはCPRのパイオニアであり、彼が創設したピッツバーグ大学サファー蘇生学研究所は、その後、「ゾンビ犬」をめぐる根拠なきメディアの熱狂に巻き込まれることになる。それはともかく、サファーは晩年に行なったある講演の中で、自分を蘇生法の探究へと駆り立てたのはエラムにほかならないと語っている。彼こそが「生涯衰えることのない蘇生学への探究心に火を点けてくれたのです」と。(8)

一九四六年にエラムがミネソタ大学病院に赴任してきたとき、折しも、ポリオがミネアポリスの町で猛威を振るっていた。あるとき、エラムがポリオ病棟を回診していると、看護師と二人の雑役夫が幼い男の子を担架に乗せて廊下を突進してきた。その男の子は呼吸が止まっていて、顔色がみるみる青ざめていった（ポリオは重度の筋力低下を引き起こすので、場合によっては、唾液を飲み込むことも、呼吸するために喉の奥を開けておくこともできなくなる）。そこでエラムは男の子の口をふさいで、鼻に息を吹き込んでみた。「四回息を吹き込むと、男児の顔に赤みが戻ってきた」とエラムは報告している。(9)

これはとくに新しい発明というわけではなく、それ以前にも多くの人々がマウス・ツー・ノーズ（口対鼻）やマウス・ツー・マウス（口対口）の蘇生法を考案している。しかし問題は思わしい結果が得られないことだった。たんに鼻から息を吹き込んだだけでは、空気はなかなか肺まで到達してくれない。むしろ胃に入ったり、そのまま口から出てしまったりする可能性のほうがはるかに高く、それではなんの意味もなさない。

しかし、エラムは人体の構造を熟知している麻酔学者だった。先達とはちがい、頭部を適切な角度に傾けて、顎を前に突き出し、口を閉じておかなければ、空気は鼻から肺にまで届かないことをよく知っていた。それゆえ、男の子の頭を後ろに反らせて、顎を引き上げ、口をふさぐことによって、気管を十分に広げて、肺の換気を行なうことに成功したのである。男の子は息を吹き返し、ここにCPRの科学が誕生した[10]。

この成功に勢いを得たエラムは、立て続けにとんでもない実験を行なった。今の時代にこんなことをやろうとしたら倫理委員会が黙ってはいないだろう[11]。どんな実験かというと、患者が麻酔から目覚めたばかりでまだ呼吸筋が弛緩している状態のときに、人工呼吸器を外してしまい、医師が患者の上に屈みこんで、肺に通じる気管内チューブに息を吹き込むというものだ。エラムが患者の血液中の酸素濃度を測定したところ、吹き込むのが呼気であっても人間を生かしておくのには十分であることがわかった。

その後、エラムがピーター・サファーと共同で行なった実験はさらに野心的なものだった。二人はこう考えたのだ。マウス・ツー・マウスの人工呼吸が有効であることは確認できたが、はたして実際の場面でも役に立つのだろうか。つまり、巷の人々に麻酔科医なみのマウス・ツー・マウス法のテクニックを習得してもらうことは可能だろうか、と。

そこで、二人は新たな実験に挑んだ。二五名のボランティアに鎮静剤を投与した上で、クラーレという薬を使って彼らの呼吸筋を麻痺させてしまう（クラーレは天然の薬物で、今日手術時に使用されるさまざまな筋弛緩剤の一つ）。それから、合計一六七名の素人を実験室に呼び入れて、エラムまたはサファーがボランティアに対してマウス・ツー・マウスの人工呼吸を行なうところをよく観察してもらう。そして、この人たちが人工呼吸のコツをつかんだと思われるところで、実際に自分でやってみてもらう(12)。

衛生面で気になる点があるのはさておき、エラムとサファーが試みたことは注目に値する。言ってみれば、ハイド・パークのレシービングハウスですでに行なわれていた現場での実験を、さらにもう一歩先まで進めたのである。つまり、何が起こるかをたんに観察するだけではなく、監視・計測・制御が可能な実験室の環境下でそれをやってみたのだ。この実験は、蘇生科学のその後の方向性を決める上できわめて大きな影響力を持つことになる。

＊＊＊

蘇生法が今日のレベルにまで到達したのは、エラムとサファーの功績によるところが大きい。しかし、この二人も先人たちと同様に、蘇生法という謎解きパズルの重要な一ピースを見落としていた。それは、心拍の再開、である。

ようやくこのピースが埋まったのは、一九五八年、ある研究者グループが偶然これに成功したときだ。ジョンズ・ホプキンズ大学の研究者三人、ウィリアム・ベネット・カウウェンホーヴンとガイ・ニッカーボッカーとジェームズ・ジュードは、イヌの心臓に外からショックを与えてその効果を調べる実験を行なっていた。その実験の最中にたまたま、除細動器のパドルをイヌの胸に押しつけると、脚の動脈がかすかながらも確かに脈を打ち始めることに気づいたのだ(13)。

それから一年もしないうちに、三人はその新しい方法を実際に人間で試してみようと考えた。最初の被験者となったのは、胆嚢手術の麻酔中に心停止に陥った三五歳の女性だった。心拍再開の試みはみごと成功し、彼女は一命を取りとめた(14)。

CPRの基本的な要素がなんであるか、これでおわかりいただけたと思う。私たちは今から五〇年以上前に、呼吸の止まった人に息を吹き込む方法と、心臓の止まった人の胸を強く叩いて心拍を復活させる方法を見つけ出していた。つまり、死にそうな人の命を、少なくとも一時的にせよ、つなぎとめる方法はわかっていたのである。

問題は、手術室という条件の整った空間の外でも同じことができるかどうかだった。サファーやエラムたちは、誰がどこで命を落としかけても救助できる者がその近くにいる、という状況をつくるためには、改良を重ねたそのスキルを一般市民に教える必要があると考えていた。しかし、大勢の市民向けにCPRの講習をするとなると、手術室内で少数のボランティアに教えるようなわけにはいかない。ではどうすればいいのだろう?

＊＊＊

じつは、その解決策のヒントはすでに一八八〇年代末に見つかっていたのだ。ある若い女性の溺死体がパリを流れるセーヌ川から引き上げられたときに、である。乱暴された形跡はなかったので、死因はおそらく自殺であろう。それは特筆するほどのことではない。ある推計によると、毎年一〇〇人を超える女性たちが同じようにして自らの命を絶っていたらしい。パリの心臓部を流れるこの川は、残念ながら、自殺にうってつけの場所だったのである。

それはともかく、この件で特筆すべきことは、パリの遺体安置所の病理学者がこの女性の顔――といっても、死に顔、しかも溺水後かなり日数がたっていたはずの死に顔――にすっかり魅了されて、自分のために石膏のデスマスクを作らせたということだ。

このマスクとその複製品は、十九世紀末のパリのボヘミアンたちが集うサロンで絶大な人気を博することになる。たとえば、アルベール・カミュは、彼女の不気味なほど幸せそうな表情にさまざまな想像をめぐらせ、ウラジーミル・ナボコフは、『セーヌ川の身元不明少女』と題するロシア語の詩集まで出している。このデスマスクの複製品はあちこちで見かけるようになり、模造品に至ってはおびただしい数のマスクが出回った。

それから一世紀近くがたったころ、ノルウェーのスタヴァンゲルで、そうしたマスクの一つが玩具メーカーの経営者であるアズムント・レーダルの手に渡った。

たまたま、一九五八年九月のスカンジナビア麻酔集中治療学会の会合で、ピーター・サファーが自らの研究を紹介する講演を行なった。それを聞いていたビョルン・リンドというノルウェーの麻酔科医が、蘇生法の啓蒙普及という理念に感銘を受け、一般市民向けの講習会で使用する人形を作ってほしいとレーダルに持ちかけたのである。

手に入れたばかりのデスマスクをじっと眺めていたレーダルは、やがて、その身元不明少女の顔を用いた等身大マネキンの製造を開始した。それ以後、どこの医学部の教室でも講習会場でも、蘇生法の講習にはこのマネキンが用いられるようになったのである。(15)

このマネキンは「レスキュー・アニー」という愛称で呼ばれている。もしアニーを使って人工呼吸の練習をしたことがあるとしたら、一〇〇年以上も前にセーヌ川から引き上げられた少女の顔にキスをしたということなのだ。

私はもう何年も前に医学部の教室でアニーと出会っている。

でもそろそろ久しぶりに再会してもいいころではないだろうか。

もっと強く、もっと速く

前回会ったときと同じく、今回もアニーは床に横たわっていた。相変わらず死んだままだ。

正直言って、アニーのようなマネキンは、生きているのか死んでいるのかよくわからない。マネキンは、顎をこすりもしなければ、くしゃみも、ウィンクもしない。明らかに生きているとわかることは何もしないので、本当に死んでいるのかどうか判断するのは難しい。

だから救命講習にうってつけとは言いがたいが、それはともかく、私は今、救命講習会に来ている。ここは郊外の中学校の地下にある多目的ルームで、私の周りには飽きっぽくて落ちつきのない思春期の子どもたちが十数人ほど。アニーの容態を案じている者など一人もいない。

しかし、アニーが死んでいることはわかっている。アニーのかたわらに立っている大柄でちょっと怖そうな男性がそう告げたからだ。薄茶色の髪がほどよく乱れ、パリッとしたチノパンにポロシャツを着ている姿はいかにも体育教師といった感じだ。「ミスター・体育《ジム》」は恐ろしいほど力を込めて、死因は心臓発作だ、と告げた。

「さあ、どうするかな?」。ミスター・ジムは一同に問いかけた。

ミスター・ジムの視線は、私の隣にいる一三歳くらいの少女に向けられた。その少女をじっと見つめながら、筋肉隆々の両腕で分厚い胸板を覆っている。私がつい先ほど到着したときに聞いた話によると、このたくましい腕や胸は、ロックグループ「ジャーニー」のコピーバンドのドラマーをやって鍛えられたのだという。彼はにっこり笑って少女を励まそうとしているが、こんな人に腕組みをしたまま微笑まれても、ただもう恐ろしいだけだ。

「何を、すれば、いいかな?」

無言。車のヘッドライトに照らされて、びっくり仰天して動けなくなってしまったシカのようだ。一言も出てこない。どうにも気まずい時間が流れる。少女はコンバースの靴をはいた両足をじっと見つめたままだ。

しかし次の瞬間、未来の医師が誕生して、みんなほっとした。小さな輪の向こう側から、ためらいがちに手が挙がったのだ。手の主は少年だった。不安と興奮が入り交じっている様子。

「周囲の安全を確認します」と少年は答えた。

ミスター・ジムはそっけなくうなずいた。「そのとおり。それからどうする?」

私の隣の少女は、自分の足は思ったほど魅力的ではないらしいと気づいたのか、顔を上げて私を見た。それから、ミスター・ジムのほうを向いた。

「意識があるかどうか確認します」と消え入るような声で答えた。

「そのとおり」。ミスター・ジムはそう言って、にこりとした。全員、少しだけ緊張がほぐれた。

「それから？」

誰も答える気配がないので、私が助け舟を出した。「応援を呼ぶんじゃなかったかな」と言うと、ミスター・ジムはうなずいて、やれやれこれで導入部分は終わったぞ、という表情をした。

ミスター・ジムの年齢は私とほぼ同じだ。ということは、こういったことをかなり以前から教えている可能性が高い。そして、私と同じように、救命処置の手順をA（airway〔気道確保〕）、B（breathing〔人工呼吸〕）、C（circulation〔胸骨圧迫〕）と語呂合わせで覚えた、あのなつかしい時代を知っているにちがいない。

しかし、それはもう昔の話。今は、D（check for danger〔安全を確認〕）、R（check for a response〔反応を確認〕）、S（send for help〔応援を呼ぶ〕）なのである。DRSでDr's（ドクターズ）。わりに覚えやすい。そのおかげで、この中学生（と医師一人）のグループはめでたくDRSの関門を切り抜けることができた。

その次にくるのが、昔なつかしいABCである。といっても、順序が「ABC」から「CAB」へと変わり、胸骨圧迫による循環機能の回復（C）を最優先させることになった。循環機能の回復こそが、心肺蘇生法全体の中で最も重要だということが科学的に明らかになってきたのである。これは、大勢の心臓発作患者にとっては喜ばしいことだが、せっかく「Dr's ABC（ドクターズABC）」と覚えられたのに、「Dr's CAB」になってしまった多くの学生にとっては残念なニュースだと言えよう。

さて、DRSを突破した私たちを待ち受けているのは、難関のCだ。

誰もがCを恐れてビクビクしている。それは、「DRSCAB」には含まれていないもう一つの文字、V（volunteers〔ボランティア〕）が恐いからなのだ。たとえば、こんなふうに言われる。「CPRを進んでやってみようという者はいないか。二人ほど前に出てきてほしい」。そして、おっかない体育教師に咎められながら、仲間の前で実演させられるというわけだ。

ところが、ミスター・ジムはボランティアを募らなかった。いいぞ。でもその代わりに、これまでの質問に率先して答えた二人の生徒を指さした。なんということだ。ひょっとして彼は「良い行ないには罰を」という方針のもとで教師をやっているのではあるまいか。彼は二人を指さし、それからアニーを指さした。さらに、念のためにもう一度、生徒たちを一人ずつ指さした。

二人ともじっと床を見つめていた。少年はもじもじと落ち着かない様子だ。少女はハァハァ激しく息をし始めたので、アニーと一緒にひっくり返ってしまうのではないかと私は心配になってきた。

自分の思春期のころを振り返っても、くすくす笑っている仲間たちの前で、初めてCPRをやらされるほど恥ずかしい場面は他に浮かんでこない。もしあるとしたら、異性を相手にCPRをすることくらいだ。

あまり要領がいいとは言えない少年は一歩前に進み出た。少女は大人びた物腰で二歩後ずさりした。発作を起こして倒れてしまおうかと本気で考えているようだ。なんだか哀れに思えて、私は手を挙げた。

ミスター・体育《ジム》（Gym）――冗談みたいだが、名前をジム（Jim）という――は笑顔でうなずいた。こうして結局、少年と私がアニーのところに出ることになったのだった。

幸い、私は『プラスチック製の死者の人形を生き返らせるふりをする方法』の公式マニュアルを読んであった（ベッドタイムの読み物にしようとお考えの御仁のために言うと、正式な名前は『AHA（アメリカ心臓協会）心肺蘇生と救急心血管治療のためのガイドライン』。その第5章だ(16)）。たしか、救助者がまず最初にやることは、「倒れている人の肩を軽く叩きながら耳元で呼びかける」ことだったはず。「叩く」のは簡単だ。私はとんとんと叩いた、アニーの反応はない。

「呼びかけ」のほうは、ちょっとばかり難しい。なんと言って声をかけようか、悩んでしまう。私は単純で当たり障りのない「もしもーし！」を採用している。

当然ではあるが、どんなに「もしもーし！」と叫んでも、目の前に横たわっている腕なしのマネキンにこれといった変化は見られない。ところが、私の向かい側にいる少年は、アニーの顔をじっと見つめている。ひょっとして、目を覚ますかもしれないと思っているのではなかろうか。でも、そんなことは絶対にありえない。

さあ、いよいよCPRの開始だ、と早まった私は、少年に一歩先を越されてしまった。つい興奮して忘れていたことを、彼はちゃんと覚えていたのだ。周りを囲んでいる生徒たちの一人に向かって、役者顔負けの真に迫った口調で、「119番通報してください」と頼んだのである。声がうわずってかすれ、その場面の厳粛さがいくぶん削がれたけれども、誰もそんなことを気に留める様子はない。もちろん、アニーは何も気にしちゃいない。

本題に戻ると、このタイミングで、周囲の誰かに119番通報を頼むことが大切だ。通報してもらっている間にCPRを開始する。いよいよ正念場を迎えて、私はすでにこんな役を買って出るんじゃなかったと後悔し始めていた。

二〇一〇年版のアメリカ心臓協会（AHA）のガイドラインによると、訓練を受けていない市民救助者には、脈があるかどうかの正確な判断は下せないという。脈の確認には時間もかかるが、そんな時間の余裕などないのが普通だ。したがって、ガイドラインでは、このステップを完全に省略するように勧めている。

人が倒れていて呼吸がない場合（あるいは、しゃくりあげるような、とぎれとぎれに起こる呼吸の場合）には、心臓も停止していると考えて差し支えないという。訓練を受けている医療従事者であっても、脈の確認に一〇秒以上かけてはいけない。重要なのは、胸骨圧迫、とくに胸骨圧迫のテンポだ。適切なテンポで胸骨圧迫を持続し、中断を最小限にすることで、心拍が再開する確率が高まる。(17)

私は自分が、素人の役なのか、それとも医療従事者の役なのかよくわからなかったので、とりあえず、脈の確認は省略した。アニーの横にひざまずいたとたん、私の腰がきしんで鈍い痛みが走り、素人役か医療従事者役かということ以前に、自分は一二歳の少年ではないのだということを思い知らされた。

さらに私は、抜け目なさという点でも、この一二歳の少年に敵わなかった。彼は恥ずかしそうにアニーの頭のところに陣取って、首から下を私に任せた。ということは、私が三〇回連続で胸骨圧迫をしなければならない。胸骨圧迫を三〇回行なったところで、彼が人工呼吸を二回行ない、このサイクルを繰り返す。

さらに不公平に思えるのは、彼の役割、つまり人工呼吸は、心肺蘇生に必ずしも必要ではないという点だ。ＣＰＲの中で重要なのは胸骨圧迫のみ、であることを示す証拠が集まりつつある。病院外で心停止を起こした成人についてメタ解析を行なったところ、素人の救助者が胸骨圧迫のみのＣＰＲを行なった場合は、標準的なＣＰＲを行なった場合に比べて成功率が高かった[18]。つまり、心停止した人に対し、しゃがんで人工呼吸を試みたりしないほうが、実際には良い結果が出るということなのだ。

それがなぜなのか、完全には解明されていないが、一人だけでＣＰＲを行なう場合、市民救助者に胸骨圧迫と人工呼吸の両方を求めるのは負担が大きすぎるということかもしれない。携帯電話で話をしながら車を運転するようなものだ。人工呼吸のほうに気を取られて、それよりもはるかに重要な胸骨圧迫に集中できなければ、結果は悪くなって当然だろう。

いずれにしても、ガイドラインでは、救助者に「強く速く押す」ように求めている。だから私も、強く、速く押した。

でも、残念ながら、速さが十分ではなかったようだ。ジムが私に尋ねた。「一分間に何回のペースで押すんだったかな?」

質問に答えようとしたのだが、どうしたことか、私はピョンピョン狂ったように跳ねる人形よろしく、体が上下に小刻みに弾んでいるものだから、答えようにも答えられない。おまけに、腰の痛みがますますひどくなってきて、もう限界だと悲鳴を上げているので、声すら出てこない。

答えはちゃんとわかっている。一分間に少なくとも一〇〇回のペースだ。そして、毎回、胸が五センチ以上沈み込むまで圧迫しなくてはいけない。私はそのとおりにやっている。そうやっているつもりだ。

「圧迫の深さはよろしい……」とジム。わぉ、深さはばっちりらしい。どんなもんだ。笑みがこぼれる。

まじめな話、これは誇っていいことなのだ。病院外心停止に関する大規模調査で明らかになったところによると、救助者の胸骨圧迫の深さが十分ではないケースが多いという。この調査から、圧迫の深さが適切でない場合には生存率が下がることもわかった。胸骨圧迫の深さは重要なのである[19]。

「でも、テンポはちょっと遅いな」。そう言われて、私は何か気の利いたことを言い返そうとしたが、出て来ない。

ジムが言った。「『ステイン・アライブ（Stayin' Alive）』のビートを思い出すといい。ほら、ビージーズだ」

私はジムを見上げてうなずいた。その瞬間、目に飛び込んできたのは、塀のように私を取り囲んでいる生徒たちのぽかんとした表情だ。思春期のちっちゃな頭の中で疑問がぐるぐる渦を巻いているのが見えるようだ。外国語を発音しようとするかのように、口をもごもご動かしている子たちもいた。

えっ、なに、ビー……ジーズ？　なんだそりゃ？　心の中でそう言っている。

たしかに、一九七七年に大ヒットしたあのディスコ音楽は、胸骨圧迫のリズムを取るのにぴったりなのだ。でも残念ながら、そんなことを言ってもあまり役に立ちそうにない。二〇一四年現在、心停止の現場に居合わせた人たちの中で、このアドバイスを理解してくれそうなのはただ一人、床に倒れているお年寄りだけにちがいない。

年寄りは何かと割を食うものだ。少年が人工呼吸をちょこっと二回行なうごとに、私は重労働の胸骨圧迫を三〇回も続けなくてはならず、しかも、それを一分間に一〇〇回以上という、へとへとに疲れてしまうペースで繰り返さなくてはならないのだ。

ぜひともこの機会に、ＣＰＲ開始から一分経過すると、救助者の疲労がどんどん蓄積していくことを、周りの生徒たち全員にわかってもらわなくては。研究の結果から、救助者自身が疲れを感じていなくても、胸骨圧迫を始めて一分たつと、疲労によってＣＰＲの効果がはっきりと低下していくことが明らかになっている。[20]

それにしても、私はへとへとだ。

少年はといえば、おどけながら、胸骨圧迫三〇回ごとに二回、息を吹き込むようなふりをしている。周りの生徒たちはクスクス笑い始めた。私は吹き出してくる汗が止まらない。

私はジムに、もうそろそろ限界だという視線を送った。不憫《ふびん》に思ったのだろう。「交替」と言ってくれた。

思わず笑みがこぼれ、腰を伸ばそうとしたのだが、私の腰は「Ｃ」の字型に曲がったまま固まってしまったようだ。少年は一瞬、心配そうな顔をしたが、私はにっこり笑って少年をその場所から追い払い、アニーの胴体のほうを指さした。

さあ、今度は私がＢ（人工呼吸）を行なう番だ。一回に約一秒かけて息を吹き込む。一回の換気量は五〇〇〜六〇〇cc必要だが、これはスターバックスのアイスラテを飲み干したあとの、「ベンティ」サイズのカップに入る空気の体積とだいたい同じだ。ああ、今すぐアイスラテが飲みたい。

でも今はそれどころではない。私はアニーの頭を後ろに傾けて、左手で鼻をつまみ、右手で下あごを前に出した。この動作を、私はこれまで本物の人間を相手に五、六回やったことがあるが、アニーが相手だと通常よりも抵抗が大きいものだから、扱いがどうしても手荒になってしまう。でも、アニーがそんなことを気にする様子はない。

息を吹き込むたびに、アニーの胸が上がって下がる。簡単だ。私は余裕たっぷりで、少年の胸骨圧迫の腕前を見物させてもらったが、彼のやり方はまるでなっちゃいない。

圧迫の深さが足りないのだ。すぐに、クラスメートの一人からそれを指摘する声が上がった。すると、彼はまごついてしまい、今度は圧迫のテンポがスローダウンした。これでは「ステイン・アライブ」の速度には程遠い。

私はそう指摘してやった。

すると少年は、私の助言に気を取られて、一瞬、手がお留守になってしまった。いったん胸骨圧迫を始めたら絶対に手を止めてはいけない、ということは誰でも知っているはずなのだが。

「もっと強く押せ！」。大きな声が響いた。

「もっと速く押せ！」。合いの手が入った。

たちまち、選手激励会のシュプレヒコールのようになった。

「強く押せ！」

「速く押せ！」

「強く押せ！」

「速く押せ！」

コンバース・ガールとその隣の少女は太ももをパンパン叩いてリズムをとっている。ディスコ音楽などよりも、このほうがよっぽどいい。

しかし、ジムの顔に、このまま大騒ぎになってアニーが踏んづけられたりしたら大変だ、そうなる前に終わりにしよう、という表情が浮かんだ。シュプレヒコールは徐々におさまっていき、ミニ救命講習会は終了となった。

「アニーは息を吹き返したぞ。みんなよく頑張ったな」とジムが告げた。アニーは生き返ったのだ。少年と私はヒーローだった。ジムが「さあ二人に拍手を送ろう」と言うと、意外や意外、全員が拍手喝采してくれた。私は達成感を味わい、爽快な気分になっていた。アニーを救ったぞ！

おどけモードに戻った少年は、お辞儀をして拍手に応えた。私も一緒にお辞儀しようかと思ったが、腰に相談してみたところ、まだ急激な動きは控えたほうがよさそうだ。ということで、私はそのまま、足を引きずりながら輪の外に退散した。

すべてが終了したあとで、ご褒美が出た。全員が「救命講習修了」バッジをもらったのだ。

ＣＰＲは本当に効果があるのか？

それから数週間たち、腰の具合はだいぶよくなってきた。でも、うちの犬にリードを付けようとして屈むたびに、あの午後のことが思い出される。ＣＰＲは有効かもしれないが、実際に行なうのは容易なことではない。

しかし、理屈は至って単純に思える。犬や人間の胸を圧迫すると、その圧力によって血液が心臓から押し出される。これほどわかりやすい理屈があるだろうか？

だがじつをいうと、心臓が停止したブタの体の冷却方法を研究しているエンジニアのジョッシュ・ランプによると、ＣＰＲのメカニズムは想像以上に複雑なのだそうだ。

心肺蘇生法のC（胸骨圧迫）について話していると、ジョッシュが一枚の紙を手に取った。これを見れば、Cがどれほど複雑かがわかるという。私には、くねくねした線が重なり合いながら紙の端から端まで流れているようにしか見えないのだが。

これらの曲がりくねった線は、胸部圧迫を受けているブタ――そしておそらくは人間――の体内での血液の流れを示しているのだそうだ。それを解析することで、CPRにはどんな効果があるのかがわかるらしい。

目の前に示された曲がりくねった線が物語ることは、少なくとも私が医学部で教わったこととは真っ向から対立する。私はこれまでずっと、患者さんにCPRを行なうと、胸骨圧迫という機械的な力によって、正常な心臓の働きと同じようなものが作り出されるのだとばかり信じていた。心臓弁の働きで、いったん送り出された血液は逆戻りしないようになっているので、何がしかの圧力を加えれば、自然の循環に似たものが生じるはずだと思っていたのだ。心停止の患者さんのもとに呼ばれて胸骨圧迫を任されるたびに、エアマットレスを膨らませるときに使う、小型の足踏み式空気入れの仕組みを思い描いていた。つまり、自分が巨大な足になったつもりでいたのだ。

しかし、話はそれほど単純ではないらしい。ジョッシュが指摘するように、グラフで見るかぎり、流れている血液はごくわずかだ。血液の循環などまったくないと言っていい。

目からうろこが落ちる思いだ。同時に、ちょっとがっかりした気持ちにもなった。医学生や研修医のときに何度か胸骨圧迫を行なったが、いずれの場合にも、血液は心臓から全身に押し出されてなどいなかった、ということなのか？

そう、ジョッシュが言っているのは、まさしくそういうことなのだ。このブタを使った実験を見るという。

かぎり、血液はただ行ったり来たりしているだけ。このような現象は専門用語で揺動《スロッシング》と呼ばれる。スロッシングの考えでは、胸骨圧迫を行なっても、静脈から戻ってきた血液が、肺を経て、大動脈に出ていくわけではない。血液は、静脈と大動脈の両方向に押し出されては、また引き戻されるだけだという。

もしそれが事実だとしたら、非常に興味深い。CPRの効果を得るのに、必ずしも正常な血流の回復という難しい課題を達成する必要はなくなるからだ。血液をただ揺り動かせばそれでいい。

でも、それで効果が得られるなんて、どのように理解すればいいのだろう。

思い出してほしい。胸骨圧迫の最大の目的は、脳のような重要な臓器に酸素を届けることだった。その方法の一つが、肺を通過する赤血球に酸素を受け取らせ、その赤血球を酸素の必要な臓器に送り届けるというやり方だった。

たしかに、血液を揺り動かすだけでは、送り届けるなどということはできない。しかし、ずっと揺り動かしていれば、しだいに混ざり合ってくる。液体はどんなものでも、混ざり合うと、その中に溶けていたものが拡散して濃度勾配がなくなっていき、最終的には均一になる。

バケツの水に青い食用色素を二、三滴たらすと、もやっとした青色の雲ができる。しかし、バケツを何度も揺さぶると、雲はどんどん広がっていき、やがてバケツの水全体が青色を帯びるようになる。これがスロッシングの意味するところだ。つまり、わずかな酸素を肺から血液中に取り込み、その酸素を脳その他あらゆる臓器に拡散させるようにするのだという。

信じがたい気もするが、似たような現象は他でも見られるとジョッシュは指摘する。たとえば、ICUなどでたまに使われる高頻度振動換気人工呼吸器という装置がそうだ。これは、肺にひどい硬化や損傷がある場合や、通常の（間欠的強制陽圧換気）人工呼吸器を使うと肺胞を傷つける恐れがある場合に用いられる。この人工呼吸器は、酸素を含む空気を非常に小さなパフにしてひっきりなしに低圧で供給する。装置が作動しているところを見るかぎり、これで酸素が供給されるとは思えないのに、実際には、ちゃんと酸素が運ばれているのである。

＊＊＊

では、もっと効果的にスロッシングすれば、CPRの効果を増すことができるのだろうか？　たぶんそれは無理だろう。血液は空気よりもはるかに密度が高いので、空気と同じように速く効果的に血液を揺らすことは不可能だからだ。しかも、CPRにおいては、空気の入った小さな袋ではなく、血液が満たされた体全体を相手にしなければならない。

たしかに難しいのだが、スロッシングに基づいた興味深い研究もなされている。

アメリカ中西部の田舎を旅したことがあるだろうか。そこで「カラーテレビ完備」だの「エアコン完備」だのと得意げに宣伝しているような古臭いモーテルに泊まったことがあるなら、「マジックフィンガー」ベッドという、一九七〇年代に流行った奇妙な装置を見たことがあるかもしれない。ベッド脇の金属製の箱に二五セント硬貨を投入すると、マットレスがブブブブブッと振動して、一五分間の「リラックス＆マッサージ効果」が得られるというものだ。

私は以前にミシガン州の上部半島にある小さな町、ニューベリー郊外のモーテルでこの装置を試したことがある。体じゅうが麻痺して方向感覚を失ったような感じ、とでも言おうか。恐ろしく長く続く中地震の揺れに耐えているような感じでもあった。

ひょっとするとそんなモーテルに泊まった夜にひらめきを得たのではないだろうか。二人の医師、ホセ・アントニオ・アダムズとポール・カーランスキーが、振動する治療台を開発したのである。(21) 治療台を前後に振動させることで、CPRを実施したときと同じように血液を動かすことができるのだという。肺の中の空気も動くかもしれない。

残念ながら、この方法はあまり受け入れられていない。効果があることを示す証拠が十分には得られていないためだ。しかし、もし本当に効果があるならば、医師や看護師にとって負担の少ない振動ベッドは歓迎すべきものにちがいない。

その場に居合わせたら、あなたは実行できる？

そんなわけで、CPRのメカニズムは想像以上に複雑なのだが、胸を圧迫すれば酸素を脳に届けられる――それはまちがいない事実のようだ。

しかし、CPRのメカニズムについてどんなに高度な研究をしたところで、その場に居合わせた人《バイスタンダー》に「強く速く押して」もらえなければ、一人の命も救うことはできない。とにかく誰かに「押して」もらわないことには始まらないのだ。

ロレイン・ベイレスとコリーンの一件を覚えているだろうか？　介入をためらってしまうのはコリーンに限ったことではない。同様のことが毎日のように起きている。目の前で人が倒れ、呼吸が止まっているのに気づくけれども……誰も何もしない。当然ながら、このような見て見ぬふりの事なかれ主義では、救える命も救えない。

しかし、感動的な事例もある。それを一つ紹介しよう。

トリスティン・サーギンは、妹のブルックが家のプールでうつ伏せになって浮かんでいるのに気づいた。すぐさま妹を引き上げ、コンクリートの上に寝かせてCPRを開始。胸骨圧迫、人工呼吸……彼はやるべきことをそのとおりに行なった。その結果、妹は自発呼吸を取り戻し、まもなく目を覚ました。結局、妹は完全な回復を遂げたのだった。

とりたてて驚くほどのことでもないんじゃない？　CPRを行なえば効果があって当然だし、死にそうな人を見つけたら誰もがそうすることになっているのだし。

しかし、この事例で注目すべきは、トリスティンがわずか九歳の少年だったという点なのだ。妹は二歳だった。トリスティンはCPRの講習など受けたことはなく、自分がしていることがなんなのかもわかっていなかった。

けれども、『ブラックホーク・ダウン』という映画を見たことがあり、あるシーンで「胸を押し、息を吹き込んでいるみたい」だったのを思い出したのだ。[22] トリスティンはそれをそっくり真似た。ブルックの胸を押し、息を吹き込んだ。すると、妹はみごと生き返ったのである。その手柄はメディアで大々的に取り上げられ、『ブラックホーク・ダウン』のプロデューサーであるジェリー・ブラッカイマーから祝福のEメールまで届く騒ぎだった。

現実は芸術を模倣する——まさにオスカー・ワイルドの言葉どおりになったわけだ。それで人命が救われたのだから、なんの問題もなし、でしょ。

とばかりは言いきれないのだ。

たしかに、トリスティンは妹の危機を救ったが、彼がそうせざるをえなかったという点に問題がある。トリスティンの母親や祖母もその場にいたのだ。彼らだってCPRができたはずなのに、手を下そうとはしなかった。それでブルックの九歳の兄にその役が回ってきたというわけだ。

なぜ、大人が二人も居合わせながら、何もしなかったのだろう？　CPRが効果を発揮するメカニズムは複雑でも、実際にやることは至ってシンプルだ。「強く押す、速く押す」。ほとんどそれに尽きる。にもかかわらず、知性も愛情もある大人二人は何もしなかったのである。

これはそれほど珍しいことではない。ある研究によると、バイスタンダーがCPRを開始したケースは、心停止のケース全体の三分の一にも満たない[23]。つまり、心停止のケース三回のうち二回は、バイスタンダーたちの誰一人、その役を買って出ようとしなかったということなのだ。一〇人以上が倒れた人を取り囲んでいながら、誰も手を下そうとしないことだってある。スタンドに観客が大勢いるのに、肝心のフィールドには誰もいないというわけだ。

さらに、バイスタンダーの救助意欲には地域差があることも、この研究から明らかになった。たとえば、低所得地域のバイスタンダーは救助意欲に欠ける傾向がある。

＊＊＊

それにはさまざまな理由がある[24]。心停止とはどういうことなのか、よくわかっていないというのもその理由の一つだ。CPRの手順をきちんと理解しておらず、正しく実施できる自信がないために、相手に危害を与えてしまうことや、自分の身に責任が降りかかること、あるいはその両方を恐れているということもある。さらに、嫌悪感という要素も見逃せない。他人に口を触れるのをためらう気持ちには根深いものがある。とくに相手が見ず知らずの人間の場合にはその気持ちが強い。また、誰か他の人が先に行動してくれるのを待とうとする傾向もある。

こうした諸々の理由を考えると、率先して救助者の役を買って出ようという気になれないのもうなずける。しかしだからと言って、そこで諦めてしまっていいわけがない。周囲を見回すと、CPRのおかげで一命を取り留めたケースがたくさんあるのだから。

実際、英雄的な蘇生努力によって人命が救われたというニュースが毎日のように報じられている。ゴルフのプレー中に心停止を起こした男性をキャディが救ったという話。あるいは、自宅近くのショッピングモールでパワーウォーキング（速歩での有酸素運動）中に倒れた女性が、スーパーの店員の努力で息を吹き返したという話。こうした事例は枚挙にいとまがない。誰でもヒーローになれそうな気がしてくるほどだ。

映画やテレビドラマからも同様のメッセージが送られてくる。そして、先ほどのトリスティン・サーギンのケースが「現実は芸術を模倣する」という実例だとしたら、「芸術は現実を誇張する」のである。

では、CPRはテレビドラマでどのように描かれているのだろう。興味深い調査結果がある。ある研究グループが、一九九〇年代に人気を博したテレビ番組を三つ取り上げて、その中に出てくる心停止やCPRの事例について調べたのだ。その結果、CPRを受けた患者の七五%が生き返り、およそ三分の二が退院までこぎ着けていることが明らかになった[25]。

ここではっきりさせておかなくてはならないことがある。それは、現実の世界で心停止を起こした場合にはいつもこれほどうまくいくわけではない、ということだ。テレビドラマでの生存率は、一九九〇年代の実績値の少なくとも二〜三倍なのである。しかも、テレビドラマの患者の多くは病院外で心停止を起こしているので、実際の生存率はさらにずっと低かったと思われる。

そんなわけで、私たちは常時、華々しい成功のエピソードを聞かされている。テレビや映画で、息をのむような救助劇を見せられている。そこから伝わってくるのは、CPRで命を救える、という明確なメッセージである。全員がCPRを習得すべきだ。そしてCPRが必要な場面に居合わせたら、絶対に必ず実行しよう。誰でも人命を救えるのだから、と。

にもかかわらず、ほとんどの人は自分ではやろうとしないのだ。でも、希望を捨てることはない。訓練を受けたバイスタンダーによる真の意味でのクラウドソーシングは実現しないかもしれないが、それでもかまわない。指示に従っているだけで、人命を救助できるかもしれないのだ。

誰でも救急救命士

男性が一人、床に倒れている。レスキュー・アニーの親類らしい。アニーと同じく、プラスチックと金属でできている。だから、部屋に集まった人たちは、彼がひっくり返っていてもまるで平気だ。けれども、とりあえず彼の身を案じているふうを装っている人が若干一名。

死んだマネキンに屈みこんでいるのは、二五歳くらいの若い女性だ。テレビの医療ドラマやアダルトビデオを真似るような手つきで、マネキンのシャツを引き裂いてプラスチックの胸を露出させた。それから、テレビドラマでは見たことのないようなしぐさで、長いブロンドの髪を後ろに払い、銀色の文字で「ｈｏｔ」とプリントされたＴシャツの胸を突き出した。

今、ミズ・ホットと私がいるのは、郊外のショッピングモールの奥に新たに設けられた、窓のないリノリウム張りの部屋だ。このショッピングモールでは最近、ＡＥＤ（自動体外式除細動器）を八台設置し、その使い方を従業員に学んでもらう取り組みを始めたのだ。ＡＥＤは、誰かが心停止を起こして倒れたときに、その場に居合わせた人《バイスタンダー》が使って命を救うことのできる装置である。

天井の蛍光灯に煌々《こうこう》と照らされている一〇人はみな、ショッピングモールの従業員。ＡＥＤを使った救命処置技術を身につけるため講習に参加している人たちだ。

さて、ファッション誌『ヴォーグ』風のポーズをとるのをやめたミズ・ホットは、自分の脇に置かれたＡＥＤに目を向けた。ＡＥＤというのは、つまり、第3章で登場した、あの偉ぶった除細動器アダムを簡素にしたようなものだ。アダムは、指示に従うべきか否かの判断が下せる医療従事者の使用を想定して設計されているのに対し、こちら――イヴと呼ぶことにしよう――は、臨機応変に何かやろうとしても一切許してくれない。安全のために動作が自動化されているので、指示を無視することも、変更することもできない。

ミズ・ホットがイヴの前ポケットから電極パッドを二枚取り出して、先ほど露出させたマネキンの胸の、だいたい九時と三時の位置にその電極パッドを貼った。理想を言えば、電極パッドはもう少し南北方向にずらして（向かって左上と右下に）貼るほうがよい。ミズ・ホットのように貼るのは、マネキンの脾臓の除細動をしようとする場合だが、まあこれでもよしとしよう。

ミズ・ホットがイヴの顔のボタンを押した。そして、イヴが患者の心臓のリズムを読み取るのを待った。

「リズムは心室性頻拍です」。イヴは、すでにいやというほどこの波形を見てきたというような口調で言ったあと、「患者から離れてください」と注意を促した。

ミズ・ホットは、部屋じゅうに雷が落ちるとでも思ったのか、あわてて立ち上がって五、六歩退いた。すると、イヴとマネキンの一番近くにいるのが私になったものだから、部屋の中の女性たち全員が心配そうに私のほうを見た。二メートル離れていれば感電の危険性はまずないことはわかっていたが、いちおう私も一歩後ろに下がった。女性たちはほっとした様子でマネキンのほうに視線を戻した。

イヴは充電が完了すると、電気ショックを実施した。ミズ・ホットはいくぶん戸惑っている様子だ。たぶん火花が散って肉の焦げる臭いがするとでも思っていたのだろう。

「洞調律《サイナスリズム》（不整脈がない状態）に戻りました」。イヴはそう報告し、そこで役割終了。

講師がミズ・ホットの労をねぎらい、参加者全員が拍手すると、ミズ・ホットは会釈してそれに応えた。

＊＊＊

最近、郊外のショッピングモールなどでよく見かけるようになった風景である。

この二〇年間にCPRのクラウドソーシングは目覚ましい発展を遂げた。主役は……あなた、私、私たち全員だ。

CPRが蘇生科学に革命をもたらし、手術室の処置を街角にまで広めたように、AEDは除細動器の使用をショッピングモールやスタジアム、さらには旅客機にまで広げた。今日では、二枚のパッドを胸にペタンと貼って「離れてください！」と叫べば、誰でも人命を救うことができるかもしれないのだ。

こうした技術の原理そのものは、比較的単純だ。チャールズ・カイトを覚えているだろうか？　一七八八年に転落事故で意識を失った少女に電気ショックを与えて生き返らせたと伝えられている人物である。その偉業を成し遂げるのに使われたのは自家製の蓄電池だったとか。広口瓶に電気を蓄えただけのものだったらしい。つまり、電気ショックを与えるという方法それ自体は、複雑でも斬新でもないわけだ。

難しい点があったとすれば――それこそがクラウドソーシングの発展を二〇〇〇年以上遅らせた要因でもあるのだが――どんな場合に電気ショックを与えたらよいのか、という判断である。心臓の状態によって、電気ショックに反応することもあれば、しないこともある。前述したとおり、心静止（心電図の波形が平坦《フラット》）になってから電気ショックを与えても効果はない。テレビや映画ではどう描かれていようとも、心電図が平坦《フラット》になってしまったら電気ショックは無意味なのだ。

逆に、心臓が正常、またはほぼ正常なリズムを刻んでいるときに電気ショックを与えてしまうと、とんでもないことになる。たとえば、洞性頻脈は正常リズムの一つで、刺激は正常な経路を伝わっているのにペースだけが速いというものだ。このようなときに電気ショックを与えると、心室細動を起こす危険性があり、最悪の場合には心静止に至る。

したがって、素人が用いる蘇生装置には、電気ショックに反応するリズムかどうかを判定する機能が備わっていなければならない。さらに、ショックを与えても効果がない場合や、むしろ危害を及ぼす恐れがある場合には、ショックが実施されないようにする仕掛けも必要だ。

しかし、開発の歩みは遅く、少しずつ段階的に発達していった。初期の除細動器はたんに電気ショックを与えるだけだったが、その後、除細動器とモニターが一体化したものが現れる。当初、そうした一体型AEDは医療従事者に指示や助言を与えるものだったが、やがて、素人のバイスタンダーにも理解できるシンプルな指示を出すようになった。

それこそが、イヴがミズ・ホットに出した指示なのだ。イヴは半自動化された装置で、心臓のリズムを読み取った上で、ミズ・ホットにボタンを押してショックを実施するように求めた。すべてを判断しコントロールしているのはAED装置であって、人間は機械に使われているだけなのだが、そんな感じはまったくしない。しかも、私の経験から言うと、イヴのように自信満々のAEDにボタンを押すように指示されると、たいていの人はそのとおりにしてしまう。AEDというのはなんとうまくできていることか。中学生でも誰でもみな救急救命士にしてしまうのだから。

でも、本当に効果があるのだろうか？

それがあるのだ。病院外で起きた心停止に関する大規模調査によると、バイスタンダーによるCPRだけを受けた患者の生存率が九%だったのに対し、AEDの適用を受けた場合の生存率は二四%だった。さらに印象的なのは、AEDが電気ショックの適応と判断したケースに限ると、生存率が三八%にまで上がったことだ[26]。病院外の心停止で三八%という数字は、もうそれ以上、上がりようがない。つまり、ミズ・ホットのような人が使っても、AEDで人命を救えるのである。

だとしたら、あらゆる場所にAEDを設置すべきではないのか？　じつはそうとも限らない。すでに述べたとおり、AEDが効果を発揮するのは、電気ショックに反応するような異常リズムが出ている場合だけだが、どういうわけか、このような「電気ショック適応」のリズムは、人々のおおぜい集まる公共の場で頻繁に見られることがわかっている。バイスタンダーが家庭内でＡＥＤを用いたときは、その三六％が電気ショック適応のリズムだったのに対し、公共の場でＡＥＤを用いたときには、七九％が電気ショック適応だった(27)。

なぜそうなのかは明らかではないが、家庭内での心停止は、原因そのものが公共の場での心停止とは異なっている可能性がある。たとえば、肺動脈に大きな血栓が詰まって起こる静脈血栓塞栓症などだ。そのような場合には、正常リズムに戻すことが可能な段階を経ずに、いきなり心静止に至ってしまうことが多い。

当然ながら、先ほどの研究において、公共の場での心停止の生存率（三四％）は、家庭内での生存率（一二％）の三倍に近かった。つまり、ショッピングモールにＡＥＤを設置するのは理にかなっているが、自宅の居間に置いてもおそらくあまり意味はない、ということなのだ。

ＡＥＤで一人でも多くの命を救おうとするなら、公共施設のあちこちに設置しておく必要がある。大声で呼べば届けてもらえる距離になくてはいけない。現在すでに、どこにでもあって便利なＡＴＭに照らして考えると、どれだけ多くのＡＥＤが必要かがわかるのではないだろうか。しかし、そうなるまでにはまだまだ時間がかかりそうだ。

ＡＥＤ格差

生死の瀬戸際に追い込まれたときは、「地の利」がものを言う。ＡＥＤ設置の現状を知るために、私は実際に歩いてみることにした。一五キロメートルほど離れた二か所を選び、それぞれの地域を自分の足で回ってチェックした。

まず最初に歩いたのは、郊外型のショッピングモールだ。衣料品や靴、高価なエスプレッソマシンなどを扱うおしゃれな店がずらりと並ぶ通りを調べてみた。

五〇メートルほど歩いただろうか。あったあった、化粧室の隣にＡＥＤステーションがある。さらに私は歩き続けた。方向転換して大型百貨店に入り、店内をぶらつきながら奥へと進む。すると、お客様相談窓口の脇にもＡＥＤステーションがあった。百貨店の裏手から出て、アップルストアの前を通り過ぎ、それから長いアーケード商店街を通って、その反対側から出た。すると小さなフードコートがあって、予想どおり、そこにもＡＥＤが設置されていた。詳細は省略するが、およそ二時間かけてその界隈を歩いた結果、ＡＥＤが少なくとも六台はあることがわかった。

次は、趣のまったく異なる地域を選び、いくぶん怪しげな通りを歩いてみた。道の右側はペンシルヴェニア大学と接しているが、左側は足を踏み入れたらたちまち身の危険にさらされそうなエリアだ。一ブロック進むごとに、左側には、板の打ち付けられた建物や伸び放題の芝生など、地域の荒廃度を示すものがどんどん増えていく。

危険な区域に足を踏み入れないように気をつけながら、私はここでもＡＥＤ探しを続けた。ガソリンスタンドのそばを通って、もう一軒のガソリンスタンドへ。でもどちらにもＡＥＤはなかった。

よし、コンビビエンスストアを探してみよう。いくらなんでもここならあるはず。ふらりと入って、探索のお供にＭ＆Ｍのチョコを一つ買った。さて、ここには？　ない。ここにもＡＥＤはない。

さらに一ブロック歩くと、五、六店舗からなる小さなショッピングセンターが現れた。ここならあるかな？　美容室、酒屋、家電販売店「ラジオシャック」……。一軒一軒窓から覗き、何軒か入ってみたが、やはりＡＥＤはなかった。

　ＡＥＤは必要なときに近くになければ意味がない。ミズ・ホットが救命講習を受けたあの郊外のショッピングモールは、心停止で死亡する人をこのモールからは一人も出すまいという固い決意のもと、活動に取り組んでいる。すばらしいことだ。私が訪ねたもう一つのショッピングモールも同じ。その他さまざまな施設が同様の取り組みを行なっている。病院はもちろんのこと、空港しかり、機内もしかり。

　ＡＥＤの設置状況について興味深い事実がわかっている。ペンシルヴェニア大学の同僚、ライナ・マーチャント博士が人口当たりのＡＥＤ設置台数を調査したのである[28]。私が今日、二つの地域を歩いてみようと思ったのも、彼女の研究に触発されてのことだ。その研究によると、たとえばフィラデルフィアの場合、白人の高所得・高学歴者層が多いエリアでは、一人当たりのＡＥＤ設置台数も多いという。逆に、低所得のアフリカ系アメリカ人が大半を占めるエリアでは、道端で倒れてもＡＥＤは期待しないほうがいい。心停止を起こすのであれば、郊外のショッピングモールにしておこう。

　しかし、そんな心許ないことでいいのだろうか？　何かを確実にやろうとするなら、人には頼らずに自分でやろう、という言葉を聞いたことがあるはずだ。止まった心臓をふたたび動かすとなると、自分でやりたくても、コーヒーを淹《い》れたりタイヤを交換したりするようなわけにはいかない。でも、原則は同じである。

　でもどうすれば、自分の心臓を人に頼らずに、自力で再拍動させることなどできるのだろう？　この芸当を一度ならず数回もやってのけた人物に会いにいこうと思う。自力でと言っても、じつはちょっとした助けを借りてなのだが。

いつでも、どこでも、電気ショック

昨日、ジェームズの心臓は突然止まった。つい先ほどまでプレーしていた郊外のゴルフコースの七番グリーンで急に倒れたのだ。

ところが、大事に至ることもなく、ジェームズはすぐに復活した。そして今も元気に過ごしている。

ジェームズはゴルフ仲間に胸骨圧迫や人工呼吸をしてもらったわけではない。胸の打撲傷や唇の傷など、CPRに付きものの障害もまったくない。

それは、仲間たちがCPRを行なわなかったからだ。実際、彼らは何ひとつやっていない。

ジェームズは、大柄で人当たりの良い五〇代後半の男性だ。肩幅が広く、身長は一八〇センチほど。短く刈った頭には白髪がまじり、長年建設現場で働いてきたせいで顔中に濃いシミがある。私は今、心臓突然死のリスクを持つ人たちのための専門クリニックで彼と会っている。このクリニックには、心室細動など、命に関わる危険な不整脈を起こしたことのある人たちがやってくる。ジェームズは、身ぶり手ぶりを交えながら昨日の出来事を話してくれた。といっても、症状の初発はかなり以前にまでさかのぼる。

二年前、孫息子が初めて出場したリトルリーグの試合をスタンドで観戦していたときのこと。暑い夏の日の午後で、なんとなく頭がぼーっとしてきたのだが、たぶん異常に蒸し暑いペンシルヴェニアの気候のせいだろう、くらいに思っていた。
「気がついたら、病院の集中治療室にいたんです。仰向けになって、両腕両脚をひもで縛られてね。チューブやワイヤーがあちこちにつながっていて、電気工や配管工が途中で仕事をほっぽりだした建設現場みたいでしたよ」

どうやら、彼は心停止を起こしたらしい。間一髪のところで命拾いしたのだった。倒れた場所がよかったのかもしれない。家の中で倒れるよりも、人のおおぜい集まる場所で倒れるほうが、誰かにＣＰＲを始めてもらえる可能性がはるかに高い[29]。赤の他人よりも家族のほうが、命を救おうという気持ちが強いのは確かだが、公共の場所だと、とにかく周りに人がおおぜいいるので、誰かが率先して救命処置を行なってくれる可能性が高くなる。

ジェームズのときも、近くの席にいた二人がＣＰＲを開始し、もう一人が１１９番通報してくれた。幸い、消防署がわずか二ブロックのところにあったので、五分ほどで救急隊が到着。すぐに心臓に電気ショックを与えて正常なリズムに戻したのち、最寄りの救急外来に搬送してくれたのだ。

翌日、循環器専門の医師から植え込み型除細動器（ＩＣＤ）を入れてはどうかと勧められたとき、ジェームズは迷わず「お願いします」と答えた。

本人から聞いたところによると、現在、離婚して一人暮らしなのだという。だから、この次に心臓が仕事をサボったときには、近くに１１９番通報してくれる人が誰もいないかもしれない。となると、ＩＣＤに頼るほかない。

植え込み型除細動器（ＩＣＤ）は、高度な機能をいろいろ備えているが、基本的な機能はその名が示すとおり、除細動である。ＡＥＤと同様に、心臓のリズムを検知して、そのリズムが異常であれば心臓に電気ショックを与えてくれる。

おおざっぱに言うと、ＩＣＤ本体と、それにつながるリード線から構成されている。本体は前胸部の皮下に植え込まれ、リード線の先端は心筋の内壁に固定されており、心臓のリズムを常時解析して、必要な場合には本体とリードとの間で電気ショックをかける。以前は、ＩＣＤ本体のサイズが大きめのペーパーバックほどもあったが、年々改良が進み、今ではトランプ一組ほどの大きさになっている。こうした装置の設計と植え込み方法にも大きな進歩が見られる。初期のＩＣＤは開心術を必要としたが、現在では、静脈に沿ってリード線を挿入していく方法が取られている。

自分の心臓が信頼できる相棒ではなくなってしまった人にとって、こうした機器ほどありがたいものはない。もはや選択の余地はないと考える患者さんは、ジェームズのように「お願いします」と答える。

しかし、ＩＣＤの植え込み手術を勧められて断る人も少なくない。不整脈がどれほど危険か理解していない人もいれば、医師からきちんと説明を受けていない人もいる。また、以前にこうした機器に不具合が見つかって自主回収が行なわれたことも不人気の一因になっている。安全性にはまったく問題はないのだが、仕様どおりに作動しないと聞いて、スイッチを切ってしまった人もいる。ＩＣＤの恩恵を受けられるはずの患者さんの大半が、実際には利用していないのかもしれない。とくに、女性やアフリカ系アメリカ人にその傾向が見られるようだ。[30]

ジェームズと話していると、臨床工学技師がドアをノックして入ってきた。二人はすでに顔見知りらしい。ジェームズはその若い技師に最近婚約した彼女のことをいろいろ尋ね、技師はジェームズにゴルフのことをあれこれ聞いている。

しゃべりながら、臨床工学技師はジェームズの胸に、ある装置を当ててＩＣＤをスキャンした。ものの一分で、電気ショックの実施履歴も含めて、ＩＣＤに記録されているデータがダウンロードされた。ＩＣＤがショックを実施すべきだと判断した異常リズムも見つかった。

「一回、刺激を出したようです」と言いながら、彼はうなずいた。「心室頻拍ですね」。もう一度うなずくと、道具を片付け始めた。

この平然と落ち着き払ったやりとりはいったいなんなのだろう。ジェームズはあわや死ぬところだったというのに、この技師の反応ときたら「ああ、心臓が止まったみたいです。はい、駐車券の無料処理をしました。では、また三か月後に来てくださいね」なのだ。

でも、それほど不思議に思う必要はないのかもしれない。たとえば、あなたが喘息持ちだったとしたら、少し呼吸が苦しくなってきたと感じたら吸入器を使うだろう。すると、楽になる。わざわざ医者に電話をかけて予約を取ったりはしないはずだ。吸入器が解決してくれるのだから。必要に応じて吸入器を使うことで、大事には至らずに生活を続けることができる。

ＩＣＤも同じような働きを意図して作られている。たしかに、ＩＣＤの機能は吸入器に比べていささか劇的ではある。また、吸入器ならば、誰も見ていないところで急いでこっそりシュッとやることもできるが、ＩＣＤとなると、ゴルフのゲームの流れを妨げずに止まった心臓を復活させるのはちょっと難しい。

とはいえ、心臓が止まっても慌てなくてすむので、ＩＣＤは多くの人に利用されるようになった。ＩＣＤに関する史上最大規模の調査によると、二〇〇九年までに三〇万件を超えるＩＣＤ植え込み手術が行なわれた。植え込み率は調査対象国のほぼすべてで上昇しているが、とりわけアメリカで増え方が著しい[31]。

しかし実際に効果はあるのだろうか？　たしかに効果はある。ＩＣＤで治療可能な不整脈を起こしやすい心不全の患者に関する研究によると、ＩＣＤは死亡リスクを二三％低下させるという[32]。

この数字は、ＩＣＤに期待できる効果の大きさを示すと同時に、その限界も感じさせてくれるものだ。死亡率が低下するのはすばらしいことだし、ジェームズのようにＩＣＤのおかげで無事でいられる人間にとって、これほどありがたいものはない。しかし、あくまでも二三％であって、一〇〇％ではない。つまり、ＣＰＲを行なっても必ず助かるわけではないのと同様に、ＩＣＤの植え込み手術を受けたからといって完全に死を免れるわけではないのだ。異常なリズムをすべてＩＣＤで治療できるわけではないし、心臓発作では死ななくても、それ以外の臓器に致命的な問題が生じるかもしれない。

とはいえ、重篤な心臓病を抱えている人々にとって、ＩＣＤのメリットはきわめて大きい。電気ショックさえかければ治療できる不整脈が原因で死亡する確率が高いからである[33]。

わかりきったこととは知りつつも、植え込み手術を受けてよかったかどうか、ジェームズに聞いてみた。

「もちろんです」とあっさり答え、「すぐにまた起こしますからね」と言って笑った。

ジェームズは口には出さなかったが、ＩＣＤは効果が大きいだけに負担も大きい。その中には当然ながら、金銭的な負担も含まれる。その金額を見積もるのはなかなか難しいが、ある調査によると、ＩＣＤによって救われた人生一年あたり、三万七〇〇〇ドルから一三万八〇〇〇ドルほどかかるようだ[34]。

一年あたりに換算した金額は、年齢や性別、重症度、その後の生存年数などによっても異なる。費用の大半は植え込み手術代なので、若くて元気な患者さんほど費用対効果が大きい。まさにジェームズのような患者である。こうしたことから考えても、迷うことなく植え込み手術を受けると決めたジェームズの判断はきわめて妥当だったと言えるだろう。

そんなことを話しているうちに、臨床工学技師が部屋を出ていった。今日はこれで終了だ。ジェームズが循環器専門医と面談する必要はない。循環器専門医がICDに記録されたデータを調べてみて、何か確認しなくてはならない点があれば、専門医からジェームズに連絡が来ることになっている。

＊＊＊

私たちは一緒に診療室をあとにしたが、ジェームズにはまだ何か話したいことがあるようだったので、部屋を出てすぐのところにある院内カフェに立ち寄った。ジェームズが席を取ってくれている間に、私が二人分のコーヒーを買いに行った。

席に戻るとすぐに、彼が口を開いた。「こいつはけっこう厄介でしてね」。そして、いったん口をつぐんでから、「愚痴をこぼすわけじゃないんですが、いろいろと苦労もありまして」。

どういうことか意味がよくわからなかったが、診察室では話しにくいこともあるらしいのは薄々感じていた。陰でこそこそ言おうというわけではないが、臨床工学技師や循環器専門医には聞かれないほうがいいと思っているらしい。文句など口にしたら、お世話になっている人たちに申し訳ないと思っているようなのだ。

「作動するときは本当に頼もしくて、まるで奇跡ですよ」。ジェームズの胸に植え込まれているIC

Ｄは、この二年間に一〇回ほど電気ショックを発したという。そのうちの数回は、先日の日曜日と同じように、突然、その場にうずくまってしまっただけだ。一瞬気が遠くなるのを覚えていないこともある。

でもだからといって、胸のＩＣＤのことをすっかり忘れていられるわけではない。それどころか、四六時中、意識している。これがあるからこそ安心なのだが、同時に不安の種にもなっているのだ。

「おかしな話ですね。ショック治療のたびに、こいつには感謝しているんです。おかげで少し長生きできるんですから。でも……今までどうりの生活ができなくなってしまいまして」

どういうことなのだろう。

「いつもビクビクしている感じなんです……衝撃が来るんじゃないかってね。験《げん》まで担ぐようになってしまいましたよ」。彼は照れ笑いを浮かべた。「笑われるかもしれませんが……以前にこれが作動したとき、ちょうど仕事部屋のエアコンの通風孔の前を歩いていたんです。通り過ぎてから数秒して、床にへたりこんでしまいました。ばかばかしいと思われるでしょうが、それ以来、なるべくその通風孔には近寄らないようにしているんです」

ＩＣＤは命を救ってくれる一方で、生活の質（ＱＯＬ）を損なう場合もあるということだ。ＩＣＤを植え込んでいる人は、一般の人よりもＱＯＬが低いだけでなく、ペースメーカーを植え込んでいる人よりもＱＯＬが低いという。ただし、ＩＣＤを植え込んでいる人は、服薬のみで不整脈を抑えている人よりもＱＯＬが高いと報告されている[35]。

ＱＯＬの低下は、ジェームズのように、ＩＣＤが頻繁に作動する人ほど著しいようだ。たとえば、ＩＣＤを植え込んでから一年以内に電気ショックを受けた患者さんは、ＩＣＤが一回も作動しなかった患者さんに比べて、不安、疲労、心理的苦痛のレベルが高いことが調査から明らかになった(36)。また、心的外傷後ストレス障害（ＰＴＳＤ）の症状に苦しむ患者さんもいる(37)。

「良いことがあれば、困ることもあるってもんです」。コーヒーを飲み終えて立ち上がりながらジェームズは言った。「たしかに寿命は伸びます。だから本当に感謝しているんです。何年か余計に生きられるんですから。でも、いつもビクビク怯えながら過ごしている感じなんですよ」。そう言って彼は肩をすくめた。「まあそれだけの価値はありますけどね」

蘇生の代償

私たちを乗せた四トンの大型救急車が小さな車をどんどん追い越しながら午後の通りを走り抜けていく。これが緊急走行であることの何よりの証は、鳴り響くサイレンでも、点滅するライトでも、赤信号での交差点進入でもない。それは、沿道の人たちがこちらに向ける眼差しだ。左からも右からも、歩行者やドライバーたちが、われわれに課せられた使命の重さを無言のうちに証言してくれている。それこそが、どんな音や光にもまさる緊急性の証なのだ。

この救急車がどこに向かっているのかも、そこでどんな事態が待ち受けているのかも私は知らされていない。でも、この車に向けられる人々の表情を見ると、とにかく人の生死に関わる場に急行しているのだと自覚せざるをえない。

でも、一緒に乗っている二人の救急救命士の様子を見たら、そんなふうには思えないのではないだろうか。ジェーソンとギャレットは、出発してからずっと異様なほど冷静なのだ。今回の出動に同行させてもらうことになった私は、買い物袋みたいに小さくなって車の後ろに収まっているだけだが、ハラハラドキドキしているのはむしろ私のほうにちがいない。

ジェーソンは、すらりと背が高くて、信じられないほど痩せており、薄茶色の髪を手間いらずのクルーカットにしている。トライアスロンの選手を思わせる風貌だが、実際、彼はトライアスリートなのだ。こうして救急救命士として働いているのは、家賃を払ったり、ランニングシューズを買ったりするため。とはいっても、毎回出動するたびに、アスリートの全エネルギーを注ぎ込んで、真っ先に車から飛び出して人を助けに向かう。

そんなジェーソンが何やらそわそわし始めた。頭の中で刻まれているリズムに合わせてダッシュボードを叩き始めたのだ。その音がどうもギャレットの神経にさわっているようだ。

しかしギャレットは、ジェーソンの手のひらがダッシュボードを叩くたびに、大きく息をするだけ。かなり練れた人物らしい。とにかくこの仕事に関してはベテランのようだ。彼はずんぐりと太った五〇代のアフリカ系アメリカ人で、もみあげには白髪が交じり、頬には無精ひげを生やしている。以前はER（救急救命室）の助手として働いていたが、今から一〇年ほど前に、労働時間や働き方にもっと自由がほしくなったのだという。さまざまな仕事をひとわたり経験したあと、救急救命士になるための訓練を受け、それ以降ずっと救急救命士として働いている。

私たち三人を乗せた救急車は、アメリカ中西部の小都市郊外を走り抜けて、「シーシーアールシー」に向かっているらしい。ギャレットはそう略称で教えてくれたのだが、CCRCとは、終身介護リタイアメント・コミュニティーのことだ。前述のロレイン・ベイレスが暮らしていたようなところで、自立期から要重介護期までに対応する四種類の施設（独立住宅、共同住宅、日常生活動作支援介護付集合住宅、およびナーシングホーム）で構成されている。

ジェーソンもギャレットも、ギャレット以上に言葉少なな配車係からわずかな情報しか伝えられていないようだ。どんな状況なのか、ジェーソンに根掘り葉掘り聞いてみたのだが、現時点でわかっているのは、八二歳の女性が「倒れているのが発見された」ということだけだという。

それだけの情報では、さまざまな場合が想定される。ジェーソンがそわそわと落ち着かないのはたぶんそのせいだろう。その老女は、ロレイン・ベイレスのように脳卒中を起こしたのかもしれないし、何か別の発作を起こしたのかもしれない。心臓が止まっているかもしれないし、たんに気を失っているだけかもしれない。現時点では、患者の状態がまったくわからず、そのことが彼を緊張状態に追い込んでいるのだろう。

もう一つわかっていないのは、この老女がCCRCのどの段階の施設で生活していたのかということだ。独立住宅で元気に暮らしていたのかもしれないし、重度の認知症や多くの医学的問題を抱えてナーシングホームに入所していたのかもしれない。そうなるとさまざまなケースが想定される。たとえば、ナーシングホームには、訓練を積んだ医療スタッフが常駐しているにもかかわらず、ここの入所者が心停止を起こした場合の生存率は、道端で行き倒れになった人の生存率とそれほど変わらないのである。(38)

そういったことを考え合わせると、今回の救急出動が奇跡の生還につながるのか、それとも残念な結果に終わるのか、まったく予想がつかない。

車の間を縫うように走って、猛スピードで右折。やや狭い道に入ると、ジェーソンの指がますますせわしくダッシュボードを叩き始めた。ギャレットがアクセルを少し踏み込みながら、走行時間を示すモニターに目をやる。出発から到着までにかかった「応答時間」をこれで測るのだが、すでに八分五四秒と表示されている。まずまずではあるが、八二歳の老女の心臓が止まっているとしたら一秒たりとも無駄にはできない。ギャレットが視線を正面に戻すと、救急車は勢いよくスピードを上げた。

CRCの敷地内に入ると、昔の川に沿って造られたような、緩やかに蛇行する美しい並木道を進んだ。道の両側には赤煉瓦《れんが》と白壁のバンガローが並び、各戸にカーポートと車寄せがついている。

ほどなく、私たちは三階建ての集合住宅の前に到着。おそらくここは、身体機能や認知機能に障害のある人たちが支援を受けられる日常生活動作支援介護付集合住宅だろう。

入口のところに、ドアを開けて救急車の到着を今か今かと待っているナース服姿の女性がいる。まるで、救命ボートに乗っている人が水平線上に現れる船舶のシルエットを見つめるような表情でこちらを眺めている。救急車の到着に気づくと力強くうなずき、それから、不安を振り払うかのように、そして救急車が通り過ぎたりしないようにと手を振った。しかし、ドアを離れて私たちを出迎えることはなかった。持ち場に縛られて身動きがとれないといった様子で、数秒ごとに振り返ってはドアの向こうを覗いている。

緊急出動で興奮しているところに、ジェーソンのピリピリしたエネルギーが乗り移ったのだろう。私はギャレットが車を停めるのを待ちきれない思いで待った。ジェーソンが飛び降りたら、すぐあとについて行くぞ。一刻一秒を争うのだから。除細動器とストレッチャーを携えて入っていこう。そして倒れた人を救うのだ。

ヒーロー然として駆けつけるはずだったのに、この日、事態はずいぶん違った方向に展開していった。

車がゆっくり停止すると、ジェーソンが赤いナイロン製のバックパックを肩にひっかけて車から飛び降りた。私がすぐそのあとに続こうとすると、ギャレットが腕を伸ばして、私の肩に手を置いた。じれったい思いで振り返る私に、「こういうケースはなかなか厄介でね」と言う。どういう意味かよくわからなかったが、ジェーソンがもう中に入っているので、とりあえずうなずいて、ジェーソンのあとを追いかけた。

私が入口に着いたときにはもう、ジェーソンと看護師の姿はなかった。急いで廊下を進むと、途中の右手にドアがあった。ここだ。居住者と思われる人たちが数人、ドアの周りに集まっている。

私はジェーソンを追って居室内に入った。こぢんまりとした部屋だが、大きな張り出し窓から外の景色が一望できる。手前のドア側には青いベルベット張りのソファーが置かれ、向こうの壁際にはアンティーク調のマホガニーの食器棚が置かれている。その食器棚の上には、おびただしい数の家族写真が、とりどりのフレームに入れて飾られている。きょうだいや子どもや孫たちだろう。赤ん坊の写真もある。

まず目に入ってきたのはそれだ。

しかしもう一度よく見ると、食器棚の上面には、帯状に、写真の置かれていない剥き出しの部分があった。そのとき気づいたのだが、別の家族写真が十数枚ほど、床の上にも散らばっている。壊れずに無事なのもあったが、ほとんどはフレームが割れており、飛び散ったガラスの破片が陽射しを浴びて無気味な輝きを放っていた。

次の瞬間、食器棚の上から一〇〇人ほどの肉親たちが見下ろしている異様な光景が目に飛び込んできた。ジェーソンが屈みこんでいるその下には、花柄の部屋着を着た痩せた老女が顔を真っ青にして仰向けに倒れていたのだ。足には擦り切れた緑色のブーツ型スリッパを履いており、その尖った爪先がひときわ高く突き出している。

身ぎれいな青年が胸骨圧迫をしていたが、押し方がどう見ても、浅すぎるし、遅すぎる。彼が手を休めたところで、ジェーソンがひざまずいて脈拍と呼吸をチェックした。そして、きびきびと手際よく処置を続けながら、瞬間的に私の眼を捉えて、首を横に振り、顎の先を私の隣にいる老人に向けた。この老人もやはり八〇代だろう。ほっそりした顔立ちで、くしゃくしゃの白髪がしわの寄った額にかぶさっている。

ジェーソンの合図の意味は明らかだ。脈なし、呼吸なし。その夫をつかまえてどけてくれというのだ。

一瞬のうちに、ことの次第が呑み込めた。この老女は家族写真のほこりを払っている最中に、不意にめまいに襲われたのだ。胸痛を感じたかもしれないし、ただフラッとしただけかもしれない。いずれにしても、慌ててつかまるものを探そうとしたのだが、華奢な指がつかめたのは写真のフレームだけだった。必死に何かにすがろうと振り回した両手が、食器棚に置かれた写真をかっさらい、老女が床に倒れるときに、十数枚の家族写真も一緒に床に墜落したのだ。

そうした場面やら何やらを想像しながら、私は呆然と立ちすくんでいる老人の肘をつかんで、一緒に窓際へと移動した。彼の気を紛らわせようという思いと、役立つ情報を聞き出せるかもしれないという期待から、何があったのですか、と言葉をかけた。

彼は「リチャードと申します」と名乗ってから、「倒れているのは家内で、連れ添ってもう六一年になります」と語り始めた。この部分を数回繰り返した。六一年という年数があらゆる災いを払い除けてくれるお守りになると信じているかのように。

「家内はフローレンスと申します」。それから、ジェーソンにも聞こえるようにやや大きな声で、「フローではなくて、フローレンスです」と強調した。「家内はフローと呼ばれるのが嫌いでね」とそっと付け加えた。でもフローレンスの耳には何も聞こえていない。

CPRを行なっていた青年が立ち上がって退くと、ギャレットがジェーソンに加わった。赤いナイロン製バックパックを携えてきたギャレットは、それを降ろすと同時に開いた。そのあとの手さばきは、目にも留まらぬ素早さで、これから何をするのかがわかっている私にさえ追いきれないほどだった。

ジェーソンがCPRを続けている間に、ギャレットがフローレンスの部屋着の胸元を開いて、痩せた胸を露出させた。同時に、顔に酸素マスクも装着した。老女の肺をなんとか膨らませようと、ギャレットが大きな手で換気バッグを絞るたびに、その筋肉質の前腕が盛り上がる。

ギャレットが除細動器のスイッチを入れた。この窓際の位置からだと、小さな心電図モニターに心室細動を示すギザギザの波形が現れているのがはっきりと見える。この波形は、ただちに除細動器のパドルを当てよというサインでもある。しかし、二人はそうはせずに、胸骨圧迫を続けながら、酸素マスクによる人工呼吸を行なった。

ジェーソンとギャレットはよく知っているのだ。素人はつい気が急いてしまうが、救急救命士が行なうCPRには、ただちに電気ショックを与えるのに劣らないほどの大きな効果があるということを。二人のやり方はじつに慎重で秩序立っている。私もそれはわかっているのだが、時間がたつにつれてだんだん不安になってきた。いつまでもこんなことをしていていいのだろうか。リチャードのそばを離れて、除細動器を手に取りたい衝動に駆られた。

しかし間もなく、予想していたとおり、ギャレットが一回目の電気ショックを実施し、CPRに続いて二回目を実施した。放電のたびに、フローレンスの四肢がピクッと動き、胸部が軽く跳ね上がる。まるで、胸の中に閉じ込められている小動物が頭でつついて外に出ようとしているかのようだ。

CPRと並行して、二人のいずれか――たぶんジェーソンだろう――がフローレンスの左腕に静脈注射を開始。そのあと、三回目のショック、さらにCPRのあとに続いて四回目のショックが加えられた。ふたたびCPRが行なわれる中、静注によって生理食塩水が注入され、次いでアドレナリンが、それからリドカインが投与された。

その間、私はフローレンスについてもう少し聞き出そうと努め、得られた情報を処置に当たっているギャレットとジェーソンに伝えた。

リチャードによると、フローレンスは重症の心不全で、その治療のために何種類もの薬を飲んでいたという。糖尿病も患っていた。心不全はますます悪化しており、この三か月間に三回も入院している。肝臓も悪くしていた。でもお酒のせいではありませんから、とリチャードが急いで付け加えた。心疾患に関連するものらしい。

視界の隅に映っているジェーソンとギャレットの救命処置のテンポがやや緩んだように思われた。二人とも一瞬手を休めたので、心電図モニターをのぞくと、正常リズムらしきものが現れている。ジェーソンが上目づかいでモニターを見て軽くうなずいた。フローレンスの心臓が洞調律《サイナスリズム》に戻ったことが確認されたのだ。正常なリズムだ。続いてジェーソンは、フローレンスの頸部に二本指を当てているギャレットに合図を送って、脈拍も回復したことを確認。一言も言葉を交わすことなく合意に達したらしい。さあ出発だ。

ほんの数秒のうちに、ジェーソンとギャレットはフローレンスをストレッチャーに乗せていた。除細動器も一緒に置かれている。今度はジェーソンが手で換気バッグを押して、老女の肺に酸素を送っている。二人とも私には目もくれずに通り過ぎていった。

＊＊＊

医学生のときに輪番で詰めていた郡の遺体保管所で、以前にアメリカ海兵隊で衛生兵をしていたという人物に出会った。遺体保管所での彼の仕事の一つは、解剖後の遺体を縫合することだったのだが、彼はその仕事を、たまげるほど素早く、効率的に、手際よくやってのけた。ものの一分で、病理学者が引き裂いてバラバラにした遺体の輪郭を元に戻して、葬儀屋に渡せる状態にしてしまうのだ。あまりにも素早くて確実なので、病理学者たちでさえ仕事の手を止めて見入ってしまったほどだ。

しかし、何にもまして私の印象に残っているのは、それほどの腕前をもっているにもかかわらず、彼は一度たりとも自分の仕事に対する誇りや喜びや満足感を示さなかったことだ。いつも、魂の抜けたような空虚な表情のまま、次々と運ばれてくる遺体に太いナイロン糸を縫いつけ、結び、そしてカットしていった。

あのときの元衛生兵と同じ表情を、私は正面玄関からフローレンスを運び出すときのジェーソンとギャレットに見たのだった。二人は、息絶えた女性を生き返らせるという、まちがいなく驚異的なことを成し遂げたにもかかわらず、その顔には、人の命を救ったという誇らしさも高揚感も見られなかった。すでに人生を終えた遺体の縫合を仕事にしているあの元衛生兵にそっくりだったのだ。

＊＊＊

五分後、ギャレットとジェーソンはフローレンスを救急車に乗せて、最寄りの病院に急行した。ギャレットが運転手を務め、ジェーソンは私と一緒に後部でフローレンスの容態に気を配っていた。後部の窓から見える郊外の景色がどんどん後方に消えていく。今、どのあたりを走っているのかまるで見当がつかないが、立て続けに三回角を曲がったのは覚えている。

角を曲がろうとしてギャレットが速度を落とすたびに、フローレンスの体が少し前方に滑って、ストレッチャーの金属の柵に頭がぶつかった。大した衝撃ではないので、意識があったとしても不快に感じるほどではないはずだ。しかし、ぶつかるたびにゴツッという鈍い音がして、ピッピッという心電図モニターの甲高い電子音に合いの手が加わった。

ほどなく、私たちを乗せた車は急停止し、救急外来の救急車搬入口にバックで入った。救急車のドアが開いたとたん、車内の静寂は打ち砕かれ、フローレンスを乗せたストレッチャーは一二本のたくましい手でさっと運び出された。さあ、これからが真剣勝負。傍観者が入り込む余地はない。私は邪魔にならないように脇にどくしかなかった。

フローレンスは冷静で手際良い対応を受けた。救急医療チームがストレッチャーの揺れを抑えながら大きなスライディングドアを通り抜け、二つある救急処置室の一方に彼女を運びこんだ。移動中も看護師が胸骨圧迫を続けていた。

私もおそるおそる入っていくと、救急医療チームが彼女の頸部に太い静脈注射の針を、膀胱にカテーテルを、喉に気管内チューブを挿入していた。鉛のエプロンをつけた放射線技師が、なんとか空いている場所に割り込んで、胸部X線写真を撮るための数秒を勝ち取ろうと画策していた。チューブやワイヤーやモニター類がフローレンスをぐるりと取り囲み、八〜九名のスタッフが彼女をもう一度生き返らせようと一心に奮闘していた。

この場面に、私にとって目新しいものは何もなかった。この救急医療チームがしていることは、私にも経験のあることばかりだった。緊急呼び出しを受けて、除細動器のパドルを当てたこともあるし、頸静脈に静脈ルート確保用の注射針を入れたこともある。

けれども、搬送される前に「会った」ことのある人に、こうした処置がなされるのを見るのはこれが初めてで、一時間前のその人の面影が、今、目の前で繰り広げられている場面にも劣らぬほど鮮明に私の脳裏に焼きついていた。

呼吸療法士が布粘着テープで気管内チューブを念入りに固定しようしているが、私にも同じテープを使って同じことをした経験がある。しかし、今、私は、つい先ほどテープに邪魔されずに見たフローレンスの顔をはっきりと思い浮かべながら、その処置を見守っている。テープのせいでフローレンスのくっきりした頬骨は隠れてしまったが、CCRCの食器棚に飾られていた多数の家族写真の人たちがみな、彼女にどことなく似た北欧系の顔立ちをしていたことが私には忘れられない。

除細動器から二〇〇ジュールの電気ショックを受ければ、フローレンスの手がピクッと痙攣《けいれん》することはもちろん予想できたが、つい一時間ほど前にその手をせっせと動かしながら、家族写真をきれいに並べていた姿を思い浮かべてしまうとは、私は予想だにしていなかった。

＊＊＊

それから三〇分ほどして、フローレンスの容態は安定した。心拍数は正常で、血圧にも問題はなし。意識はないが、それは鎮静剤を多めに投与されているせいだろう。しかし、まだ人工呼吸器を装着している状態なので、勝利宣言するには早すぎる。そもそも意識が戻るかどうかさえ予断を許さない状況だ。しかしともかくも、救急外来からICU（集中治療室）に移動できる程度にはなった。

リチャードが娘さんと一緒に待合室にいるという知らせが届いたので、救急医療チームが後片付けをしているなか、私は先に退室した。受付のところに顔立ちのそっくりな女性がいて、一目でリチャードとフローレンスの娘のクララとわかった。すらりと背が高くて、髪はブロンド、パリッとしたビジネススーツを着ている。私は自己紹介をし、救急外来の医師が出てくるまでの間、腰を下ろして話をすることにした。

いきなり、「フローレンスはどんな具合でしょう」とリチャードが尋ねてきた。「もうすぐ担当医が来ますから」と答えようとした私を遮るように、「生きているんですか」と畳みかけた。とにかくそれが知りたいのだとリチャードは言う。私はなんと答えればいいのだろう。

「生きていらっしゃいますよ」。そう、そこまでなら言える。

リチャードとクララの反応は意外にも複雑なものだった。もちろん、ほっとしているのは明らかで、二人の顔には安堵の表情が見てとれた。しかし、命を取り留めたとすれば、正念場はまさにこれからであることを知っていて、必ずしも手放しでは喜べない様子だった。

まもなく、担当医が出てきて自己紹介をし、全員が腰を下ろしたところで、今の段階でわかっていることをリチャードとクララに伝えた。といってもそれはわずかだった。「現在の状況といいますか、今後の見通しについては、まだなんとも言えない状況です」

担当医は現時点で確実にわかっていることだけを伝えた。救急外来にいたこの二〇分間は心臓が安定したリズムを保っていること。しかし自発呼吸はしておらず、人工呼吸器を付けていること。そして意識はないこと、などだ。

伝えた内容からも、その重い口ぶりからも、彼が事態を楽観視していないことは明らかだった。フローレンスがきわめて深刻な状態にあることをリチャードとクララにやんわり伝えようとしていた。そして最悪の事態も覚悟しておくよう、それとなく遠回しに警告していた。

にもかかわらず、クララに「母は助かるんでしょうか」と聞かれ、医師は困った顔をした。難しい質問だ。彼はちょっと考えてから「一時間持ちこたえるたびに、その可能性が少しずつ高くなっていきますよ」と答えた。それから、リチャードの肩に手を置いて「先のことを心配するよりも、今日一日を乗り越えましょう」と励ました。

彼は、フローレンスが全快する見込みについては一切触れていない。一般的事実を述べるなら、病院外で心停止を起こした患者さんが退院までこぎつける確率は一〇%にも満たない。この事実だけから考えれば、フローレンスが退院できる見込みはほとんどないと言わざるをえない。

しかし、それはあまりにも単純すぎる見方だ。フローレンスの予後は諸々の要素が組み合わさって決まるもので、統計データから単純に予測できるものではない。

フローレンスはいろいろ有利な要素に恵まれていた。たとえば、ジェーソンとギャレットがすばやく駆けつけて、すみやかに処置を行なった。CPRを開始した青年の対応も早かった（あとでわかったことだが、あの青年は施設のサービス担当責任者、つまり皮肉にも、ロレイン・ベイレスが暮らしていた「グレンウッド・ガーデンズ」のコリーンと同じ立場の人物だった）。さらに、ギャレットとジェーソンの努力で、病院に搬送する前に心拍が再開していたことも有利な要素の一つに挙げられる。搬送された病院も、その地域で一番良い病院だった。

面談が終わりかけたとき、クララがこう尋ねた。「母の意識が戻ったときに、脳に……障害が残る可能性はあるのでしょうか？」

医師は、一瞬、言葉に詰まったが、当たり障りのないことを言ってその場をしのいだ。

「まだなんとも言えません。まずは今夜を乗り切ることです。二、三日様子を見て、それからまたお会いしましょう」

＊＊＊

私が休憩室のドアを開けると、ギャレットが顔を上げた。彼はジェーソンとともに出動報告書を作成しているところだった。かなり疲れているようだ。疲労のせいで、今朝会ったときよりも一〇歳くらい老けて見える。

ぜひとも二人に聞いてみたいことがあったのだが、ギャレットのげっそりとやつれた顔を見て、じつはもう正規の勤務時間外であることを思い出した。午後七時。過酷な一二時間勤務がようやく終わったところだ。事務処理を早くすませて帰りたいにちがいない。同乗させてもらったことへのお礼を述べるだけにしよう。

ところが、ギャレットが顔を上げてにっこり笑った。続いてジェーソンが、集計表やチェックリストが散らばっている古ぼけたメラミン化粧板のテーブルの下から椅子を一つ蹴り出した。座れという身振りをするので、それに従った。

彼らはどんなことを考えながら仕事をしているのか、ぜひ聞いてみたいと思っていたのだが、長く待つ必要はなかった。

ギャレットが、手にしていたペンをテーブルにはじき落とした。彼らの出動記録一覧の上に着地したペンは、あの憂鬱な「スピン・ザ・ボトル」ゲーム〔瓶を回し、止まった瓶の口先が指す所にいる人が何か芸をするというゲーム〕の瓶のように、くるくると回転しながら、今日の出動理由を次々と指していった。

「自動車事故」

「自転車事故」

「転倒」

そしてもちろん「心停止」

ギャレットが沈黙を破って、私に「フローレンスのケースをどう思いましたか?」と尋ねた。

質問の意味がよくわからないのだが、と答えると、「どんな結果になると思いますか? それから、僕たちがしたことをどう思いますか?」と聞いてきた。

彼らが何を探ろうとしているのか、まだはっきりとはつかめなかったが、大方の見当は付き始めていた。そこで、質問には答えずに、逆にこう問い返してみた。「皆さんはどうお考えなのですか?

いつもこういうケースに遭遇しているわけでしょ」

今後の見通しについては、私よりもよく知っているはずだ。そういう彼らはどう思ったのだろう。少し煽ったら本音が聞けるのではないかと思い、「何か間違ったことをしたと思っているのですか?」と言ってみた。案の定、これが話の誘い水となった。

先に口を開いたのはギャレットだった。抑制のきいた語り口で、猛然と話し始めた。この芯の強さはおそらく、自分は何をやっているのか、なぜやるのかを常に問い続けながら、長年、幾多の無益な通報に対応してきた人ならではのものだろう。

「全力を尽くすのが僕たちの任務ですからね」と彼は言う。しかし、そう言いながら、妙に力をこめて首を横に振った。まるで異を唱える心の声と折り合いをつけようとしているかのようだ。

「問題はそこなんですが」と言ってさらに続けた。「現場に到着したら、喉にものを詰まらせたお子さんであれ、認知症とがんを患っている介護施設のお年寄りであれ、とにかく最大限の努力をしなくちゃなりません。でも、一歩足を踏み入れたとたんに――いや、たいていは通報を受けた時点で、だいたいわかってしまうんですよ。どうなるかがね。喉にものを詰まらせた子は……必ず元気になります。でも介護施設の年寄りは……難しいです。通報を受けた時点でもう、何をやっても時間の無駄でしかないとわかるんです。でも任務は任務。出動しなくちゃなりません。現場に急行しなくちゃなりません」

ギャレットはもう首を横に振ったりはしなかった。打ち明け話をしているうちに、なんとなく気持ちの折り合いがついたのかもしれない。

ジェーソンはやや異なる見方をしていた。三〇秒ほど前から指でテーブルの上を激しく叩いて、発言の機会を待っているようだった。しかし、いざしゃべり始めると、意見を述べるというよりも、むしろ考えを探り出しているといった感じで、独り言のようにつぶやいた。

「本当は、誰もこんなこと望んでいないんじゃないだろうか?」。そう言ってギャレットに目をやると、ギャレットは肩をすくめた。それから、ジェーソンは私をじっと見つめて、「とにかく、多くの人はこんなこと望んじゃいませんよ。見ず知らずの人間が家に押しかけてきて、胸をがんがん叩くわ、家族の見ている前で、体にいろんなことをするわ。あげくに救急車の後ろに放り込まれて、病院に連れて行かれるなんて。意識も戻らないまま、チューブやワイヤーにつながれたまま、ICUで死ぬなんて、絶対に望んじゃいませんよ」

そして、ギャレットに顔を向けた。「二か月ほど前のあの女性、覚えてる? トマト・レディのこと」。ギャレットがうなずくと、ジェーソンはふたたび私のほうを向いた。「今回出動したのと同じ地区ですが、戸建ての大邸宅でね。いろいろな病気を抱えている高齢の女性でした。朝、自宅の庭で倒れたんです。トマトの水やりをしている最中にね。旦那さんが通報してきたので、手を尽くして蘇生したんだが、結局、救急外来で亡くなりました。旦那さんは僕になんて言ったと思います? どうせ死ぬのなら、あのまま庭で死にたかったろうに、可哀想なことをしてしまった。そう言ったんですよ」

ジェーソンは首を横に振った。「言っている意味わかりますよね? 多くの場合、僕らは命を救っているというよりも、死に方を変えているだけなんです」

「病院の請求書をたんまりと付けてね」とギャレットが言い添えた。

私は二人に、いわゆる院外DNR(蘇生処置拒否)指示について聞いてみた。これは、心肺停止の可能性やＣＰＲについて医師から詳しい説明を受けた患者さんが、ＣＰＲは望まないという決断を下した場合に、その旨を指示書に記入して医師とともに署名するものだ。ＤＮＲ指示を行なったことが救急救命士やその場に居合わせた人《バイスタンダー》にも一目でわかるように、患者さんはブレスレットなどを着けることになっている。

しかしギャレットは、こうした指示書は一度も見たことがないという。ではブレスレットはどうかと聞いてみた。

「こういうことって、考えたくないじゃありませんか、いざという時までは……」とジェーソン。

「でも、その時では遅すぎるんだよな」とギャレットがあとを引き継いだ。

これは終末期への備えの問題点を端的に述べた言葉だと思う。私たちはいよいよその時が訪れるまで決断を先送りしようとするが、いざその時になると、もはや意思決定などできない状態になっていることが多い。やむをえず、家族が代わりに判断を下すことになる。

「そうしてもらう以外に方法がないからね」とジェーソン。「蘇生処置は望まないと誰かがはっきり言ってくれないかぎり、僕らは処置をやめるわけにはいかないんです」

ジェーソンはそれに苛立ちを感じているようだが、ギャレットはもっと達観していた。「仕方ないさ。救急救命士に重大な決断を下すことはできないし、僕個人としてもそんなことはしたくない。絶対にしたくないね。そんな責任を負わされるくらいなら仕事を辞めるさ。現場で蘇生処置を行なうかどうかの判断を下すなんて、ありえないね」

ジェーソンの考え方はもう少し柔軟だった。「僕だってそんな重大な決断を下すのはいやだが、許されるものならやるだろう。それから、時間が許すなら家族に聞いてみると思う。家族に中止する機会を与えるくらいのことは僕らにもできないとね。家族がやめてほしいと言えば……」

「でも、あのトマト・レディの旦那さんは、聞いてもやめてくれとは言わなかっただろうね」。ギャレットが真っ向から反論した。「それから、今日のあの旦那さんも、絶対に。家族に聞くことができても、ほとんどの家族はやめてくれとは言わないね」

おそらくそのとおりだと思う。家の中まで救急救命士が入ってきていたらなおさらのこと、もう結構ですとは言えないにちがいない。ジェーソンもギャレットも、その道のプロという雰囲気を漂わせている。だから、何もかもわかっているこの人にお任せしよう、という気持ちにさせてしまうのだ。よほど気丈な人でないかぎり、やめてほしいとは言えないだろう。

しかし、ギャレットやジェーソンをはじめ、多くの救急救命士たちには、中止の決定を下す権限がない。彼らは中央管理システムのもと、厳密に定められた手順に従って行動している。救急救命士には、死後硬直のような、死亡後長時間が経過していることを示す明らかな証拠がないかぎり、どんな患者に対しても蘇生処置を試みる義務があるのだ。

「家族は諦めたくないんだよ」とギャレット。「患者さん本人には死を受け入れる覚悟ができていたとしても、家族の側に見送る心の準備ができているとはかぎらない。１１９番通報してから、ブレスレットを切って外してしまったりね」

実際にそんなことがあったのかと尋ねると、ギャレットとジェーソンはそろって肩をすくめた。

「まあ、あったかもしれません。僕らにはわからないことですが」ジェーソンはそう答えた。

＊＊＊

数日後、私はＩＣＵにいるフローレンスを訪ねた。意識はまだ戻っておらず、人工呼吸器も装着されたままだ。ふと見ると、彼女の頭上の壁に、かなり若いころのフローレンスの写真が貼ってある。白いドレスに、意匠を凝らした帽子。どうやら夏の結婚式のようだ。「これは二〇年前の私の結婚式のときの写真なんです」と、あとからクララが教えてくれた。

医師や看護師の皆さんにも、昔のフローレンスの姿を見てほしくて、本当はどんな女性だったのかを知ってほしくて、二人でその写真を貼ったのだとリチャードが話してくれた。「それは私たち自身のためでもあるんです」とクララが言い添えた。「こんなふうにベッドに横たわっている姿が母の最後の思い出になってしまうのはいやなので。でも、私たちのとった行動は間違っていなかったと思うわ」。そう言いながら、腕を伸ばして父親の手を握った。

リチャードは自分にできる精一杯のことをしたのだ。電話を手に取って１１９番通報した。あの場面ではそうする以外に方法はなかっただろう。

しかし、フローレンスの家族がとった行動にはさまざまな代償が伴う。そのうちの一つで、ともすれば見過ごされがちな問題と、クララは今まさに向き合っているのだ。それは、本当にあの対応でよかったのだろうかという、いつまでも付きまとって離れない疑念である。リチャードは１１９番通報などすべきではなかったのでは？　救急外来に搬送された時点で、積極的治療に同意するかどうか、二人はもっとよく考えるべきだったのでは？　そういった疑念が頭をもたげるたびに、二人は、余計なことをしたのかもしれないという自責の念に苦しむことになる。

二人はまた、今のフローレンスの思い出とともに生きていかなくてはならない。ベッドの上に飾った写真をどれほど見つめても、喉にチューブが挿入されている目の前の姿が、人工呼吸器の喘ぐような音とともに深く記憶に刻まれてしまう。「間違った」ことをしたのかもしれないという自責の念と同様に、その記憶はいつまでも脳裏に焼きついて離れることがない。

さらに、フローレンスの医療費が経済的な負担として重くのしかかってくる。アメリカでは、救急車の要請、救急外来での診療、ＩＣＵへの入院一週間分の費用を合わせると、内輪に見積もっても一〇万ドルは下らないだろう。[39]そうした費用の大部分はメディケアから支払われることになるが、自己負担もかなりの金額になるはずだ。

このように経済的にも精神的にもさまざまな代償を払うことになるが、そもそも何を得るために払う代償なのだろうか？　フローレンスはこれまでのところ、クララやリチャードや孫たちと意味のある時間を過ごすことはまったくできていない。何もすることができず、何も話すことができない。あれほどみんなが手を尽くしたにもかかわらず、本当の意味での時間はまったく得られていないのだ。

フローレンスは、本当は一週間前にあの世に旅立ったのに、家族が逝かせてくれるまで、半死半生の状態を強いられているのではないか。クララやリチャードとＩＣＵで過ごしながら、私はそんなふうに思えてならなかった。

最後に二人に会ってから一週間後、リチャードとクララが積極的治療を打ち切ることに決めたという話を耳にした。リチャードは、妻が助かる見込みはないと諦めたのだ。一方、クララは、助かったとしても、母親本人が受け入れがたい状態で生きるはめになることを恐れた。こうして、二人はそれぞれ別の理由から、フローレンスを安らかに逝かせてあげようという同じ決断を下すに至ったのだった。

家族からの要請を受けて、医療スタッフは人工呼吸器のスイッチを切り、フローレンスの命をつなぎとめていたチューブやワイヤー類も外した。ほんの数分間、自発呼吸をしていたが、やがて心臓のリズムが乱れ始め、今度こそ永久に、心臓はその働きを停止した。

第7章　曖昧になる生と死の境界

今から一年ほど前、私はそれまでとは逆の立場から、つまり医師の視点ではなく患者の視点に立って、蘇生の科学について学ぼうと思い立った。すでに私は、大勢の患者さんが旅立つのを見届けていた。心臓が永久に活動を停止する瞬間に立ち会ってきたのだ。

その中にはジョーのように気の毒な最期を遂げた方々もいる。ジョーは私が医学生時代に出会った患者さんの一人だ。第1章で述べたように、私が心肺蘇生を行なったばかりに、意識のないままICUで一八日間も過ごすはめになり、家族はその一八日間、ひたすら見守るしかない心痛の日々を送ることになった。そのような過去の出来事を振り返り、患者さんやその家族の苦しみを思い出すたびに、なんと虚しい闘いをさせてしまったのだろうかと悔やまれてならない。

しかしその一方で、ミシェル・ファンクのように、常識では生き返るはずがないのに元気に生き返った人たちもいる。いったん止まった心臓がふたたび動きだしたのだ。こうした奇跡が起こらないとも限らないのである。

この先、私たちにはどんな未来が待ち受けているのだろう？ ジョーのように、じわじわ襲ってくる死をそのまま受け入れるしかないのだろうか？ それとも、ミシェルを救ったような奇跡を期待してもいいのだろうか？

一年前、私はそのような問いからスタートした。それでわかったことは何か？ まず思い知らされたのは、死のありようが以前とは様変わりしているということだ。

＊＊＊

バンバンバンという銃声が聞こえ、撃たれた男が地面に倒れ込む。恋人が駆け寄ってきて、息も絶え絶えの男を慰め、涙の別れを交わし合う。どこからともなく聞こえてくる、すすり泣くようなヴァイオリンの音色。とそのとき、通りかかった人が「この男はいったい何をしとるんじゃ？」と聞いてまぜっかえす。恋人はむっとして答える。「死んでるんじゃないの！ あんたにはこのメロディーが聞こえないの？」

これはパロディー映画『ゴールデン・ヒーロー 最後の聖戦』の一場面だが、これまでに舞台や映画ではこのようなシーンが数え切れないほど演じられてきた。登場人物が死ぬと、誰にでもそうとわかる合図が現れる。一番わかりやすいのは、バックに流れる音楽が盛り上がることだ（サミュエル・バーバーの『弦楽のためのアダージョ』がよく使われる。映画『プラトーン』でもそうだ）。

といっても、こうした場面にいつもオーケストラが待機しているとは限らない。そういうときは、登場人物の死を告知することのできる誰かにその役割を担ってもらう必要がある。よく知られた適任者を挙げるならば、ＳＦテレビドラマシリーズ『スタートレック』に登場する医師、レナード・マッコイだろう。「ジム、彼は死んでいる」――これは死亡を確認する場面でマッコイが口にする定番のセリフだ。

レナード・マッコイが別の銀河に出張中で告知してもらえない場合には、そうとわかるなんらかの婉曲表現が使われる。たとえば、映画『デッドマン・ウォーキング』では、死にゆく人の目がうつろに空《くう》を見つめる。『スパイダーマン２』は合図もハイテクで、ドクター・オクトパスの金属製アームの光が消える。『市民ケーン』では、手がだらんと下がって持っていたスノーグローブを床に落とす。『おかしなおかしなおかしな世界』では、ジミー・デュランテ演じる人物が死ぬ《キック・ザ・バスケット》ときに、文字どおりバケツを蹴っとばす。

しかし、言葉を尽くした死の告知といえばやはり『オズの魔法使い』だろう（少なくとも私が持っている本ではそうだ）。マンチキン国の検視官は、東の悪い魔女は死んだときっぱり断言し、見守る人たちの心に疑念が生じる余地を与えない。

「私は検視官として事実を明らかにしなくてはなりません。
私は東の魔女を徹底的に調べました。その結果を報告します。
東の魔女は、ほんの少しばかり死んでいるのではありません。
これ以上ありえないほど、徹底的に死んでいます[1]」

つまり、中途半端ではない真の死を遂げたと言い切っているのだ。

以上紹介したような場面では、死は厳然たる事実であって、生から死へと移行する瞬間もはっきりしており、生と死の間には明確な境界線が引かれている。そして、登場人物がその一線を越えると、そのことを知らせる合図が出る。光や、音楽や、マッコイの定番セリフがそれだ。

今から一〇〇年前は、このような方法で人の死というものを的確に表現できていたのだろう。それまで生きていた人間が――ある瞬間にきっぱりと、疑いの余地を残すことなく――死んだ状態へと移行する。そして、居合わせた人たちは、その事実をどうしようもないこととして受け入れる。バックに流れる哀愁に満ちた旋律……。べつに『弦楽のためのアダージョ』など流れていなくても、誰もが目の前の人間は死んだのだとはっきり理解していた。

ひるがえって今の時代はどうだろう？　以前のように単純にはいかない。生と死の境界がどんどん曖昧になろうとしているからだ。そしてそれは、これまで見てきたとおり医療が格段の進歩を遂げたせいなのである。

ミシェル・ファンクを覚えているだろうか？　彼女の場合は、救助隊がヴァイオリンの音色に耳を傾けようとしなかったおかげで命拾いしたのだ。そういう人は、これまで見てきたようにミシェル・ファンクの他にも大勢いる。凍てつく川に転落しながら何時間も生き延びたアンナ・ボーゲンホルム。自力で冬眠の方法を編み出した打越三敬。脳を超低温にして大手術を受けたキノコ農場の作業員トーマス。スコッツデールにあるアルコーの保管室に並んでいる何体もの遺体や頭部（いずれも最初のライフサイクルは終えているが、いつの日にかまた蘇るという話だ）。

このような例のどれもが、生死の境界をさらに不鮮明にしている。その結果、私たちはマンチキン国の検視官のように、確信をもって「本当に死んでいる」とは言えなくなってきている。そう言ったとたんに、ミシェル・ファンクやアンナ・ボーゲンホルムのように、「本当に死んだ」にもかかわらず突如生き返った人たちのことを思い起こしてしまうからだ。

可能性は広がり続ける

すでにもう、生死の間にはっきり境界線を引くことはできなくなっているが、この先、たとえば五年後はどうなっているだろう？　一〇年後は？　五〇年後は？

この一年間に学んださまざまな事実に照らして考えると、現在、私たちが経験していることは、科学の進歩のほんの序幕にすぎないのではないかと思われる。進歩のペースはどんどん加速していくので、今後一〇年間にこの分野が指数関数的な成長を遂げたとしても決して不思議ではない。たった一年ほど蘇生の科学に傾倒したくらいで未来を予測する資格などないのは承知の上で、二つだけ指摘しておきたい。

まず、心停止後の生存率が飛躍的に高まるだろう。具体的に言うと、おそらく今後五年間に半数以上の人が神経学的に良好な状態で生還できるようになると思われる。全体的な生存率ももっと上がるはずだ。

もちろんその理由の一つとして、これまで見てきたような科学の進歩が挙げられるが、理由はたんにそれだけではない。もう一つ、ＡＥＤを随所に設置するといった社会的な取り組みも救命率アップに大きく貢献すると思われる。蘇生の技術そのものはすでに何十年前もから存在していたものだが、実際により多くのAEDを設置することで、より多くの命を救うことができるようになるのだ。

このような変化が今後五〜一〇年間に起こるにちがいない。では、二〇〜三〇年後にはどんなことが期待できるのだろう？　人間を生き返らせる方法を会得した私たちが、その次に目指すことはなんなのだろう？

正直なところ、私は「命の一時停止」も夢ではないと考えている。といっても、SFの宇宙旅行に登場するような大それたものではない。せいぜい何時間か何日間、人工冬眠させておくといったたぐいのものだ。

私はリスとキツネザルのいずれか一方に肩入れするつもりはないし、その他にもまだ知られていない研究がいろいろあるのではないかと思っている。チェン博士のAMPかもしれないし、まったく異なる研究かもしれない。しかし、誰かが、どこかで、人間の代謝をきわめて低いレベルにまで下げる方法を見つけるにちがいない。それがやがて、莫大な可能性を秘めた扉を開くことになるだろう。

幸いなる失敗

ずいぶん楽観的な見方だと思われるかもしれない。私がこのように未来を楽観視できるのは、一つには、この一〇〜二〇年間の急速な科学の進歩を目の当たりにしてきたからだ。つまり、これまでの成功体験の積み重ねが自信の源になっているのである。

その一方で、私が楽観的でいられるのは、幾多の失敗体験があるからこそだとも言えるのだ。本書では取り上げなかったが、どれほどたくさんの失敗が日々重ねられていることだろう。幸いにも私は、チェン・チ・リーのマウス＃００１１が人工冬眠に入る瞬間を見せてもらうことができたが、それは、なかなか成果の出ない研究を何週間も追い続けていく中でたまたま遭遇した出来事にすぎない。

たとえば、硫化水素は次なる注目株だったのだが、その期待は突如、打ち砕かれることとなった。硫化水素について初めて詳細な研究を行なったのはマーク・ロスという生物学者だ。彼はその研究でたちまち名声を得て、マッカーサー財団の「天才賞」まで受賞する。腐った卵や下水処理施設から発生するこのガスには、マウスに冬眠状態を誘発する効果があるらしい。これは画期的な新薬になるぞ。誰もがそう思った。

世間の耳目を集めたロスの実験とはどのようなものだったのだろう。マウスを八〇ｐｐｍの硫化水素に六時間曝露させたところ、体温が平均で一三℃、代謝が九〇％低下したのである。(2) なんとも驚くべき結果ではないか。

ロスの実験結果に触発されて、相次いで追試験が実施された。ところが残念なことに、そうした研究からは大きな成果は得られなかった。ブタは硫化水素にあまり反応しないらしい。(3) ヒツジも同様だった。(4)

しかし、ヒトはヒツジでもブタでもない。というわけで、ロスは怯むことなく、硫化水素のヒト臨床試験に踏み切ろうとした。ところが、そこから新たな課題が持ち上がる。なぜなら、硫化水素は常温で気体だが、気体を実験に使おうとすると、どうしても周囲の人間に悪影響を及ぼすことになってしまうからだ。そこで、ロスは静脈注射の形で硫化水素を投与しようと考えた。

初期の研究では硫化ナトリウムが用いられた。硫化ナトリウムを水と酸素にさらすと（たとえば、湿った空気や血液にさらすと）硫化水素が発生するので、それを使うことにしたのだ。しかしそれでも危険がなくなったわけではない。硫化ナトリウムは、水に溶けると強アルカリ性を示すからである。そう聞くと、あまり近寄りたくない感じがするのではないだろうか？

誰もがそう思ったようだ。その臨床試験は二〇〇九年五月に開始されたが、治験参加者が六名しか集まらず、結局、二〇一〇年四月に中止に追い込まれる。[5] 臨床試験が途中で打ち切られた場合はたいていそうだが、有用な情報はほとんど得られなかった。ロスが起ち上げた会社「イカリア」に問い合わせても、そっけない返事が返ってくるだけだ。「誠に残念ながら、弊社の本事業は終了したということ以外、何も申し上げられません[6]」

したがって、硫化水素が近い将来、あなたの町の救急外来に登場することはまずないだろう。ことによると、チェンのＡＭＰも同じような運命をたどることになるかもしれない。それどころか、現在、注目を集めているイノベーションの多くが同じような末路をたどらないともかぎらない。

しかし、そのような多くの失敗があるからこそ、未来に期待が持てるのである。なぜなら、失敗というのは、科学がリスクを厭わず前進している証だからだ。新たな治療法につながる可能性がわずかでも見込めれば、みな躊躇《ちゅうちょ》せずにその課題に取り組もうとする。新しいことに果敢に挑む科学者が大勢いるということは、現在はまだ模索中であっても、いずれ新たな道が拓かれることを示す喜ぶべき兆候なのだ。

さまざまな科学者に話を聞いて回ったこの一年間、私は民間企業から研究資金を得ている人が多いことに驚かされた。しかし、それ以上に驚いたのは、多くの科学者が自ら会社を起ち上げていることだ。実業家ではなく、科学者がベンチャーキャピタルから出資を受けているのである。つまり、蘇生科学は魅力的な投資先だと考えている人が、何億ドルもの資金をもつ投資家の中に大勢いるということだ。「フォロー・ザ・マネー」（金を追え。そうすれば真実に近づける）という言葉を信じるならば、蘇生科学は成功するとみてよいだろう。

失敗してさえいない

蘇生科学が今後、ますます挑戦と失敗を繰り返しながら発展していくとすれば、当然、この一年間に私が見てきたアイディアの中にも、いずれ科学のゴミ箱行きになるものが出てくるはずだ。それはいったいどれだろう？　今のところ、失敗候補リストの筆頭に挙げられるのは人体凍結保存術《クライオニクス》ではないかと思う。

人体凍結保存術《クライオニクス》の最大の問題点は、すでに実験室内で成功していることと、人間相手に試みようとしていることとの間に、あまりにも大きな隔たりがあることだ。卵や精子のほか、角膜や心臓弁といった組織の凍結保存はすでに実現している。しかし、クライオノーツが運を天に任せてやろうとしているのは、人体を丸ごと（場合によっては切断した頭部を）凍結保存することなのだ。

これまで見てきたとおり、どんな研究でも、動物実験で成功したのちに人間に適用するという手順を踏むものだが、人体凍結保存術《クライオニクス》ではその部分が欠落していると言える。

問題は、動物で試してもいないことをいきなり人間でやっているという点にとどまらない。試行錯誤のプロセスそのものが欠けているのである。まず動物実験で技法を完成させた上で、人間で試し、そして失敗する、というプロセスを踏んでいないので、そうした失敗から学ぶことも、振り出しに戻って計画を練り直すこともできない。

とにかくまず人間の遺体を凍らせてしまって、その解凍方法のみならず、そもそもの死因となった病気の治療法についても、将来の科学の進歩を当てにして頼るばかりなのである。

そもそも、遺体の凍結保存自体がイカサマである可能性が高い。ごく一部の例外を除いて、科学的データによる裏づけがまったくないのだ。人体凍結保存《クライオニクス》研究の大部分は、自己資金または小規模な財団からの出資で行なわれている。ピアレビュー（同領域の専門家による査読）を受けている研究はほとんどなく、一流の科学雑誌に発表された研究は一つもないのが実態だ。

もちろん私は、主流派の科学者たちがリスクを避けたがり、斬新なアイディアの受け入れを渋りがちなことも重々承知している。公的な研究費はアメリカ国立衛生研究所（ＮＩＨ）からトップレベルの研究大学へと配分されるが、さまざまな科学分野において、こうした経路とは別のところで画期的な研究成果が生まれていることもまた事実である。クレイグ・ベンターのヒトゲノム解読に向けた取り組みはその良い例で、一民間企業が主流派をみごとにかわして解読競争に勝利した。

といっても、ベンターは、広く受け入れられている手法を用いる著名な科学者だった。しかも、研究の大前提となるヒトゲノムの塩基配列決定法は、すでに科学界で広い支持を得ていた。結局、ベンターが民間企業を創設してヒトゲノム解読競争に参入したことにより、主流派が目指していたゴールへの歩みが加速されることになったのである。

それに対し、人体凍結保存術《クライオニクス》は、新奇な発想と根拠のない前提に立って、まったく新しい方向に進もうとしている。

動物実験を通して人体凍結保存術《クライオニクス》の科学を発展させていくことはできるだろう。しかし問題は、イヌの心臓はヒトの心臓とだいたい同じような働きをするが、イヌの脳は必ずしもそうではないという点なのだ。夕陽を愛でたり、電子レンジでポップコーンを作ったり、プールで子どもたちと遊んだりといった人間の行為の多くは人間特有のもので、イヌには見られない。したがって、解凍後のゴールデンレトリーバーの認知機能を調べても、一〇〇〇年後に解凍された人間にこうした能力がどの程度保たれているかを推し量るのは難しい。

夕陽を愛でることも含めて未来に期待をかけているのだとしたら、人体凍結保存術《クライオニクス》はその期待には応えてくれないと思ったほうがいい。喜ばしい成果を生み出してくれそうなまともな科学はそこには存在しない。だから、一〇〇〇年後の第二の人生など当てにしないことだ。夕陽は今眺めよう。ポップコーンだって今作ればいいではないか。

「モラルハザード」と救命のコスト

ここまではずっと、科学的な観点からの話ばかりで、救命の費用《コスト》についてはまったく触れてこなかった。しかしコストの話は絶対に避けては通れない。いったいどのくらいかかるのだろうか。蘇生処置にかかる費用に、その後の入院費用を加えると、一日当たりに換算して二万ドルを超える場合もある。さらに、植え込み型除細動器の費用まで加えると六桁（一〇万〜九九万ドル）にまで跳ね上がる。

それだけではない。二〇年前には危険すぎるという理由で断念せざるをえなかった人工股関節手術や心臓バイパス手術などを、今ではほとんど誰もが受けられるようになった。また、以前は透析療法の適応とはならなかった患者に対しても、透析中に心停止を起こしても蘇生が可能になったことで、透析が適応されるようになっている。かつては病状が重すぎて化学療法や手術や透析を受けられなかった患者が、現在では単なる「ハイリスク」の患者にすぎなくなっているのである。

これこそが、蘇生科学の進歩がもたらした隠れたコストの一つなのだ。

いったん心臓が止まってもふたたび動かすことができるとなれば、それが一種のセーフティーネットとなって、それまでできなかった治療も可能になってくる。セーフティーネットがあることで、医師たちは以前よりも強気の姿勢で積極的な治療法を勧められるようになった。患者が手術台の上で深刻な事態に陥っても助けられるとわかっていれば、危険を承知で限界にまで挑むことができるわけだ。

このセーフティーネット効果は、医師がどんな決断を下すかに大きく影響してくる。医師はふつうリスクを避けようとするものだからだ。万が一にでも患者が死に至る恐れのある薬は使いたくないし、そういう手術はしたくない。患者に治療法を勧めたり処方箋を書いたりしているときには、常に頭の片隅で、『ヒポクラテスの誓い』の中の「害と知る治療法を決して選択しない」という戒めの言葉が響いているのである。

しかし、もしその害を避けることができるとしたら？　あるいは、最小限にとどめることができるとしたら？　最悪の事態が起きても患者を蘇生させられるとわかっていたら？

他の分野では、こうした現象を「モラルハザード」と呼んでいる。セーフティーネットがあるがゆえに、普通ならば避けようとするリスクを冒すようになるからだ。

一例として、破産法の効果を考えてみよう。多額の負債を抱えて借金地獄から抜け出せなくなった場合の救済措置として、自己破産の申し立てをしてそれまでの借金を一気に清算するという方法がある。その手続きを定めたのが破産法である。破産宣告をすると、わずかな財産しか保有できなくなる上に、長期にわたって信用を失うことになるが、少なくとも借金を帳消しにして一から出直すことができる。

それにどんな意味があるのかと疑問に思う人もいるかもしれない。しかし、借金に追われてにっちもさっちも行かなくなった人にとって、これはじつに重要なことなのだ。古代ギリシャでは借金が返済できなければ債務奴隷として働かされたし、十九世紀の英国では投獄された。チンギスハーンは借金踏み倒しの常習者を死刑に処した。こうした過去の荒っぽいやり方に比べたら、破産法で救済されるようになったことは劇的な変化だと言えよう。

自己破産なんてしたくはない。でも、破産したからといって奴隷にされるわけではないし、地下牢につながれるようなことは絶対にない。そうわかっていると、当然ながら、比較的気楽に借金を申し込むようになる。

破産法や保険によってある程度まで守られているという安心感が人々をリスクの高い行為へと向かわせるように、いざとなれば有効な蘇生法があるという安心感が医療の世界にモラルハザードを引き起こしている。二〇年前であれば、心停止に至る危険性が高いので避けたほうが無難だとされた治療法が、今日ではごく普通に行なわれるようになっている。私の同僚のがん専門医の多くが、以前よりも積極的に、高齢で重症の患者に化学療法を用いるようになったと語っている。

こうしたコストをすべて考慮に入れると、私たちがこれまで見てきた蘇生科学の進歩は莫大な代価《コスト》を伴うものだと言ってよい。リノチルのような冷却法や超低体温での手術といった先進的技術は今さら言うまでもない。そのどれにも値札が付いてくるのである。

じつは、このセーフティーネットの影響はすでに私たちの大多数にまで及んでいると言える。たとえば、あなたは入院をせずに外来の処置室で手術を受けたことはないだろうか。それは救命技術が進歩したからこそ可能になったことなのだ。親知らずの抜歯や、内視鏡検査、ヘルニア修復術といった、以前は入院して手術室で行なわれていた処置が、現在では外来で行なわれるようになっている。

それはなぜか？　蘇生法が進歩したおかげで、外来の限られた環境であっても、五〇年前に手術室内でチーム全員で行なった処置よりはるかに高度なことができるようになったからなのだ。当時、手術中に心臓が停止したら、胸を切り開いて直接、心臓をマッサージするほかなかった。しかし今日では、親知らずを抜く際に、とんでもないトラブルが起こらないかぎり、胸を開くなどということはありえない。

もちろん、医療技術の進歩のおかげで、以前よりも低侵襲で（つまり、痛み、発熱、出血など、身体への影響をできるだけ減らして）手術ができるようになったことも、外来手術へのシフトを促す力になっている。とはいうものの、蘇生法の進歩が伴わなければ、どんな外来手術も実現していなかったことだろう。

どこまで進み続けるか？

これまで見てきたように、私たちは蘇生科学の進歩の恩恵を受ける一方で、大きな代価《コスト》を払わされるようになっている。

しかし、救命の費用《コスト》のことを露骨に口にするのは不謹慎だとあなたは思われるのではないだろうか。たしかに残酷無情で品位を欠いている。したがって、私たちは決してそういった費用《コスト》のことは口に出さない。ベッドサイドでも、倫理委員会でも、ましてや、政策論争の場では絶対に。

以前に、私は、友人の友人で、心停止に陥りながら九死に一生を得た人に会ったことがある。彼はありとあらゆる合併症を持ち、主治医が初めて経験する疾患まで患っていた。心停止で入院してから四か月後にようやく退院の運びとなったとき、目の前に突きつけられたのは総額五〇〇万ドルにものぼる病院の請求書だった。

暑くて気だるい夏の午後、彼の自宅のテラスに座ってその当時の話を聞かせてもらった。どんな状況だったのか、医師からはどういう説明を受けたのか。退院後はどんな具合か。二時間以上にわたってあれやこれや話を交わした。しかし、その間に一度たりとも、費用《コスト》はどれくらいかかったか、現在の生活はその代価《コスト》に見合うものかといった話題には触れることはなかった。

テラスに腰かけて、アイスティーを飲みながら体験談を語ってくれている彼の背後のプールでは、孫たちが賑やかにマルコポーロゲーム（プール内での鬼ごっこ）に興じている。そんな穏やかな彼の「今」があるのも医療技術のおかげであり、その代価《コスト》を問うことなど私には想像もできない。そこに座って、あなたはそんな代価《コスト》を払ってまで生きている必要があるのか、と考えるなんて、ましてやそれを口に出すなんて、血の通った人間には決してできるものではない。そこまでせずとも、たんに、生存の代価《コスト》にも許容限界というものがあるはずだ、と考えるだけだってなかなか難しい。

それゆえ、治療法について決断を下そうとするとき、私たちはそうした代価《コスト》をまったく無視してかかる。まるで代価《コスト》など存在しないかのように、もっぱら生活の質（ＱＯＬ）や予後のことだけを話題にするのだ。ＩＣＵに空きベッドがないのでやむをえず諦める、といった婉曲な形をとることはままある。しかし、救命処置の費用《コスト》云々は決して触れてはならないことなのだ。

何週間も何か月もたって、患者さんや家族が経済的破綻に陥ったところで初めて、費用《コスト》のことが話題に上る。もはや話題にせざるをえなくなる。しかしそれでは遅すぎるのだ。

私たちが意思決定の一大要素であるはずの費用《コスト》を無視してかかる理由として、救命は大きな賭けであって判断を誤った場合の損失があまりに大きいという側面も見逃せない。ミシェル・ファンクの救助隊が増水した小川の岸辺で考えたように、人は、もしかしたらこれは救える命かもしれないと考える。可能性はゼロに近いかもしれない。でもやってみなければわからない。だから……。

したがって、当面は、蘇生法に厳しい制限を課そうとする者はまず現れないだろう。新たな蘇生法が開発されれば、皆こぞって手を伸ばす。病院でも、救急車でも、ショッピングモールでも、救命率をわずかでも高めてくれるテクノロジーはどんどん採用されていくだろう。

今のところ、そういったテクノロジーの利用は控えよう、あるいは制限しようという気運はまったく見られない。ロレイン・ベイレスに蘇生処置を行なわなかったことがどれほどの騒ぎになったか、思い出してほしい。あの場でCPRを行なったとしても、おそらく彼女の命を救うことはできなかっただろう。たとえ「成功」したとしても、脳卒中の重い後遺症が残ったにちがいない。本人は安らかな自然死を望んでいたという家族からの証言もあった。にもかかわらず、CPRを行なわなかったことで、世論の激しい批判にさらされる結果となった。

こうしたことを考えると、新たな救命機器が開発されればたちまち、いたるところに配備されることはほぼまちがいない。

といっても、新しい救命機器が均等に配置されることはまずなく、これからも相変わらず、スラム街のバス停よりも郊外のショッピングモールのほうが優先されるだろう。そして、税収基盤が強固なコミュニティーに暮らす人ほど、迅速な初期対応のおかげで蘇生成功率が高くなるだろう。命の格差は現に存在するのである。

奇跡が訪れなかったら

人間の命はかけがえのないものではないのか？　どれほどの代価を払ってでも救う価値のあるものではないのか？　それを考える上でヒントになりそうなのが、ミシェル・ファンクのケースだ。心臓が停止した状態で三時間も生き延びた奇跡の少女である。

少なくとも彼女のケースに限って言えば、蘇生科学は大勝利したと言えるだろうか？　言える。自信をもってそう言える。嬉しいことに、彼女は現在も元気に生きている。それどころか、二〇一二年にはめでたく結婚した。

もし蘇生科学の急速な進歩について疑問に思うことがあるなら、その疑問をミシェル・ファンク（結婚後ミシェル・ヨーク）に向けてみよう。あなたのこの二〇年間はべつになくてもよかったんじゃないですか、と。そんなことを言える人間などいるわけがない。

＊＊＊

しかし、ミシェル・ファンクの結婚を祝福しようと思うのであれば、うまくいかなかった場合の心の準備もしておかなくてはならない。私が初めて蘇生処置を行なったジョーのような患者さんを、どのようにケアするのかということも考えておく必要があるのだ。ジョーは、私が慌ててCPRを行なったばかりに、ＩＣＵで一八日間も過ごすはめになってしまった。その間、家族はただひたすら見守るしかない辛さに耐えながら、治療を打ち切るか否か、打ち切るとしたらいつか、というますます難しい選択を迫られていった。当然ながら、私たち医療スタッフには、苦悩する家族を援助する能力が求められた。

このような結果と向き合うのはとても難しい。私たちはいまだに、患者さんが最適な治療法を選択するのを助けるという、医療の「ソフト」面に熟達していないからだ。ジョーの家族のように、難しい選択に悩む家族をサポートするのがどうにも苦手なのである。無益な延命治療は打ち切りましょうとはなかなか言いだせない。

私は、未来はきっと明るいと信じているし、いつの日にか実現するであろう技術に期待を寄せている。しかし、もっと適切な全人的ケアができるようになったときに初めて、私たちは心から、心臓や脳をケアする技術の進歩を喜べるようになるのではないかと思う。

謝辞

本書は、山小屋の軒先に一人のんびりと座って書けるたぐいの本ではなかった。調査執筆のためには、あちこちに出向いたり、さまざまな方と手紙やメールのやりとりをしたり、電話でお話ししたりといったことが不可欠であり、当然のことながら、大勢の皆様のご協力を仰ぐことになった。ご多忙を極める中、私のためにお時間を割いて下さった研究者の皆様、わけても、デーヴィッド・ガイアスキー、ジョッシュ・ランプ、ランス・ベッカー、チェン・チ・リー、ハンナ・ケアリー、ピーター・クロップファーの諸氏には心より感謝申し上げる。また、仲介や紹介の労を取って下さった、アンディー・コフケ、エド・ディケンソン、サム・ティッシャーマン、ジョン・ニルソン、スザンナ・ヒューズ、グレッグ・マロックの諸氏にも深く感謝している。ローレン・マンキューソ氏には、蘇生にまつわる知られざる事実を掘り起こす上で大変お世話になったが、その奇抜さゆえに本書では取り上げなかった事例が多く、とても残念に思っている。また、この調査に協力してくれた、馬のペニー、豚のペチュニア、リスのチャッキー、マウスの#0011をはじめ、多くのリスや、ウッドチャック、ブタ、サル、「中型雑種犬」、チーム・キツネザルの仲間たち全員に感謝の気持ちを伝えたい。

アルコー財団の皆様は、私のような懐疑的な者でも拒むことなく、信頼して迎え入れて下さった。そして、人体凍結保存術《クライオニクス》について挑戦的な質問をしても、常に快く応じて率直に答えて下さった。

こうして本書を世に送り出すことができるのは、ペンシルヴェニア大学の皆様方のご支援と励ましと寛容さの賜物でもある。冬眠中のジリスに会いに行ったり、アルコー延命財団の大会に参加したりと、私が遠方まで出かける際には、スケジュール調整に並々ならぬご尽力をいただいた。私がキツネザルを追い求めて会議をサボっても大目に見て下さった、ジョーン・ドイル、P・J・ブレナン、ジーク・エマニュエルのような方々のご配慮なくして本書の執筆は実現しなかった。また、私がこのような遠方への取材に出ることができたのは、留守中も滞りなく仕事を進めて下さった、ローラ・ベンダー、メレディス・ドアティー、スー・フォスター、スー・クリスティニャク、エイミー・コーコラン、バーバラ・レヴィール、ニーナ・オコーナー、ベス・レイメットといった方々のお力添えがあってこそである。

執筆を進めるにあたり、本書が形を成すためにどうしても必要な励ましと導きを与えて下さったのが、エージェントであるアン・マクダーミド&アソシエーツ社のクリス・ブッチ氏である。ブッチ氏からその役割を託された担当編集者のニキ・パパドプロス氏は、常に限りない熱意をもって建設的なアドバイスを与えて下さった。

最後になったが、自らの体験を進んでお話し下さった患者さんやその他の皆様にもお礼を申し上げたい。秘密保護のためにお名前を変えさせていただいたが、ご本人はそれが誰のことかおわかりだと思う。

Association 8: e27–31.
39 G Nichol et al. (2009) "Cost-effectiveness of lay responder defibrillation for out-of-hospital cardiac arrest," *Annals of Emergency Medicine* 54: 226–35 e1-2.

第7章

1 *The Wizard of Oz* (1939); Victor Fleming, director.
2 E Blackstone, M Morrison, and M Roth (2005) "H_2S induces a suspended animation-like state in mice," *Science* 308: 518.
3 J Li et al. (2008) "Effect of inhaled hydrogen sulfide on metabolic responses in anesthetized, paralyzed, and mechanically ventilated piglets," *Pediatric Critical Care Medicine* 9: 110–12.
4 P Haouzi et al. (2008) "H_2S induced hypometabolism in mice is missing in sedated sheep," *Respiratory Physiology and Neurobiology* 160: 109–15.
5 M Roth (2010) "Reduction in ischemia-reperfusion mediated cardiac injury in subjects undergoing coronary artery bypass graft surgery." http://clinicaltrials.gov/ct2/show/NCT00858936 [2014年2月5日にアクセス]
6 2013年1月16日にイカリアから著者に届いたEメールでの返事。差出人はSamina Bari。

et al. (2006) "CPR training and CPR performance: do CPR-trained bystanders perform CPR?" *Academy of Emergency Medicine* 13(6): 596–601; C Vaillancourt, IG Stiell, and GA Wells (2009) " Understanding and improving low bystander CPR rates: a systematic review of the literature," *Canadian Journal of Emergency Medicine* 10(1): 51–65.

25 SJ Diem, JD Lantos, and JA Tulsky (1996) "Cardiopulmonary resuscitation on television: miracles and misinformation," *New England Journal of Medicine* 334(24): 1578–582.

26 ML Weisfeldt et al. (2011) "Survival after application of automatic external defibrillators before arrival of the emergency medical system: evaluation in the resuscitation outcomes consortium population of 21 million," *Journal of the American College of Cardiology* 55: 1713–720; VL Roger et al. (2011) "Heart disease and stroke statistics—2011 update: a report from the American Heart Association," *Circulation* 123: e18–e209.

27 ML Weisfeldt et al. (2011) "Ventricular tachyarrhythmias after cardiac arrest in public versus at home," *New England Journal of Medicine* 364(4): 313–21.

28 R Merchant et al. (2012) "Locating AEDs in an urban city: A geospatial view (Abstract)," *Circulation* 126: A58.

29 SL Caffrey et al. (2002) "Public use of automated external defibrillators," *New England Journal of Medicine* 347(16): 1242–247; TD Valenzuela et al. (2000) "Outcomes of rapid defibrillation by security officers after cardiac arrest in casinos," *New England Journal of Medicine* 343(17): 1206–209; RA Swor et al. "Cardiac arrest in private locations: different strategies are needed to improve outcome," *Resuscitation* 58(2): 171–76.

30 AF Hernandez et al. (2007) "Sex and racial differences in the use of implantable cardioverter-defibrillators among patients hospitalized with heart failure," *Journal of the American Medical Association* 298(13): 1525–532.

31 HG Mond and A Proclemer (2009) "The 11th world survey of cardiac pacing and implantable cardioverter-defibrillators: calendar year 2009—a World Society of Arrhythmia's project," *Pacing and Clinical Electrophysiology* 34(8): 1013–27.

32 GH Bardy et al. (2005) "Amiodarone or an implantable cardioverter-defibrillator for congestive heart failure," *New England Journal of Medicine* 352(3): 225–37.

33 AJ Moss et al. (2001) "Survival benefit with an implanted defibrillator in relation to mortality risk in chronic coronary heart disease," *American Journal of Cardiology* 88(5): 516–20.

34 PW Groeneveld et al. (2006) "Costs and quality-of-life effects of implantable cardioverter-defibrillators," *American Journal of Cardiology* 98(10): 1409–415.

35 同上。

36 DL Carroll and GA Hamilton (2005) "Quality of life in implanted cardioverter defibrillator recipients: the impact of a device shock," *Heart Lung* 34(3): 169–78.

37 KH Ladwig et al. (2008) "Posttraumatic stress symptoms and predicted mortality in patients with implantable cardioverter-defibrillators: results from the prospective living with an implanted cardioverter-defibrillator study," *Archives of General Psychiatry* 65(11): 1324–330.

38 MN Shah, RJ Fairbanks, and EB Lerner (2007) "Cardiac arrests in skilled nursing facilities: continuing room for improvement?" *Journal of the American Medical Directors'*

6 AL Valderrama et al. (2011) "Cardiac arrest patients in the emergency department—National Hospital Ambulatory Medical Care Survey, 2001–2007," *Resuscitation* 82(10): 1298–301.
7 RM Merchant et al. (2011) "Incidence of treated cardiac arrest in hospitalized patients in the United States," *Critical Care Medicine* 39(11): 2401–406.
8 P Safar, "On the future of reanimatology" (2000) *Academic Emergency Medicine* 7(1): 75–89.
9 Mickey Eisenberg, *Life in the Balance*, 89–90.
10 JO Elam, "Rediscovery of expired air methods for emergency ventilation," in *Advances in Cardiopulmonary Resuscitation*, Peter Safar, ed. (New York: Springer Verlag, 1977), 263–65.
11 JO Elam, ES Brown, and JD Elder (1954) "Artificial respiration by mouth-to-mask method; a study of the respiratory gas exchange of paralyzed patients ventilated by operator's expired air," *New England Journal of Medicine* 250(18): 749–54.
12 P Safar (1958) "Ventilatory efficacy of mouth-to-mouth artificial respiration: Airway obstruction during manual and mouth-to-mouth artificial respiration," *Journal of the American Medical Association* 167: 335–41.
13 WB Kouwenhoven, JR Jude, and GG Knickerbocker (1960) "Closed-chest cardiac massage," *Journal of the American Medical Association* 173: 94–7.
14 Eisenberg, *Life in the Balance*, 124–25.
15 同上, 102.
16 RA Berg et al. (2010) "Part 5: Adult Basic Life Support, 2010 American Heart Association Guidelines for Cardiopulmonary Resuscitation and Emergency Cardiovascular Care," *Circulation* 122: S685–705.
17 B Abella et al. (2005) "Chest compression rates during cardiopulmonary resuscitation are suboptimal: a prospective study during in-hospital cardiac arrest," *Circulation* 111: 428–34.
18 M Hupfl, HF Selig, and P Nagele (2010) "Chest-compression-only versus standard cardiopulmonary resuscitation: a meta-analysis," *Lancet* 376(9752): 1552–557.
19 I Stiell et al. (2012) "What is the role of chest compression depth during out-of-hospital cardiac arrest resuscitation?" *Critical Care Medicine* 40: 1192–198.
20 S Manders and F Geijsel (2009) "Alternating providers during continuous chest compressions for cardiac arrest: every minute or every two minutes?" *Resuscitation* 80: 1015–018.
21 miamiheartresearch.org/pgzmotion/references.html [2014年2月4日にアクセス]
22 Ben Forer, "Arizona 9-Year-Old Boy, Tristin Saghin, Saved Sister with CPR, Congratulated by Movie Producer Jerry Bruckheimer," April 22, 2011, abcnews.go.com/Health/arizona-year-boy-tristin-saghin-saved-sister-cpr/story?id=13428007 [2014年2月5日にアクセス]
23 C Sasson et al. (2012) "Association of neighborhood characteristics with bystander-initiated CPR," *New England Journal of Medicine* 367(17): 1607–15.
24 C Sasson et al. (2013) " Increasing cardiopulmonary resuscitation provision in communities with low bystander cardiopulmonary resuscitation rates: a science advisory from the American Heart Association for healthcare providers, policymakers, public health departments, and community leaders," *Circulation* 127: 342–50; R Swor

第5章

1 カエルが体を凍らせる方法を理解するための初期の研究の多くは、Ken & Janet Storey夫妻によって行なわれた。KB Storey and JM Storey (1984) "Biochemical adaption for freezing tolerance of the wood frog, Rana sylvatica," *Journal of Comparative Physiology B* 155: 29–36.

2 C Polge, AU Smith, and AS Parkes (1949) "Revival of spermatozoa after vitrification and dehydration at low temperatures," *Nature* 164: 666.

3 Alcor Life Extension Foundation, "About Alcor: Our History," alcor.org ［2014年1月10日にアクセス］

4 "Suspended Animation," suspendedinc.com ［2014年1月10日にアクセス］

5 "Alcor's 113th Patient," alcor.org/blog/alcors-113th-patient/ ［2014年1月10日にアクセス］

6 Robert Ettinger, "The Penultimate Trump," *Startling Stories* 17, March 1948.

7 Storey and Storey, "Biochemical adaption."

8 JM Storey and KB Storey (1985) " Triggering of cryoprotectant synthesis by the initiation of ice nucleation in the freeze tolerant frog, Rana sylvatica," *Journal of Comparative Physiology B* 156: 191–95.

9 G Amir et al. (2004) "Prolonged 24-hour subzero preservation of heterotopically transplanted rat hearts using antifreeze proteins derived from arctic fish," *Annals of Thoracic Surgery* 77: 1648–655.

10 A Elami et al. (2008) "Successful restoration of function of frozen and thawed isolated rat hearts," *Journal of Thoracic Cardiovascular Surgery* 135: 666–72.

11 GM Fahy et al. (2009) "Physical and biological aspects of renal vitrification," *Organogenesis* 5(3): 167–75.

12 Mike Darwin, "Dear Dr. Bedford," alcor.org/Library/html/BedfordLetter.htm

13 Mike Darwin, "Evaluation of the Condition of Dr. James H. Bedford After 24 Years of Cryonic Suspension" alcor.org/Library/html/BedfordCondition.html ［2014年1月10日にアクセス］

14 同上［2014年2月5日にアクセス］。この後のジェームズ・ベッドフォードに関する凄惨な記述はすべて、同報告書にもとづく。

第6章

1 feed://radio.foxnews.com/tag/tracey-halvorson/feed/ ［2014年2月4日にアクセス］

2 CBS News, "Staff at Senior Living Home Refuses to Perform CPR on Dying Woman," March 1, 2013, losangeles.cbslocal.com/2013/03/01/staff-at-senior-living-home-refuse-to-perform-cpr-on-dying-woman ［2014年2月5日にアクセス］

3 Dana EdelsonがJudith Grahamの以下の記事より引用。"Amid CPR Controversy, Many Unanswered Questions," The New Old Age Blog, New York Times,March 6, 2013, newoldage.blogs.nytimes.com/2013/03/06/amid-cpr-controversy-many-unanswered-questios ［2014年2月5日にアクセス］

4 Dale Jamiesonが 同上より引用。

5 KGET, "Glenwood Gardens in the National Spotlight," March 4, 2013, kget.com/news/local/story/Glenwood-Gardens-in-the-national-spotlight/uxvuCpj170y6xQDz0bsNQQ.cspx ［2014年2月5日にアクセス］

Guardian, December 20, 2006, guardian.co.uk/world/2006/dec/21/japan.topstories3 [2014年1月10日にアクセス]

3 Aristotle (350 BCE), *Historiae Animalium* [動物の歴史] D'Arcy Wentworth Thompsontrans., book VIII, part 16, classics.mit.edu/Aristotle/history_anim.8.viii.html [2014年1月10日にアクセス]

4 同上, book VI, part 5, classics.mit.edu/Aristotle/history_anim.6.vi.html.

5 CP Lyman and PO Chatfield (1955) "Physiology of hibernation in mammals," *Physiological Reviews* 35(2): 403– 25.

6 ML Zatzman and FE South (1975) "Concentration of urine by the hibernating marmot," *American Journal of Physiology* 228(5): 1336–340.

7 WA Wimsatt and FC Kallen (1957) "The unique maturation response of the graafian follicles of hibernating vespertilionid bats and the question of its significance," *Anatomical Record* 129(1): 115–31.

8 F Smith and MM Grenan (1951) "Effect of hibernation upon survival time following whole-Body irradiation in the marmot (*Marmota monax*)," *Science* 113(2946): 686–88.

9 BR Landau and AR Dawe (1958) "Respiration in the hibernation of the 13-lined ground squirrel," *American Journal of Physiology* 194(1): 75–82.

10 E Satinoff (1965) "Impaired recovery from hypothermia after anterior hypothalamic lesions in hibernators," *Science* 148(3668): 399–400.

11 AR Dawe and WA Spurrier (1969) "Hibernation induced in ground squirrels by blood transfusion," *Science* 163: 298–99.

12 B Abbotts, LC Wang, and JD Glass (1979) "Absence of evidence for a hibernation 'trigger' in blood dialyzate of Richardson's ground squirrel," *Cryobiology* 16: 179–83.

13 CV Borlongan et al. (2009) "Hibernation-like state induced by an opioid peptide protects against experimental stroke," *BMC Biology* 7: 31.

14 SL Lindell, SL Klahn, TM Piazza, MJ Mangino, JR Torrealba, JH Southard, et al. (2005) "Natural resistance to liver cold ischemia-reperfusion injury associated with the hibernation phenotype." *American Journal of Physiology Gastrointestinal Liver Physiology* 288:G473–80.

15 SF Bolling et al. (1997) "Use of 'natural' hibernation induction triggers for myocardial protection," *Annals of Thoracic Surgery* 64(3): 623–27.

16 KH Dausmann, J Glos, JU Ganzhorn, G Heldmaier (2005) "Hibernation in the tropics: lessons from a primate," *Journal of Comparative Physiology B* 175: 147–55.

17 E Jerlhag et al. (2009) "Requirement of central ghrelin signaling for alcohol reward," *Proceedings of the National Academy of Sciences of the United States of America* 106(27): 11318–1323.

18 M Hotta et al. (2009) "Ghrelin increases hunger and food intake in patients with Restricting" type anorexia nervosa: a pilot study," *Endocrine Journal* 56(9): 1119–128.

19 IS Daniels et al. (2010) "A role of erythrocytes in adenosine monophosphate initiation of hypometabolism in mammals," *Journal of Biological Chemistry* 285: 20716–0723.

20 J Zhang et al. (2006) " Constant darkness is a circadian metabolic signal in mammals," *Nature* 439(7074): 340–43.

21 H Clapp (1868) "Notes of a fur hunter" *American Naturalist* 1: 653.

22 Ø Tøien et al. (2011) "Black bears: independence of metabolic suppression from temperature," *Science* 331: 906–09.

experimental intracardiac surgery; the use of electrophrenic respirations, an artificial pacemaker for cardiac standstill and radio-frequency rewarming in general hypothermia," *Annals of Surgery* 132: 531–39.

12 Bigelow and McBirnie, "Further experiences," p. 365.

13 同上, p. 361.

14 WG Bigelow, WK Lindsay, and WF Greenwood (1950) "Hypothermia; its possible role in cardiac surgery: an investigation of factors governing survival in dogs at low body temperatures," *Annals of Surgery* 132: 849–66.

15 これらの実験の結果は、数多くの論文で紹介されている。その一部を以下に挙げておく。A Nozari et al. (2006) "Critical time window for intra-arrest cooling with cold saline flush in a dog model of cardiopulmonary resuscitation," *Circulation* 113: 2690–696; X Wu et al. (2008) "Emergency preservation and resuscitation with profound hypothermia, oxygen, and glucose allows reliable neurological recovery after 3 h of cardiac arrest from rapid exsanguination in dogs," *Journal of Cerebral Blood Flow & Metabolism* 28: 302–11; C Kovner et al. (2006) "Mild hypothermia during prolonged cardiopulmonary cerebral resuscitation increases conscious survival in dogs," *Critical Care Medicine* 32: 2110–116; A Nozari et al. (2004) "Suspended animation can allow survival without brain damage after traumatic exsanguination cardiac arrest of 60 minutes in dogs," *Journal of Trauma-Injury Infection & Critical Care* 57: 1266–275; W Behringer et al. (2003) "Survival without brain damage after clinical death of 60–120 mins in dogs using suspended animation by profound hypothermia," *Critical Care Medicine* 31: 1523–531.

16 A Nozari et al., "Critical time window," p. 267.

17 この後の記述は、以下のウェブサイトからの引用。"Blood Swapping Reanimates Dead Dogs," June 25, 2005, foxnews.com/story/0,2933,160903,00.html [2014年1月10日にアクセス]

18 The Hypothermia After Cardiac Arrest Study Group (2002) "Mild therapeutic hypothermia to improve the neurologic outcome after cardiac arrest," *New England Journal of Medicine* 346: 549–56; SA Bernard et al (2002) "Treatment of comatose survivors of out-of-hospital cardiac arrest with induced hypothermia," *New England Journal of Medicine* 346: 557–63.

19 J Nielsen et al. (2009) "Outcome, timing, and adverse events in therapeutic hypothermia after out-of-hospital cardiac arrest," *Acta Anaesthesiologica Scandinavica* 53: 926–34.

20 H Laborit (1954) "General technic of artificial hibernation," *International Record of Medicine & General Practice Clinics* 167(6): 324–27.

21 JW Dundee et al. (1953) "Hypothermia with autonomic block in man," *British Medical Journal* 2: 1237–43.

22 A Percy et al. (2009) "Deep hypothermic circulatory arrest in patients with high cognitive needs: full preservation of cognitive abilities," *Annals of Thoracic Surgery* 87: 117–23.

第4章

1 BBC News, "Japanese Man in Mystery Survival," December 21, 2006, news.bbc.co.uk/2/hi/asia-pacific/6197339.stm [2014年1月10日にアクセス]

2 Justin McCurry, "Injured Hiker Survived 24 Days on Mountain by 'Hibernating,' "

15 このアドバイスの出典は、チャールズ・ディケンズの編纂した*Dictionary of the Thames, from its Source to the Nore*および、the Royal Humane Society (London:MacMillan & Co.), p. 57.

16 *Mickey Eisenberg, Life in the Balance: Emergency Medicine and the Quest to Reverse Sudden Death* (Oxford: Oxford University Press, 1997), 63. しかし、王立人道協会のウェブサイトでは、1954年に取り壊されたとされている。Royal Humane Society, "History," royalhumanesociety. org.uk/html/history.html［2014年1月10日にアクセス］

17 William Tebb and Edward Perry Vollum, *Premature Burial and How It May Be Prevented, with Special Reference to Trance, Catalepsy, and Other Forms of Suspended Animation* (London: Swan, 1905).

18 Tebb, *Premature Burial*, 101.

19 同上, 98.

20 ミッキー・アイゼンバーグが事実を掘り起こし、ニアミスが初めて明るみに出た事例として紹介している。JT Hughes (1982) "Miraculous deliverance of Anne Green: An Oxford case of resuscitation in the 17th century," *British Medical Journal* 285: 1792–793.

第3章

1 "Frozen Woman: A 'Walking Miracle,' " February 11, 2009, cbsnews.com/2100-18564_162-156476.html [accessed January 10, 2014].

2 同上。

3 この論文を紹介し翻訳したのは、ディーン・ジェンキンズとスティーヴン・ジェレッドである。この2人の医師の、心電図の歴史によせる情熱は、心電図解読教育にかける飽くなき情熱にも劣らぬものがある。また、こうした実験を紹介する際の限りないユーモアセンスにも脱帽する。"A (not so) brief history of electrocardiography," ecglibrary.com/ecghist.Html［2014年1月10日にアクセス］を参照。

4 フンボルトに関するこの興味深い記述はMickey Eisenberg, *Life in the Balance* (Oxford: Oxford University Press,1997) で見つけたもの。

5 私としては、アイゼンバーグの歴史研究ほど優れたものはないと思っている。アイゼンバーグはこの分野の研究で非常に高く評価されており、彼の説明はたいへんわかりやすい。Eisenberg, *Life in the Balance*を参照のこと。

6 Charles Kite, "An Essay on the Recovery of the Apparently Dead," *Annual Report 1788: Humane Society* (London: C. Dilly, 1788), 225–44. カイトの研究に関する、さらに詳しくわかりやすい説明が以下の論文にある。AG Alzaga, J Varon, and P Baskett (2005) "The resuscitation greats. Charles Kite: The clinical epidemiology of sudden cardiac death and the origin of the early defibrillator," *Resuscitation* 64(1): 7–12.

7 Eisenberg, *Life in the Balance*, 188.

8 CS Beck, WH Pritchard, and HS Feil (1947) "Ventricular fibrillation of long duration abolished by electric shock," *Journal of the American Medical Association* vol. 135: 1230–233.

9 ここで紹介している、ウッドチャック、アカゲザル、および「中型雑種犬」での実験の出典は以下。WG Bigelow and JE McBirnie (1953) "Further experiences with hypothermia for intracardiac surgery in monkeys and groundhogs" *Annals of Surgery* 137(3): 361–65.

10 D Bigelow (1997) "Dr. Wilfred Gordon Bigelow named to Canadian Medical Hall of Fame," *The Forge: The Bigelow Society Quarterly*, 26(4): 68.

11 WG Bigelow, JC Callaghan, and JA Hopps (1950) "General hypothermia for

註

第1章

1 ミシェル・ファンクの事例報告の出典は以下。RG Bolte et al. (1988) "The use of extracorporeal rewarming in a child submerged for 66 minutes," *Journal of the American Medical Association* 260(3): 377–79.

2 JP Orlowski (1987) "Drowning, near-drowning, and ice-water submersions," *Pediatric Clinics of North America* 34(1): 75–92.

3 JP Orlowski (1988) "Drowning, near-drowning, and ice-water drowning," *Journal of the American Medical Association* 260(3): 390–91.

4 HG Evelyn-White, trans., "HomericHymn to Aphrodite," theoi.com/Text/HomericHymns3.html [2014年1月10日にアクセス]

第2章

1 ヴァートマンの事例報告の出典は、アムステルダム協会の記録の英語訳。Dr. Thomas Cogan, trans., *Memoirs of the Society Instituted at Amsterdam in Favour of Drowned Persons: For the Years 1767, 1768, 1769, 1770, and 1771* (London: Printed for G Robinson, Pater-Noster Row, 1773) vol. 27; chapter XV.

2 同上。

3 これらの腸を膨らませる方法に関する説明の出典は以下。Cogan, *Memoirs.*

4 同上, chapter VII.

5 同上。

6 同上。

7 同上。

8 *Illustrated London News*, August 19, 1844, p. 144.

9 こうした先駆者たちが、どれくらいの時間まで蘇生可能と考えていたかについては諸説ある。wikipedia.org/wiki/Royal_Humane_Societyを参照されたい。しかし、第1期年次報告書の中で、ホーズは上限を2時間としている。W. Hawes, *Transactions of the Royal Humane Society; Dedicated by Permission to His Majesty by W. Hawes. Volume 1* (Eighteenth Century Editions Online; Print Editions. 2013; originally published 1794), p. 11.

10 *The Forty-Eighth Annual Report of the Royal Humane Society for the Recovery of Persons Apparently Drowned or Dead* (London: Printed for the Society and to be had at the Society's House, 29 Bridge-Street, Blackfriars, 1882).

11 Royal Humane Society, "History," royalhumanesociety.org.uk/html/history. html [2014年1月10日にアクセス]

12 *Annual Report of the Royal Humane Society for the Recovery of Persons Apparently Dead.* Seventieth Annual Report. London: Compton and Ritchie, 1844.

13 同上。

14 同上。

著者　デイヴィッド・カサレット（David Casarett）
ペンシルヴェニア大学ペレルマン医学大学院の教授であり、医師、研究者でもある。著者の研究には累計1万人以上の患者が参加しており、その成果を報告した100篇を超える論文は『ニューイングランド・ジャーナル・オブ・メディシン』『アメリカ医師会誌』などの権威ある医学誌に掲載されている。「若手科学者・エンジニア大統領賞」受賞。フィラデルフィア在住。

訳者　今西康子（いまにし・やすこ）
神奈川県生まれ。訳書に『ミミズの話』（飛鳥新社）、『ウイルス・プラネット』（飛鳥新社）、『「やればできる！」の研究——能力を開花させるマインドセットの力』（草思社）、共訳書に『眼の誕生——カンブリア紀大進化の謎を解く』（草思社）などがある。

ISBN 978-4-8269-0186-4

蘇生科学《そせいかがく》があなたの死《し》に方《かた》を変《か》える

二〇一六年二月二十四日　第一版第一刷発行

著　者　デイヴィッド・カサレット
訳　者　今西康子《いまにしやすこ》

発行者　中村　幸慈
発行所　株式会社　白揚社　©2015 in Japan by Hakuyosha
〒101-0062　東京都千代田区神田駿河台1-7
電話03-5281-9772　振替00130-1-25400
装　幀　尾崎文彦（株式会社トンプウ）
印刷・製本　中央精版印刷株式会社

デイヴィッド・トゥーミー著　越智典子訳

ありえない生きもの

生命の概念をくつがえす生物は存在するか？

生物はどこまで多様になれるのか？　生命誕生に必要な条件は？　水が要らない生物、ヒ素を食べる生物、メタンを飲む生物など従来の定義を超える生きものは実在するか？　先入観にとらわれるずに生命の可能性を探る！　四六判　３２０ページ　本体価格２５００円

デイヴィッド・デステノ著　寺町朋子訳

信頼はなぜ裏切られるのか

無意識の科学が明かす真実

信頼できる人、できない人はどうすれば見分けられるのか？　信頼にまつわる疑問に第一人者が心理学の最新知見を駆使して科学的に答える目からウロコの心理学読本。人生を左右する隠れた人間関係のルールがここに。　四六判　３０２ページ　本体価格２４００円

リッキー・ルイス著　西田美緒子訳

「永久に治る」ことは可能か？

難病の完治に挑む遺伝子治療の最前線

「光だ！」先天性の眼病で失明しかけていた8歳のコーリー少年は臨床試験の４日後に光を取り戻した。遺伝子の欠陥を修正する遺伝子治療の現状に医師や患者や家族など多角的な視点から斬り込む医療ノンフィクション。四六判　４１６ページ　本体価格２７００円

ブライアン・スウィーテク著　桃井緑美子訳

愛しのブロントサウルス

最新科学で生まれ変わる恐竜たち

化石が明かす体の色、骨から推定される声、Ｔ・レックスを蝕む病……相次ぐ新発見が慣れ親しんだ恐竜のイメージをぶち壊し、恐竜はもっとおもしろい生きものに生まれ変わった。科学の最前線が伝える最新の恐竜像。　四六判　３２８ページ　本体価格２５００円

トーマス・ズデンドルフ著　寺町朋子訳

現実を生きるサル　空想を語るヒト

人間と動物をへだてる、たった2つの違い

なぜチンパンジーはヒトになれなかったのか？　すべてを変えたのは私たちの心が持つ２つの性質だった。動物行動学、心理学、人類学などの広範な研究成果を援用して、人間を人間たらしめる心の特性に科学で迫る。　四六版　４４６ページ　本体価格２７００円

経済情勢により、価格に多少の変更があることもありますのでご了承ください。
表示の価格に別途消費税がかかります。